ポケット版

甲種ガス主任技術者試験 模擬問題集

2024年度受験用
(令和6年度)

中小企業診断士
エネルギー管理士
上井　光裕

三恵社

本書の内容の誤記等は、下記で確認してください。

検索 資格の達人ブログ

https://blog.goo.ne.jp/kamii05

ブログ内カテゴリー：ガス主任技術者　模擬問題集　正誤表

はしがき

毎年秋に、国家試験「ガス主任技術者試験」が実施されます。本書は、この試験の受験指導に携わってきた著者が「こんな問題集があったらいいのに」と思って編集したものです。平成 25 年に甲種ガス主任技術者試験問題集の初版を出版しましたが、好評を頂き、今回甲種の改訂十一版を出版することになりました。

テキスト、過去問題集とともに本書を併用することで、合格の栄冠を勝ち取ってください。

令和5年12月

中小企業診断士
エネルギー管理士
上井光裕

目　次

第1章

出題傾向と本書の利用方法

（1） 基礎理論科目

基礎理論は15問出題され、10問を選択します。学習方法としては、下表の重要事項を日本ガス協会発行の都市ガス工業概要基礎理論編（以下、基礎テキスト）と本書でまず学習し、計算問題は基礎テキストの例題と本書で実際に計算して、最後に日本ガス協会発行の試験問題解説集（以下、過去問題集）で実力をアップしていただきたい。

基礎理論の重要事項

基礎	SI単位系、エネルギー関連の単位
気体の性質	ボイルシャルル、アボガドロ、状態方程式、ドルトン
熱力学第1法則	エンタルピー、熱容量、気体の状態変化等
熱力学第2法則	カルノーサイクル、エントロピー
化学反応、電気化学反応	反応熱、平衡移動の法則、反応速度、燃料電池
燃焼計算	発熱量、炭化水素の反応式
燃焼範囲	水素・メタン・プロパンの燃焼範囲、影響因子、ルシャトリエ
管内流動	流れの基礎事項、ベルヌーイ、層流と乱流、オリフィス等
伝熱	伝導・対流・熱放射の特徴、フーリエの法則
金属材料	応力ひずみ線図、フックの法則、安全率、特殊鋼、破壊形態
高分子材料	熱可塑性と熱硬化性、力学的特性

（2） ガス技術科目

ガス技術は、製造、供給、消費機器の各分野からなり、27 問の出題で 20 問を選択します。

都市ガス工業概要製造編、供給編、消費機器編（以下、ガス技術テキスト）と本書で学習した後、過去問題集で実力をアップしていただきたい。

ガス技術テキストは、3 冊で 890 ページに及び、ボリュームも多いため、本書に出題されている部分を中心に効率よく学習していただきたい。

（3） 法令科目

法令は、16 問出題され、全問解答しなければなりません。従って、各科目・分野中最も出題量が多く、他の科目・分野の少なくとも 1.5 倍から 2 倍の学習量が必要です。そしてガス主任技術者試験の合否を決めるポイントとなる科目でもあります。

出題内容は、例年、用語・業務 1 問、事業法ガス工作物 3 問、ガス工作物技術基準 8 問、事業法ガス用品・消費機器 2 問、消費機器技術基準 1 問、特監法 1 問となっています。ガス工作物技術基準の中では総則から 3 ～ 4 問、ガス発生設備・ガスホルダー・液化ガス用貯槽から 1 ～ 2 問、導管・整圧器から 3 ～ 4 問が出題されます。

特に、保安規程、ガス主任技術者、適合維持義務、消費機器の周知・調査などは、論述試験でも出題の可能性があります。

学習は、ガス事業関係法令テキスト（以下、法令テキスト）と本書で一通り学習した後、過去問題集で実力をアップしていただきたい。

（4） 論述科目

論述は、例年法令が1問必須問題として出題され、ガス技術が3問、製造、供給、消費の各分野から出題され、そのうち1問を選択します。

法令は例年、出題分野がほぼ特定されているため、学習内容を絞ることができます。ガス技術は、過去問題に一定の出題サイクルが見られるため、出題サイクルから予想して学習を進めていただきたい。

学習は、法令で高得点を狙い、ガス技術は3分野のうち、2分野を学習しておけば安心です。

（5） 本書の利用方法

本書は、はしがきにも書いたように、「こんな問題集があったらいいのに」と思って、作った問題集です。

ガス主任技術者試験の学習は、テキストと過去問題集（いずれも日本ガス協会が発行）を購入の上、学習してください。時折、本書のみの学習で合格を目指す方がいますが、それほど簡単な試験ではありません。あまり古いものでなければ、合格した先輩からテキストを譲ってもらうのもいいでしょう。

以下、本書の特徴を記載します。

①都市ガス工業テキストとセットでの利用

本書は、テキストの一定範囲を学習した後、その都度テキストの理解度を確認できるような使い方を想定しています。このため、ほとんどの問題は、テキストの内容が整理できるように、テキストのページ順に編集してあります。

②過去 10 年分のトレンドから編集

本書は、過去 10 年分のトレンドから編集しています。このため過去 5 年の問題集では見られない問題も含まれています。

③インプット学習用としての利用

都市ガス工業テキストと本書で知識をインプットし、理解度を確認するため、アウトプット学習として、日本ガス協会の試験問題解説集を利用することも可能です。これにより一層効果的な学習が可能になります。

④　令和元年度～5 年度出題の扱い

令和元～4 年度の出題は、極力本文の設問に挿入してありますが、編集上難しいものは、注釈 *R4 などとして、欄外に問題文を記載しております。

また、令和 5 年度出題の解答解説は、本書執筆時点では、まだ詳細がわかりませんので記載しておりません。日本ガス協会の試験問題解説集が出版されたら、そちらをご覧ください。

第2章

基礎理論科目

基礎 1－1　ボイルシャルルの法則

ボイルシャルルの法則で、Xの変数と曲線の組み合わせで正しいものはどれか。

	（Xに入る変数）	（曲線）
①	体積V	b
②	温度T	a
③	ガス定数R	c
④	温度T	b
⑤	体積V	a

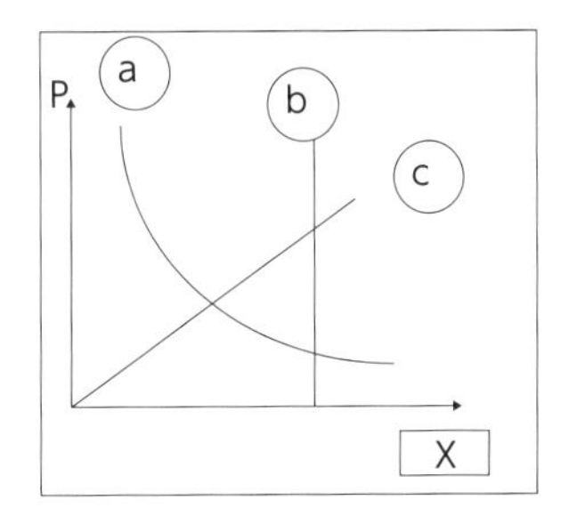

解答解説　解答⑤

圧力Pと体積Vは反比例、圧力Pと温度Tは正比例、圧力Pとガス定数RはR＝一定の関係である。

日本ガス協会「都市ガス工業概要基礎理論編」（以下、基礎テキスト）P6～8を参照

基礎 1－2　質量と分子量、モル

ボンベから気体を 1.12m^3／h で 1 時間使用すると、ボンベの質量が 1.6kg 減少した。ボンベに入っていた気体はどれか。

ただし、気体は理想気体とし、標準状態（0 ℃、圧力 101325Pa）とする。

① 水素　② 酸素　③ アルゴン　④ 窒素　⑤ メタン

解答解説　解答②

1 mol 当たりの減少量は、

1600g ÷ 1,120 ℓ × 22.4 ℓ／mol

＝ 32g／mol

1mol 当たりの分子量は、水素 2g、酸素 32g、アルゴン 40g、窒素 28g、メタン 16g でボンベに入っていた気体は酸素である。

ただしアルゴンの分子量の理解までは求められてはいない。

類題　平成 29 年度甲種問 2

基礎テキスト P4、9 を参照

基礎 1－3　気体の状態方程式

液化メタン 1m^3 を気化させて、温度 27℃、圧力 100kPa の状態にしたときの体積（m^3）として最も近い値はどれか。ただし、液化メタンの液密度は 416kg／m^3、気体定数は R ＝ 8.3J／(mol・K) とする。

① 240　② 590　③ 650　④ 1560　⑤ 3760

解答解説 解答③

1 m^3 のモル数は　$1 \times 416 / 16 \times 10^{-3} = 26 \times 10^3$

m^3　kg / m^3　kg / mol

気体の状態方程式 $PV = nRT$　変形して $V = nRT / P$

$V = 26 \times 10^3 \times 8.3 \times (273 + 27) / (100 \times 10^3) = 647 \fallingdotseq 650 m^3$

類題　令和2年度甲種問1

基礎テキスト P9 ～ 11 を参照

基礎 1－4　混合気体（1）

二酸化炭素50vol%、酸素50vol%の混合ガスの密度は空気の何倍か。最も近いものを選べ。ただし空気中の窒素は80vol%、酸素は20vol%とする。

①　1.0　　②　1.1　　③　1.2　　④　1.3　　⑤　1.4

解答解説 解答④

二酸化炭素1molの質量は、$CO_2 = 12 \times 1 + 16 \times 2 = 44 g/mol$

酸素1molの質量は、　$O_2 = 16 \times 2 = 32 g/mol$

各々50vol%だから、混合ガス1mol当たりの質量は、

$44 \times 0.5 + 32 \times 0.5 = 38 g/mol$

空気1molの質量は、

$N_2 = 14 \times 2 \times 0.8 = 22.4 g/mol$

$O_2 = 16 \times 2 \times 0.2 = 6.4 g/mol$

併せて $22.4 + 6.4 = 28.8 g/mol$

混合ガス／空気質量　比　＝　$38 / 28.8 \fallingdotseq 1.3$

類題 平成29年度甲種問1、令和2年度甲種問2

基礎テキストP11～12を参照

基礎 1－5　混合気体（2）

容積$20m^3$の容器に、温度27℃で、窒素と水素が総量で40kg入っている。この混合気体において圧力が0.4MPaであるとき、体積基準での水素の割合（%）として、最も近い値はどれか。ただし、気体は理想気体とし、気体定数は8.3 J／(mol・K) とする。

①　45　　②　50　　③　55　　④　60　　⑤　65

解答解説　解答④

気体の状態方程式から混合気体の総モル数を求める。次に、総質量と各気体の分子量から水素・窒素のモル数を求める。最後にモル比率（体積比率）を求める。

混合気体の状態方程式　　$PV = (n1 + n2) RT$

n1: 水素のモル数　n2: 窒素のモル数　から

$(n1 + n2) = PV/RT = 0.4 \times 10^6 \times 20 / (8.3 \times 300) \fallingdotseq 3.2$ (kmol)

水素n1のモル数は

$2 \times n1 + 28 \times (3.2 - n1) = 40$　から　$n1 \fallingdotseq 1.9$（kmol）

モル比率（体積比）は

$1.9 / 3.2 \fallingdotseq 0.59$　　約60%

類題 令和3年度甲種問2

基礎テキストP11を参照

基礎 2－1　気体の構造と分子運動

気体の構造と分子運動に関する記述で誤っているものはどれか。

① 気体の分子運動論では分子は完全弾性衝突をし、エネルギー保存則が成立するとしている。

② 気体分子運動論では、分子の運動は、$PV = 1/3NmU^2$（N：分子の数、m：分子の質量、U：分子の平均速度）で表される。

③ 単原子気体は並進運動だけを行い、多原子気体はこの他に振動運動と回転運動を行っている。このおかげで多原子気体は温度を1℃上げるのに必要な熱量は少なくて済む。

④ 理想気体とは気体分子間に引力が働かず、気体分子に体積がないとした仮想的な気体である。

⑤ 実在気体で、圧力を増すか、温度を低くして気体の体積を圧縮すれば、分子間の距離は縮まり、相互に分子間力が作用するようになる。

解答解説　解答③

多原子気体は温度を1℃上げるのに必要な熱量が大きくなる。

基礎テキストP13～16を参照

基礎 2－2　臨界現象とファンデルワールス

実在気体の臨界現象とファンデルワールスの状態式に関する問題である。誤っているものはいくつあるか。

a 臨界温度以上では、圧力をどんなに上げても気体を液化できない。また、臨界圧力とは、臨界温度で液化するのに必要な最大の圧力である。

b　二酸化炭素は臨界温度が高いので常温で圧力を加えるだけで液化する。

　またメタンの臨界温度は−82℃であるから、天然ガスをLNGにする場合は、この低温以下にする必要がある。

c　等温で気体が圧縮され、液化が始まり、気体液体が共存する時の圧力を飽和蒸気圧という。

d　ファンデルワールスは実在気体の補正を分子間引力と分子が体積を持つことについての補正を加えた。補正圧力は実測された圧力より高くなり、補正された体積は、気体の占める体積に対して小さくなる。*R4

e　ファンデルワールス定数は、気体の種類に関わらず、一定である。

①　1　　②　2　　③　3　　④　4　　⑤　5

解答解説　**解答②**

a　臨界温度以上では、圧力をどんなに上げても気体を液化できない。また、臨界圧力とは、臨界温度で液化するのに必要な最小の圧力である。

e　ファンデルワールス定数は、分子間引力の補正a,気体の体積の補正bがあり、気体の種類によって異なる。

基礎テキストP16～18を参照

*R4　実在気体における分子間引力は、理想気体の状態方程式を用いて求められる圧力よりも、圧力を低くする作用をもたらす。基礎テキストP17

基礎 2－3　気体の圧縮係数

気体の圧縮係数に関する次の記述のうち、誤っているものはどれか。

① 圧縮係数は換算温度と換算圧力の関数である。

② 圧縮係数は、理想気体の法則を修正し、実在気体を取り扱うための補正係数である。

③ 1mol 当たりで比較すると、圧縮係数が 1 より大きい気体の圧力は、同じ温度、同じ体積の理想気体の圧力より大きくなる。

④ 1 mol 当たりで比較すると、圧縮係数が 1 より小さい気体の体積は、同じ温度、同じ圧力の理想気体の体積より小さくなる。

⑤ 圧縮係数は圧縮比と同じである。

解答解説　解答⑤

圧縮係数は、実在気体を取り扱う場合に、理想気体の法則を修正する補正係数である。圧縮比は、圧縮前後の気体の体積比である。

類題　令和 3 年度甲種問 1

基礎テキスト P20、69 を参照

基礎 3－1　気体の諸性質

気体の諸性質で誤っているものはいくつあるか。＊1R2

a　気体は液体・固体に比べ熱は伝わりやすく、断熱効果は小さい。

b　熱伝導の伝熱量は、熱伝導率、温度差に比例し、面間距離に反比例する。

c　粘度は、気体は液体に比べて小さい。また、温度とともに増加し、圧力によってはほとんど変わらない。＊2R4

d　液体に溶解する気体の溶解度は、溶解度が小さいときは、気体の圧力に比例する、これをヘンリーの法則という。また、溶解度は、温度上昇とともに増加する。

e　希薄溶液の蒸気圧低下は溶質のモル分率に比例する、これをラウールの法則という。

①　1　　②　2　　③　3　　④　4　　⑤　5

解答解説　解答②

a　気体は液体・固体に比べ熱は伝わりにくく、断熱効果は大きい、が正解である。

d　ヘンリーの法則では、溶解度は、温度上昇とともに減少する。

基礎テキスト P22 ～ 24、30 を参照

*1R2　ドルトンの法則によれば、混合気体全体の圧力（全圧）は、各成分気体の分圧の和である。基礎テキスト P11

*2R4　液体や気体が流動するとき各部分が互いに引き合い混ざりあう程度は、粘度で表され、単位は、 Pa・s である。基礎テキスト P23

基礎　3－2　物質の状態と蒸気の性質

物質の状態と蒸気の性質で、誤っているものはどれか。*R4

①　沸点や凝固点は圧力によって変わり、ある圧力以下では固体から直接気体となる昇華が起きる。

②　固体から液体への変化は、融解といい、エネルギーを吸収する。

③　気体から液体への変化は、液化といい、エネルギーを放出する。

④　水は加温すると、非飽和水→飽和水→湿り飽和蒸気→乾き飽和蒸気→過熱蒸気へと変化する。

⑤　湿り飽和蒸気1kg中に乾き飽和蒸気がxkg含まれているとき、xを飽和蒸気の湿り度といい、1－xを乾き度という。

解答解説　解答⑤

誤りは⑤である。xは乾き度といい、1－xを湿り度という。

なお、①～③の吸収又は放出される熱エネルギーを潜熱という。

基礎テキスト P26 ～ 27 を参照

*R4　固体、液体、気体の３つの状態が共存する温度及び圧力の条件を三重点といい、水の三重点の温度は0℃より高い。基礎テキスト P26

基礎　3－3　ラウールの法則

プロパンとブタンが質量比1:1で混合している液化ガスがある。この液化ガスの27℃における蒸気圧（MPa）として最も近い値はどれか。

ただしラウールの法則が成立するものとし、27℃におけるプロパン及びブタンの蒸気圧は、それぞれ1.0MPa及び0.3MPaとする。

①　0.60　　②　0.65　　③　0.70　　④　0.75　　⑤　0.80

解答解説　解答③

揮発性の２液体のラウールの法則

蒸気圧P＝純物質の蒸気圧pa･モル分率xa＋純物質の蒸気圧pb･モル分率xb

モル分率は

プロパンの分子量は44、ブタンは58

プロパンのモル分率　(1／44) ÷ (1／44 ＋ 1／58) ＝ 0.569

ブタンも同様に　0.431

蒸気圧Pは

$$P = 1.0 \times 0.569 \quad + \quad 0.3 \times 0.431 \quad = 0.698 \quad \fallingdotseq 0.7$$

類題　令和元年度甲種問２

基礎テキスト P32　例題 2.13 を参照

基礎　4－1　内部エネルギーの計算

圧力 100kPa の気体に、ある熱を加えて定圧膨張させ、体積が $0.2m^3$ 増加した。この時、内部エネルギーが 30kJ 増加したとしたら、加えた熱量は何 kJ か。

①　30kJ　　②　40kJ　　③　50kJ　　④　60kJ　　⑤　70kJ

解答解説　**解答③**

外から与えた熱量Q＝増加した内部エネルギーE＋外にした仕事W
で表される。

$$W = P \cdot \Delta V = 100kPa \times 0.2m^3 = 20kPam^3 = 20kJ$$

$$E = 30kJ$$

$$Q = 30 + 20 = 50 \text{（kJ）}$$

注）$kPa \cdot m^3 = kNm^{-2} \cdot m^3 = kNm = kJ$

基礎テキスト P35 を参照

 4－2　定圧膨張の計算

温度27℃、体積$3m^3$、圧力100kPaの理想気体を定圧膨張させて$4m^3$にした。この時気体に与えられた熱量（kJ）として、最も近い値はどれか。ただし、気体定数を8.3J／(mol／K)、この気体の定積モル熱容量を20J／(mol・K）とする。

①　2.8　　②　140　　③　240　　④　340　　⑤　1400

解答解説　解答④

シャルルの法則より

$$V_1/T_1 = V_2/T_2$$

温度T_2は

$$T_2 = T_1 \cdot V_2/V_1 = 300 \times 4/3 = 400\ (\mathrm{K})$$

気体の状態方程式より

$$PV = nRT$$

変形して、モル数を求めると

$$n = PV/RT = 100 \times 3/(R \times 300) = 1/R\ (\mathrm{kmol})$$

定圧膨張のため、定圧モル熱容量

$$Cp = \text{定積モル熱容量}\ C_V + \text{ガス定数}\ R = 20 + R$$

気体に与えられた熱量は

$$Q = n \cdot Cp \cdot \Delta T = 1/R \times (20 + R) \times (T_2 - T_1)$$

$$= (20/8.3 + 1) \times (400 - 300) \fallingdotseq 340\ (\mathrm{kJ})$$

設問は、定積モル熱容量で与えられている点に注意

類題　令和4年度甲種問3

基礎テキストP43を参照

基礎 4－3　熱容量

熱容量に関する説明で誤っているものはどれか。

①　一定量の気体の温度を 1 K 上昇させるのに必要な熱量を熱容量と呼び、基準となる気体の量が 1 kg の場合を比熱容量という。

②　圧力一定で、理想気体を加熱すると、その熱量はエンタルピーの増加に等しい。

③　体積一定で理想気体を加熱すると、その熱量は内部エネルギーの増加に等しい。

④　定圧モル熱容量 C_P は定積モル熱容量 C_V よりガス定数分 R だけ大きく、C_P と C_V の比を断熱係数 γ といい、常に 1 より大きい。

⑤　断熱容器に入れたガスを加熱する場合、温度の上昇を計算するには、定圧モル熱容量を用いる。 *R1

解答解説　解答⑤

⑤　断熱容器に入れたガスを加熱する場合、温度の上昇を計算するには、定積モル熱容量を用いる。

基礎テキスト P35、38 ～ 44 を参照

*R1　理想気体では、N種の成分からなる混合ガスの定圧モル熱容量 Cp は、成分 i のモル分率 xi と成分 i の定圧モル熱容量 Cpi を用いて、次の式で求めることができる。基礎テキスト P42

$$Cp = \sum_{i=1}^{N} x_i Cpi$$

基礎 4－4　熱容量の計算

能力 2kW のヒーターで、空気を 0℃から 30℃へ暖めたい。放散ロスは

ないものとして、10分間で何m^3の空気を暖められるか。ただし空気の定圧モル熱容量は29kJ／（kmol・K）とする。

① 10m^3　② 20m^3　③ 30m^3　④ 40m^3　⑤ 50m^3

解答解説　解答③

V kmolの空気が暖められるとすると、能力2kWのヒーターの熱量は2kJ／sであるから

V（kmol）× 29（kJ／kmol・K）× 30（K）＝ 2（kJ／s）× 600（s）

V ＝ 2 × 600／（29 × 30）＝ 1.38kmol

空気量は、1,380mol × 22.4 ℓ／mol ≒ 30,900 ℓ ≒ 30m^3

注）単位の換算W（ワット）＝ J／sである。

類題　令和元年度甲種問4、令和3年度甲種問3

基礎テキストP43を参照

基礎 4－5　等温変化と断熱変化

等温変化と断熱変化に関する記述で誤りはどれか。

① 理想気体の等温変化は、PV＝一定である。

② 理想気体の等温変化では、系の温度は一定だから内部エネルギーの変化は0である。

③ 断熱膨張による圧力の降下は、これに対応する等温膨張の場合より小さい。

④ 断熱変化は、$P_1 \cdot V_1{}^{\gamma} = P_2 \cdot V_2{}^{\gamma}$＝一定で表される。（ただし、$C_P / C_V = \gamma > 1$）

⑤ 断熱膨張は温度が低下し、断熱圧縮は温度が上昇する。

解答解説　解答③

断熱膨張による圧力の降下は、これに対応する等温膨張の場合より大きくなる。これは計算で確認できる。

- 等温変化は PV ＝一定仮に体積 V が 2 倍になったとすると、P × 2 ＝一定だから、P は 1／2 になる。
- 断熱変化は PV^{γ} ＝一定（γ ＞ 1）で、仮に体積 V が 2 倍になったとすると、γ ＝ 2 とすると $P \times 2^2$ ＝一定だから、P は 1 ／ 4 になる。

基礎テキスト P47 ～ 49 を参照

基礎　4－6　等温変化

理想気体の熱力学に関する次の式は何の式か。

$W = RT \cdot \ln P_1 / P_2$

① 定容比熱

② 定圧比熱

③ ポリトローブ変化

④ 断熱変化

⑤ 等温変化

解答解説　解答⑤

等温変化は、温度一定だから、式には、圧力 P または体積 V の変化が出てくる。

また、$P_1 / P_2 = V_2 / V_1$ の関係を利用すると

$$W = RT \cdot \ln V_2 / V_1$$

とも表わされる。

基礎テキスト P47 を参照

 4－7　断熱変化

温度 300K、圧力 100kPa の空気 $1m^3$ を断熱圧縮して、$0.95m^3$ にした。この時の空気の温度 (K) として最も近い値はどれか。ただし、空気の比熱比は 1.40 とする、また、x の絶対値が 1 より十分小さい時、$(1+x)^n = 1 + nx$ と近似できるものとする。

① 300　② 306　③ 309　④ 315　⑤ 321

解答解説　**解答②**

断熱変化は、

$P_1 \cdot V_1{}^{\gamma} = P_2 \cdot V_2{}^{\gamma} =$ 一定（ただし、$C_P / C_V = \gamma > 1$）

で表されるので、

$100 \times 1^{1.4} = P_2 \times 0.95^{1.4}$

近似式で、

$P_2 = 100 / (1 - 0.05)^{1.4} = 100 / (1 - 1.4 \times 0.05) = 107.5$ (kPa)

ボイルシャルルの法則から

$T_2 = T_1 \times P_2 \cdot V_2 / (P_1 \cdot V_1) = 300 \times (107.5 \times 0.95) / (100 \times 1)$

$\fallingdotseq 306$ (K)

類題　令和２年度甲種問５

基礎テキスト P49 を参照

基礎 4－8　状態変化

PV^m ＝一定（ただし、$C_P/C_V = \gamma$）のように、系の変化には種々のプロセスがある。P－V 線図の変化について正しいものはどれか。

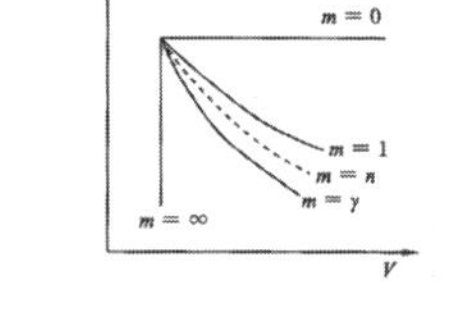

① m ＝ 0 は、断熱プロセスである。

② m ＝ 1 は、定容プロセスである。

③ m ＝ n は、ポリトロープ変化である。
（$1 < n < \gamma$）

④ m ＝ γ は、定容プロセスである。

⑤ m ＝∞は等温プロセスである。

解答解説　解答③

m ＝ 0 は、P ＝一定で定圧プロセス、m ＝ 1 は、PV ＝一定で等温プロセス、m ＝ n はポリトロープ変化（$1 < n < \gamma$）

m ＝ γ は、PV^γ ＝一定で断熱プロセス、m ＝∞は、V ＝一定で定容プロセスとなる。

基礎テキスト P50 を参照

基礎 4－9　気体の熱力学

気体の熱力学に関する次の記述のうち、誤っているものはどれか。

① 断熱圧縮では、なされた仕事は内部エネルギーの増加となり、温度が上昇する。

② 理想気体では、ジュールトムソン係数は 0 であり、実在気体では、反転温度によって異なる。

③ ジュールトムソン膨張では、系のエントロピーは一定であり、エン

タルピーは上昇する。

④　理想気体の等温変化では、内部エネルギーは変化しない。

⑤　理想気体を等温膨張させた場合には、圧力は低くなる。

解答解説　解答③

①　断熱変化の式 C_V／R･In（T_2／T_1）＝－In（V_2／V_1）より、気体体積が V_1 → V_2 へ圧縮するとき、T_1 より T_2 へ上昇する。

③　ジュールトムソン膨張では、系のエンタルピーは一定であり、エントロピーは不可逆変化のため上昇する。

④　等温変化では、系の温度は一定だから内部エネルギーの変化は0。

⑤　等温変化の式W＝RT・InP_1／P_2＝RT・InV_2／V_1 より、気体体積が V_1 → V_2 へ膨張すると P_1 より P_2 へ低くなる。

類題　平成29年度甲種問3

基礎テキストP47～48、52～53を参照

基礎　5－1　エントロピー

エントロピーに関する説明で正しいものはどれか。＊1R3

①　0℃において不規則配列のない純粋な結晶物質のエントロピーは0である。＊2R4

②　定圧において温度を上昇させても理想気体のエントロピーは一定である。

③　系が最初の状態から最後の状態に移るときのエントロピー変化は途中の経路に無関係で、前後の状態のみで決まる。

④　不可逆過程では孤立系のエントロピーは常に増大し、可逆過程では、減少する。

⑤　定温定圧で気体を混合してもエントロピーは一定である。＊3R1

解答解説　解答③

①　絶対温度０Ｋにおいて不規則配列のない純粋な結晶物質のエントロピーは０であり、これを熱力学の第三法則という。

②　定圧において温度を上昇させると理想気体のエントロピーは増大する。

④　不可逆過程では孤立系のエントロピーは常に増大し、可逆過程では、一定である。

⑤　定温定圧で気体を混合するとエントロピーは増大する。

類題　平成28年度甲種問4、令和3年度甲種問4

基礎テキストP55～59、61を参照

＊1R3　エントロピーの次元は（エネルギー）／（温度）である。基礎テキストP57

＊2R4　標準エントロピーとは、標準状態におけるエントロピーであり、その値は常に正となる。基礎テキストP61

＊3R1　理想気体を定積条件のもとで温度を上昇させると、エントロピーは増大する。基礎テキストP57

基礎　5－2　エントロピー変化の計算

90gの水を100℃で蒸発させた。この時のエントロピー変化を計算し、最も近いものを選択せよ。ただし、水の蒸発潜熱は40kJ／molとする。

①　0.4kJ／K　②　0.5　③　0.6　④　0.7　⑤　0.8

解答解説　解答②

水の分子量は18で、質量は1mol当たり18gである。水のモル数は、

$90/18 = 5\text{mol}$

エントロピー変化は、

$$\Delta S = \Delta Q / T$$
$$= 5 \times 40 / (273 + 100)$$
$$= 0.54 \ (\text{kJ}/\text{K})$$

基礎テキスト P60 を参照

基礎 5－3　カルノーサイクル（1）

カルノーサークルに関する説明で誤っているものはどれか。

① 熱力学の第二法則は、第2種永久機関の実現は不可能であることを意味している。

② 一つの系がある状態から他の状態へ変化したとき、いかなる方法によっても外界に何らかの効果を残さずには元の状態に戻すことができないとき、これを不可逆過程という。

③ 二つの等温過程と二つの断熱過程からなるサイクルをカルノーサイクルという。

④ 系が熱Qをもらい、サイクルを通して仕事Wを行った場合、熱効率は、$\eta = W/Q$ で表される。

⑤ カルノーサイクルを利用した熱機関にヒートポンプがある。

解答解説　**解答⑤**

カルノーサイクルの逆サイクル、逆カルノーサイクルを用いるのが、ヒートポンプである。

基礎テキスト P53、55、59、61 ～ 62 参照

5－4　カルノーサイクル（2）

カルノーサイクルに関する次の記述のうち、誤っているものはどれか。

① 等温膨張→等温圧縮→断熱圧縮→断熱膨張の順で繰り返すサイクルである。

② 熱効率は高温熱源の温度と低温熱源の温度だけで決まる。

③ カルノーサイクルを逆に動かすとヒートポンプサイクルになる。

④ 最大の仕事を取り出すことのできる理想的な熱機関のサイクルである。

⑤ 熱効率は100%を超えることはない。

解答解説　解答①

カルノーサイクルは、等温膨張→断熱膨張→等温圧縮→断熱圧縮の順で繰り返すサイクルである。

類題　平成30年度甲種問5

基礎テキストP63を参照

5－5　カルノーサイクルの熱効率

温度T_1の高温熱源から熱Q_1を吸収し、温度T_2の低温熱源に熱Q_2を放出するカルノーサイクルがある。T_1＝800K、T_2＝200Kのとき、放熱量と吸熱量の比（Q_2／Q_1）として最も近い値はどれか。

①　0.25　　②　0.75　　③　1.3　　④　3.0　　⑤　4.0

解答解説　解答①

カルノーサイクルの熱効率ηはη＝（Q_H－Q_L）／Q_H＝（T_H－T_L）／T_H

Q_H：高温熱源から吸収する熱 Q_L：低温熱源への放出熱

1－Q_L／Q_H＝1－T_L／T_H すなわち、高温熱源 T_H と低温熱源 T_L の温度だけで決まる。Q_2／Q_1＝T_2／T_1＝200／800＝0.25

類題 平成29年度甲種問4

基礎テキストP61～62参照

基礎 5－6　ガスサイクル

ガスサイクルに関する説明で、誤っているものはどれか。

① オットーサイクルは、ガソリン機関等で用いられ、熱効率は圧縮比と比熱比で決まる。

② オットーサイクルでは、圧縮比が低いとノッキングを起こす。

③ ディーゼルサイクルは、低速ディーゼル機関の理論サイクルである。

④ ブレイトンサイクルは、ガスタービンの理論サイクルである。

解答解説　解答②

オットーサイクルでは、圧縮比は高いほど熱効率が良いが、ノッキングが生ずるため、限界がある。

基礎テキストP68～69を参照

基礎 6－1　反応熱の計算（1）

下記のプロパンの燃焼反応で、反応熱はいくらか。

$C_3H_8 + 5O_2 \rightarrow 3CO_2 + 4H_2O$

標準生成熱は C_3H_8：−100kJ／mol　　O_2：0kJ／mol

CO_2：−390kJ／mol　　H_2O：−240kJ／mol

① ＋2230kJ　② ＋2030kJ　③ 0kJ　④ −2030kJ　⑤ −2230kJ

解答解説　**解答④**

反応熱＝ CO_2 のモル数×生成熱＋ H_2O のモル数×生成熱−C_3H_8 のモル数×反応熱

なお、O_2 の生成熱は 0 である。

反応熱＝ 3 ×（−390）＋ 4 ×（−240）−1 ×（−100）

＝−1170 −960 ＋ 100

＝−2030（kJ）

類題　令和元年度甲種問 6、令和 3 年度甲種問 5

基礎テキスト P75 を参照

基礎　6－2　反応熱の計算（2）

水素及びメタンの燃焼反応の標準反応熱が、それぞれ次のように与えられている。ただし、（g）は気体状態を示す。

H_2（g）＋ 1 ／$2O_2$（g）→ H_2O（g）　：−242kJ／mol

CH_4（g）＋ $2O_2$（g）→ CO_2（g）＋ $2H_2O$（g）：−802kJ／mol

この時、次の反応の標準反応熱（kJ／mol）として最も近い値はどれか。

CO_2（g）＋ $4H_2$（g）→ CH_4（g）＋ $2H_2O$（g）

① 322　② 166　③ −166　④ −322　⑤ −1770

解答解説　解答③

下式－上式×４　で　CH_4 (g) － $4H_2$ (g) → CO_2 (g) － $2H_2O$ (g)

移項すると　CH_4 (g) ＋ $2H_2O$ (g) → CO_2 (g) ＋ $4H_2$ (g)

標準反応熱は　－802－4×（－242）＝　＋166

反応方向が逆のため　－166 (kJ／mol)　となる。

類題　平成30年度甲種問6、令和３年度問6

基礎テキストP76を参照

基礎　6－3　平衡定数

混合気体（CO：1.2mol、H_2O:1.2mol）を用いて、次のＣＯシフト反応を進行させた。

$$CO(g) + H_2O(g) \rightarrow CO_2(g) + H_2(g)$$

平衡状態におけるCOが0.2molである場合、平衡定数（圧平衡定数）として最も近い値はどれか。

①　5　　②　10　　③　15　　④　20　　⑤　25

解答解説　解答⑤

平衡状態のCOが0.2molとすると、 残ったCO＝0.2mol、同じく残ったH_2Oも0.2mol、反応でできたCO_2が1.2－0.2＝1.0mol、同じく反応でできたH_2が1.2－0.2＝1.0mol　である。

COシフト反応はモル数の変化のない反応で、反応後の全体のモル数は2.4molのままである。従って各ガスの分圧は、

$pCO=0.2/2.4$　$pH_2O=0.2/2.4$　$pCO_2=1.0/2.4$　$pH_2=1.0/2.4$

平衡定数は

$$Kp = pCO_2 \times pH_2 / pCO \times pH_2O$$

で表され、

$$Kp = 1.0 \times 1.0 \div (0.2 \times 0.2) = 1 \div 0.04 = 25$$

類題　令和２年度甲種問６

基礎テキストP82を参照

基礎　6－4　化学平衡式

メタンの水蒸気改質のうちの一部の化学平衡式で、誤っているものはどれか。

$CH_4 + H_2O \Leftrightarrow CO + 3H_2 + Q1$（Q1：反応熱　＋が吸熱）

① 右方向へは吸熱反応で、温度を上昇させると、右方向へは反応が進みやすくなり、CO、H_2が多くなる。

② モル数の変化ある反応であるから、圧力を上昇させると右方向に進みやすくなり、CH_4の分解は進む。

③ 温度一定ならば、水蒸気を増加することにより、水蒸気分圧が増加するため、CH_4の分圧が減る方向、反応は右に進む。

④ 上式に限らず、平衡状態は温度、圧力、濃度により決定される。これらのいずれかが変化すると平衡の移動が起きる。これを平衡移動の法則（ル・シャトリエの原理）という。

解答解説　解答②

モル数の変化ある反応だから、圧力を上昇させると左方向に進みやすくなり、CH_4 の分解は減少する。

類題 平成 29 年度甲種問 5

基礎テキスト P83 ～ 84 を参照

基礎 6－5　化学平衡・反応速度

化学平衡・反応速度に関する説明で誤っているものはどれか。

反応速度 v は v ＝ k［A］^{a} ［B］^{b} 式で表される。

① 温度一定の条件では、k：速度定数は、その反応に固有の定数である。

② 温度一定の条件では、一次反応において、反応速度 V は、反応物質の濃度に比例する。

③ ［A］は、A 物質のモル濃度であり、a はべき数である。べき数の総和を全次数と呼び、総和が 1 の場合を一次反応と呼ぶ。

④ 反応物質の濃度が初濃度の半分になるのに要する時間を半減期という。

⑤ 半減期は、反応時点によって、その濃度が半分になる時間が異なる。

解答解説　解答⑤

反応のどの時間から測っても、その濃度が半分になるまでの時間は等しい。

基礎テキスト P86 ～ 88 を参照

基礎 6－6　反応時間

一次反応において、反応物質の 75％の量が反応するのに要する時間は、50％の量が反応するのに要する時間の何倍か。最も近い値はどれか。

① 1.0　② 1.5　③ 2.0　④ 3.0　⑤ 4.0

解答解説　解答③

反応物質が50%（1／2）、半減期になる時間を1とすると、75%が反応する、すなわち25%（1／4）になる時間は、（1／2）^{2}で、1の2倍の時間が必要となる。

一次反応の半減期は、反応物質の初濃度に無関係で、反応のどの時間を測ってもその濃度が半分になるまでの時間は等しい。

類題　令和2年度甲種問7

基礎テキストP87～89を参照

基礎 6－7　反応速度と触媒

反応速度と触媒に関する説明で誤っているものはどれか。

① 温度上昇による反応速度の上昇は、アーレニウスの式で表される。

② アーレニウスの式によれば、速度定数と絶対温度の逆数は、直線関係を示す。

③ 触媒は、正反応の速度も逆反応の速度も同じ割合だけ増加させるが、反応の前後で平衡の位置に影響を及ぼさない。

④ 触媒は、元来起こり得ない反応を開始させるのではなく、たとえ非常に遅くても、既に生起している反応を促進させるだけである。

⑤ 触媒と反応物質が異なる相状態にある反応を不均一反応という。

解答解説　解答②

アーレニウスの式はInk＝－E／RT＋InA

k：速度定数　T：絶対温度　R：ガス定数　E：活性化エネルギー

A：定数

EとR、Aは定数だからlnk（自然対数k）と1／Tの間に直線関係を示す。

類題　令和元年度甲種問7

基礎テキストP91～94を参照

基礎 6－8　エネルギー準位

右図は化学反応過程におけるエネルギー準位の変化を表したものである。この図に関する次の記述のうち、誤っているものはどれか。

① Aは活性化エネルギーである。

② Bは反応熱に相当する。

③ Aが小さいほうが、反応は進みやすい。

④ 触媒を用いると，Bを小さくすることができる。

⑤ この反応は、発熱反応である。

解答解説　解答④

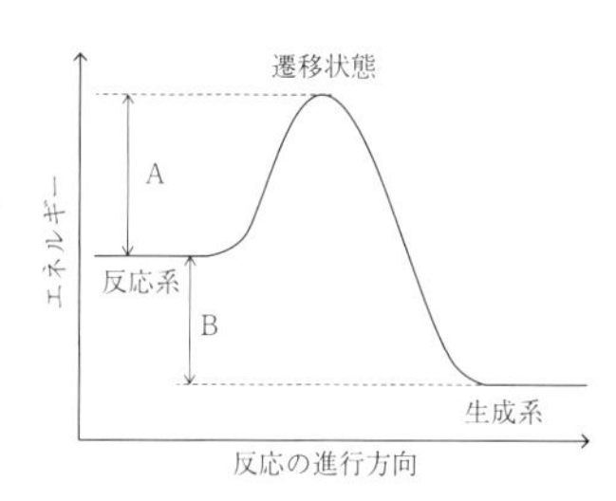

④ 触媒は、A活性化エネルギーの低い別の反応経路を生み出し、生成系に移行しやすくするものである。

基礎テキストP94を参照

基礎 7－1　電気化学反応

電気化学反応に関する次の記述のうち、誤っているものはどれか。

① 燃料電池は、電気化学反応を利用して発電する。

② 電極と電解質溶液との間の電位差を電極電位という。

③ 溶媒中に溶解した際に、陽イオンと陰イオンに解離する化学物質を電解質という。

④ 亜鉛の方が銅に比べて電極電位が高い。

⑤ 金属の腐食現象は、本質的には電気化学的な現象である。

解答解説 解答④

④ 亜鉛のほうが銅に比べて電極電位は低い。

③ 電荷を帯びた原子又は原子団がイオンであり、溶媒中に溶解した際に、陽イオンと陰イオンに解離する化学物質のことを電解質という。

電解質には、溶融電解質と固体電解質がある。

基礎テキスト P97 〜 101 を参照

基礎 7－2 燃料電池の原理

固体高分子形燃料電池の原理について誤っているものはいくつあるか。

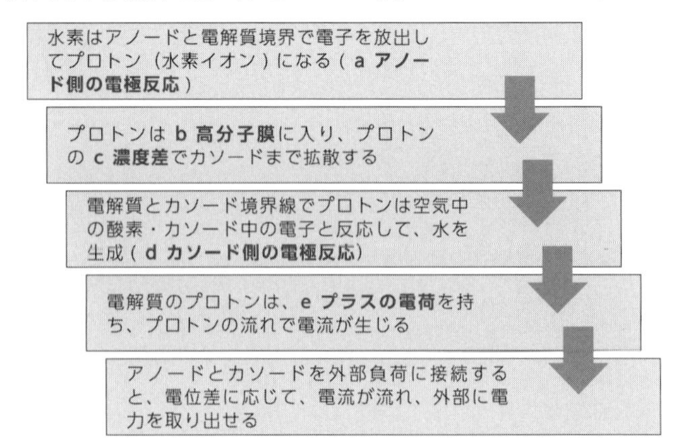

① 0　　② 1　　③ 2　　④ 3　　⑤ 4

解答解説　解答①

全て正しい。

基礎テキスト P101 ～ 102 を参照

基礎 7－3　燃料電池の容量

1枚のセルで構成される燃料電池で、水素を燃料として電流を10A取り出した時に、燃料として必要な水素の流量（mol／s）として最も近いものはどれか。ただし、燃料である水素の80％が発電に利用されるものとし、ファラデー定数F＝96000C／mol、水素の電荷数は2とする。

① 6.2×10^{-5}　② 6.5×10^{-5}　③ 9.6×10^{-5}　④ 1.2×10^{-4}　⑤ 6.5×10^{-4}

解答解説　解答②

ファラデーの法則から電流iを求める公式は

$i = z \cdot F \cdot v$

z：電荷数　　F：ファラデー定数　　V：燃料の流量

問題の水素の流量vは、上式を変形して

$v = i / (z \cdot F \cdot \eta)$　　η：効率

$= 10 / (2 \times 96000 \times 0.8)$

$= 6.5 \times 10^{-5}$（mol／s）

注）電流i（単位A：アンペア）と通過電荷量q（単位C：クーロン）の関係

$i = q / t$　　t：時間　　A＝C／s

類題 平成29年度甲種問6

基礎テキストP103を参照

基礎 7－4 燃料電池の燃料

1枚のセルで構成される水素を燃料とした燃料電池を製作し、メタンを水蒸気改質して製造した水素すべてを燃料として発電を行い、電流を192A取り出した。メタンの流量（mol／s）として最も近い値はどれか。ただし、投入したメタンはすべて水蒸気改質されて水素と二酸化炭素になるものとし、またファラデー定数は96000C／mol、水素の電荷数は1mol分子あたり2molとする。

①$1.3\times10^{-4}$　②$2.5\times10^{-4}$　③$5.0\times10^{-4}$　④$1.0\times10^{-3}$　⑤$4.0\times10^{-3}$

解答解説　**解答②**

メタンの改質反応は

$$CH_4 + 2H_2O \rightarrow 4H_2 + CO_2$$

従って1molの水素生成のためには、1／4molのメタンが必要

ファラデーの法則により

電流i＝電荷数z×ファラデー定数F×水素流量v

$$v = i \times z / F = 192 \div (2 \times 96000) = 10^{-3}\ (\text{mol/s})$$

必要なメタンの量は

$$10^{-3} \times 1/4 = 2.5 \times 10^{-4}\ (\text{mol/s})$$

なお1A＝1C／sである。

類題 令和4年度甲種問5

基礎テキストP103を参照

基礎 7－5　燃料電池の電流電圧特性

燃料電池の電流電圧特性の説明で、誤っているものはいくつあるか。

a　オーム損失による電圧低下は、電池内部の内部抵抗による損失が原因である。

b　活性化分極は活性化過電圧とも呼ばれ、電圧低下が発生する。電極反応の速度が過大であるのが原因である。

c　PEFC の場合、低温でも電極活性の高い白金を電極として使用し、電極構造をナノレベルまで微細化するのは、活性化分極による電圧低下を軽減するためである。

d　アノード電極の燃料水素の供給速度不足、酸化剤である空気中酸素のカソード電極への供給速度不足は、いずれも濃度分極による電圧低下の原因となる。

e　PEFC の場合、カソードで生成した水のカソードからの排水速度の不足はオーム損失の原因である。

①　0　　②　1　　③　2　　④　3　　⑤　4

解答解説　解答③

b　活性化分極は、電極反応の速度不足が原因である。

e　水のカソードからの排水速度の不足は、濃度分極の原因である。

基礎テキスト P104 ～ 105 を参照

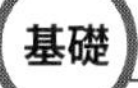

基礎 8－1　発熱量

次の発熱量に関する説明のうち誤っているものはどれか。

① 水蒸気の潜熱を含む発熱量を総発熱量といい、含まない場合を真発熱量という。また、一酸化炭素の燃焼は、排ガスに水蒸気を含まないため、総発熱量と真発熱量が同じである。＊R1

② メタン1 m^3_N の総発熱量は、約45MJである。

③ 熱量計で測定した発熱量は総発熱量であり、真発熱量は可燃ガス組成から計算できる。

④ 飽和炭化水素では、分子中の炭素が多いほど発熱量が大きい。

⑤ 可燃性ガスの不完全燃焼で得られる熱量は同量のガスを完全燃焼させたときより小さい。

解答解説　解答②

メタン1 m^3_N の総発熱量は、約40MJである。

基礎テキストP107～108を参照

＊R1　一般に気体燃料の発熱量は、標準状態における1m^3あたりの値で示す。また、総発熱量は真発熱量より大きい。基礎テキストP107

基礎　8－2　燃焼反応の基礎

空気比1のとき、メタンとプロパンの燃焼反応で、正しいものを選べ。

① メタン1 m^3 燃焼では、1m^3 の酸素が必要で、水蒸気が1m^3 発生する。

② メタン1 m^3 燃焼では、2m^3 の酸素が必要で、水蒸気が1m^3 発生する。

③ プロパン1m^3 燃焼では、5m^3 の酸素が必要で、5m^3 の水蒸気が発生する。

④　プロパン $1m^3$ 燃焼では、$5m^3$ の酸素が必要で、$4m^3$ の水蒸気が発生する。

⑤　一酸化炭素 $1m^3$ の燃焼では、$1/2m^3$ の酸素が必要で、$1m^3$ の水蒸気が発生する。

解答解説　解答④

メタンの燃焼は、$CH_4 + 2O_2 = CO_2 + 2H_2O$ で、酸素は $2m^3$ 必要で、水蒸気は $2m^3$ 発生する。

プロパンの燃焼は、$C_3H_8 + 5O_2 = 3CO_2 + 4H_2O$ で、酸素は $5m^3$ 必要で、水蒸気は $4m^3$ 発生する。

一酸化炭素の燃焼では、$CO + 1/2O_2 = CO_2$ で酸素が $1/2m^3$ 必要で、二酸化炭素が $1m^3$ 発生し、水蒸気は発生しない。

基礎テキスト P111 を参照

基礎　8－3　燃焼ガス量と組成

メタンと水素の体積比が 4:1 の混合ガスを空気比 1 で完全燃焼させたとき、乾き燃焼ガス中の二酸化炭素の濃度（vol%）として、最も近いものはどれか。ただし、空気中の窒素と酸素の体積比は 4:1 とする。

①　5　　②　7　　③　9　　④　11　　⑤　13

解答解説　解答④

メタンの燃焼式は　$CH_4 + 2O_2 = CO_2 + 2H_2O$

水素の燃焼式は　$H_2 + 1/2O_2 = H_2O$

メタン : 水素＝ 4 : 1 でメタンを $4\ m^3$、水素を $1m^3$ と置くと理論酸素量は

$2 \times 4 + 1 / 2 = 8.5$（m^3）

空気中の窒素は　窒素：酸素＝4：1　で

排出窒素量は　$8.5 \times 4 = 34$（m^3）

排出二酸化炭素量は　$1 \times 4 = 4$（m3）

乾き燃焼ガス中の二酸化炭素濃度は　$4 / (34 + 4) = 10.5$（vol%）

類題　令和3年度甲種問9

基礎テキストP111を参照

基礎　9－1　燃焼計算（理論空気量）

プロパン60vol%、窒素20vol%、酸素20vol%からなる混合ガス1 m^3を、完全燃焼させるのに新たに必要な理論空気量（m^3）として最も近い値はどれか。ただし、空気の組成は、窒素80vol%、酸素20vol%として計算せよ。

①　6　②　10　③　14　④　15　⑤　18

解答解説　**解答③**

プロパンの反応式は、$C_3H_8 + 5O_2 \rightarrow 3CO_2 + 4H_2O$

可燃ガスはプロパンで、$0.6 \times 1 = 0.6$（m^3）

反応に必要な理論酸素量は、$0.6 \times 5 = 3.0$（m^3）

混合ガス中の酸素を除くと、新たに反応に必要な理論酸素量は、

$3 - 0.2 \times 1 = 2.8$（m^3）

必要な理論空気量は、$2.8 / 0.2 = 14$（m^3）

類題　令和2年度甲種問8

基礎テキストP108～113を参照

基礎 9－2　燃焼計算（過剰空気量）

プロパン 44kg を空気比 1.4 で完全燃焼させたとき、燃焼ガス中の酸素の質量（kg）として、最も近い値はどれか。ただし、空気中の窒素と酸素の体積比は 4:1 とする。

①　2　　②　7　　③　32　　④　64　　⑤　224

解答解説　解答②

プロパンの燃焼式は

$$C_3H_8 + 5O_2 \rightarrow 3CO_2 + 4H_2$$

従って、プロパン 1kmol（44kg）の理論酸素量は 5kmol である。

燃焼ガス中の酸素の質量は、

O_2 は 32g／mol、空気比 1.4 のため、燃焼しなかった過剰空気量は理論空気量の $1.4 - 1 = 0.4$ 倍

$5 \times 32 \times (1 - 0.4) = 64$（kg）

類題　令和 4 年度甲種問 8

基礎テキスト P113 を参照

基礎 9－3　燃焼計算（乾き燃焼ガス量）

メタン 1 m^3 を酸素濃度 18％の空気を用いて空気比 1.3 で完全燃焼したとき、乾き燃焼ガス量（m^3）で、次のうち最も近いものはどれか。

①　8　　②　9　　③　11　　④　13　　⑤　15

解答解説　解答④

メタンの燃焼反応は $CH_4 + 2O_2 \rightarrow CO_2 + 2H_2O$

理論空気量は、$2 \times 1/0.18 = 11.1m^3$

必要空気量は、$11.1 \times 1.3 = 14.43m^3$

乾き燃焼ガス量は

V ＝必要空気量－理論酸素量＋ CO_2 発生量

$= 14.43 - 2 + 1$

$= 13.43 \fallingdotseq 13m^3$

基礎テキスト P108 ～ 114 を参照

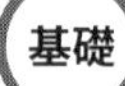

基礎 9－4　燃焼計算（CO_2 濃度）

メタンを空気比 1.3 で燃焼させると、乾き燃焼ガス中の CO_2 濃度はいくつになるか。ただし空気中の酸素濃度は 20%とする。

①　7.5%　　②　7.9%　　③　8.3%　　④　9.6%　　⑤　10.4%

解答解説　解答③

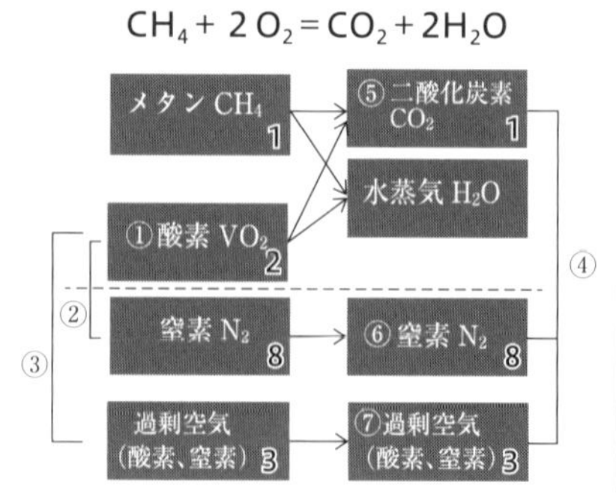

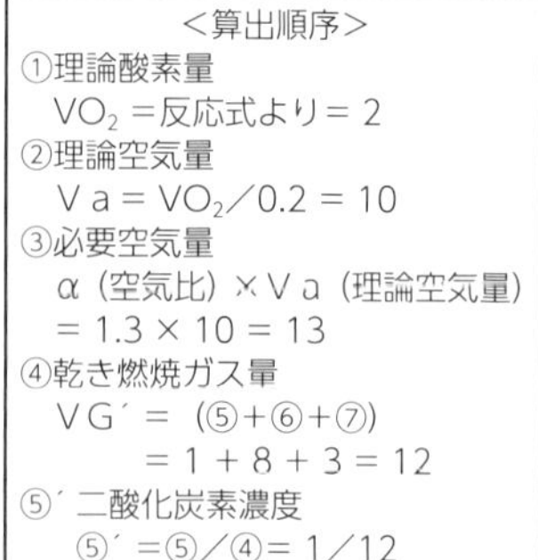

基礎 9－5　燃焼計算（空気比）

メタンを完全燃焼させたところ、乾き燃焼ガス中のCO_2が10％であった。この時の空気比はいくらか。最も近いものを選べ。ただし空気中の酸素は20％とする。

①　1.10　　②　1.15　　③　1.20　　④　1.25　　⑤　1.30

解答解説　解答①

メタンの燃焼反応は　$CH_4 + 2O_2 \rightarrow CO_2 + 2H_2O$

必要な理論空気量は　$2 \times 1 / 0.2 = 10.0m^3$（$O_2$：$2m^3$,$N_2$：$8m^3$）

理論乾き燃焼ガス量は　CO_2＋理論空気量の中のN_2

$= 1 + 8 = 9m^3$

発生したCO_2が実乾き燃焼ガス量の10％であるから、実乾き燃焼ガス量は　$1 / 0.1 = 10m^3$

実乾き燃焼ガス量と、理論燃焼ガス量の差は、過剰空気量であるから

$10 - 9 = 1m^3$

求める空気比は（理論空気量＋過剰空気量）／理論空気量

$= (10 + 1) / 10 = 1.1$

となり、①が正解となる。

類題　平成29年度甲種問7

基礎テキストP108～114を参照

基礎　１０－１　燃焼範囲（１）

燃焼範囲に関する説明で正しいものはどれか。

① 燃焼範囲の小さい順から、水素＜メタン＜プロパンである。

② 圧力が高いと一般的には燃焼範囲は広がり、温度が高いと、熱の逸散速度が遅くなるので燃焼範囲は狭くなる。

③ 不活性ガスを混合すると、その量に応じて燃焼範囲は狭くなり、爆発限界は上限界が著しく低下する。

④ 容器の大きさが大きいと、器壁の冷却効果の影響を受けて燃焼が維持できなくなる。

⑤ 2種類以上の可燃性ガスの混合物の爆発限界を求めるには、成分ガスのVOL％÷成分ガスの爆発限界、を加えていったものを分子として、分母を100としたものである。

解答解説　解答③

① 燃焼範囲の小さい順から大きい順は、プロパン＜メタン＜水素である。

② 温度の高いときは、熱の逸散速度が遅くなるので、燃焼範囲は広くなる。

④ 容器の大きさが小さいと、器壁の冷却効果の影響を受けて燃焼が維持できなくなる。

⑤ 2種類以上の可燃性ガスの混合物の爆発限界を求めるには、成分ガスのVOL％÷成分ガスの爆発限界、を加えていったものを分母として、分子を100としたものである。

基礎テキストP118～121を参照

10－2　燃焼範囲（2）

可燃性ガスの燃焼に関する次の記述のうち、誤っているものはどれか。

① 燃焼限界に影響を与える因子には、温度、圧力、容器の大きさ等がある。

② メタンの燃焼下限界(vol％)は、水素の燃焼下限界(vol%)より大きい。

③ 2種類以上の可燃性ガスの混合物の燃焼下限界は、ルシャトリエの式がよく適合するが、水素等を含む混合ガス（H_2、C_2H_2）等の場合には誤差が大きい。

④ 爆ごう範囲は、燃焼範囲の内側にある。

⑤ ある可燃性ガスを空気あるいは酸素と混合したとき、空気の場合も酸素の場合も爆ごう範囲は変わらない。

解答解説　解答⑤

ある可燃性ガスを空気あるいは酸素と混合したときは、ガスの種類により、爆ごう範囲は異なってくる。

類題　平成30年度甲種問8

基礎テキストP122を参照

10－3　混合ガスの燃焼限界

メタンとプロパンの混合ガスの空気中における燃焼下限界が2.9vol％のとき、メタン（vol％）とプロパン（vol％）の混合組成として最も近い値はどれか。ただし、単体ガスの燃焼下限界は、メタン5.0（vol％）、プロパン2.0（vol％）とする。

	メタン	プロパン
①	20	80
②	40	60
③	50	50
④	60	40
⑤	80	20

解答解説　**解答③**

ルシャトリエの法則から、メタンの組成をｘ、プロパンの組成をｙ　とすると

$$100/((x/5.0)+y/2.0)=2.9$$

ここに、選択肢③の　ｘ＝50、ｙ＝50　を代入すると、混合ガスの下限界に適合する。

類題　令和２年度甲種問９、令和３年度甲種問８

基礎テキスト P121 を参照

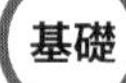

基礎　１０－４　爆発・爆ごう

爆発に関する説明で誤っているものはどれか。

① 光や音や衝撃的圧力を伴い、瞬間的に完了する化学変化を爆発反応という。＊R3

② 爆発現象は、爆燃と爆ごうに分類され、爆燃は亜音速、爆ごうは超音速である。

③ 爆発反応の伝播速度が、加速して音波の速度より大きくなり、衝撃的圧力が発生するが、これを爆ごうという。

④ 爆ごう範囲は、爆発範囲の内側にある。

⑤　爆ごうは、常に衝撃波を伴い、この衝撃波は音波と違って、波長の長い単一圧縮波で前進性がある。

解答解説　解答⑤

常に衝撃波を伴い、この衝撃波は音波と違って、波長の短い単一圧縮波で前進性がある。これを「爆ごう現象」という。

類題　令和３年度甲種問７

基礎テキストP122を参照

*R3　爆発反応は、可燃性ガスと空気が適当な濃度範囲で混合され、かつ外部から何らかの方法でエネルギーが与えられることにより起こりうる。基礎テキストP122

基礎　１０－５　ガスの燃焼方式

ガスの燃焼方式に関する次の記述のうち、誤っているものはどれか。

①　燃料のみをバーナーから吹き出させ、周囲の空気と混合させながら燃焼させる方式を拡散燃焼という。

②　拡散燃焼は、バーナー内部で予混合気が形成されないため、逆火のおそれがある。

③　燃料と空気を混合させた可燃予混合気をバーナーから吹き出させて燃焼させる方式を予混合燃焼という。

④　ブンゼン火炎は部分予混合燃焼の代表例であり、内炎と外炎による二重火炎が形成される。

⑤　予混合燃焼においては、部分予混合燃焼は火炎安定性に優れており、完全予混合燃焼は燃焼ガス中のNO_X濃度が低い。

解答解説　解答②

拡散燃焼は、バーナー内部で予混合気が形成されないため、逆火のおそれがない。

類題 令和4年度甲種問9

基礎テキストP118を参照

基礎 11－1　管内流動の基礎（1）

管内流動に関する次の記述のうち、誤っているものはどれか。

① 流れの中の速度ベクトルが時間変化しない場合を定常流、時間変化する場合を非定常流という。

② 非圧縮性、非粘性流体の定常流では、運動エネルギー、位置エネルギー、圧力エネルギーの和は、流線上で一定である。

③ レイノルズ数は、流体の慣性力と粘性力の比である。

④ 流れの方向に内径が変化する円管内を非圧縮性流体が流れる場合、各断面を単位時間に通過する流体の質量は変動する。

⑤ 水と空気の動粘度を比較すると、水の方が小さく、流体が運動する場合の粘性の影響は、水のほうが小さい。

解答解説　解答④

④ 非圧縮性流体では、各断面を単位時間に通過する流体の質量は一定である。

② これをベルヌーイの式という。

基礎テキストP123～124、131を参照

基礎 11－2　管内流動の基礎（2）

流体に関する次の記述のうち、誤っているものはどれか。

① 定常流では、速度ベクトルが時間変化しない。

② 非圧縮性流体では、体積流量が一定の場合、直管内の流れの平均速度は、内径の２乗に反比例する。

③ 非圧縮性流体では、流れにおいて流体の密度が一定とみなすことができる。

④ 非圧縮性、非粘性流体の定常流では、流線上でベルヌーイの式が成立する。

⑤ 動粘度は、粘度を密度で割った値で、水の方が空気やメタンより大きい。

解答解説　解答⑤

⑤ 動粘度は、水の方が空気やメタンより小さい。逆に粘度は、水の方が空気やメタンより大きい。動粘度は、粘度を密度で割った値で、水の密度は空気やメタンの密度の約千倍でずっと大きいためである。

類題　平成 29 年度甲種問 9

基礎テキスト P123 ～ 124、126 を参照

基礎 11－3　質量流量・流速

質量流量 25kg／s の流体が内径 10cm の直円管内を流れるとき、平均流速（m／s）として最も近い値はどれか。ただし、流体の密度は 800kg／m^3 とする。

① 1　② 2　③ 4　④ 8　⑤ 12

解答解説　解答③

質量流量と断面積、流速の関係は、

$Q_m = \rho \cdot \pi d^2 \div 4 \cdot V$

Q_m：質量流量　ρ：流体の密度　d：直径　V：流速

変形すると

$V = Qm / (\rho \cdot \pi d^2 \div 4)$

$V = 25 / (800 \cdot \pi \cdot 0.1^2 \div 4)$

$= 3.98 \fallingdotseq 4$ (m／s)

類題　令和2年度甲種問10

基礎テキストP126を参照

基礎　11－4　貯水槽からの流水計算

水位が4mに常に保たれている水槽がある。水槽の底に孔をあけると孔からの水の噴出速度（m／s）はどれくらいか。ただし、頭損失などは無視する。

① 5　② 7　③ 9　④ 12　⑤ 15

解答解説　解答③

ベルヌーイの定理のうち、摩擦などは問題文から無視でき、圧力ヘッドも両辺で同じで無視すると、ベルヌーイの定理の式は、位置ヘッドと速度ヘッドのバランスとなる。

Z（位置ヘッド）＝ U^2 ／ $2g$（速度ヘッド　U：流速）

変形して

$U = \sqrt{}\,(2g \times Z)$

$Z = 4m$　　$g = 9.8m/s^2$ を代入すると

$U = \sqrt{}\,(2 \times 9.8 \times 4) = 8.9 \fallingdotseq 9m/s$

となる。なお、孔からの流量を求めよという問題ならば、この流速に断面積を乗じると解答できる。

基礎テキスト P126 ～ 127 を参照

基礎 11－5　レイノルズ数

レイノルズ数と圧力損失の説明で誤っているものはどれか。

① 臨界レイノルズ数は、約 2,300 であり、レイノルズ数から層流乱流を判定できる。＊1R1

② レイノルズ数は（密度×平均流速×内径）を粘度で除したもので、無次元である。＊2R2

③ 流体を同じ管に流した場合、流体の密度、流速が同じなら、圧力損失は流体の種類によらず一定である。

④ 摩擦係数に関してレイノルズ数と壁面の粗滑度で特定される実験式が得られている。

⑤ 流体の流れ方向が大きく変化するエルボより、変化が滑らかなベンドの方が損失ヘッドは少ない。

解答解説　**解答③**

層流の場合、ハーゲンポアズイユ流れの式では、圧力損失は、長さ、内径、流速、密度に加えて、粘度が変数として入っている。従って流体の粘度（流体の内部摩擦）によって圧力損失は異なる。

類題　平成 29 年度甲種問 10

基礎テキスト P131 ～ 132、136 ～ 137 を参照

＊1R1　層流から乱流に遷移するときのレイノルズ数である臨界レイノルズ数は、助走区間の状態や流路形状によって異なる。基礎テキスト P132

＊2R2　レイノルズ数は、直円管の流れにおいては、平均流速に内径を掛け、動粘度で割ることで算出できる。基礎テキスト P131

基礎　11－6　レイノルズ数の計算

直円管に空気を流した時のレイノルズ数が 2000 であった。同じ直円管に水を流したところ、平均流速は空気を流したときの 1／4 になった。このときのレイノルズ数として、最も近い値はどれか。ただし、空気の動粘度は $16mm^2$／s、水の動粘度は $0.8mm^2$／s とする。

①　10000　　②　20000　　③　40000　　④　50000　　⑥　80000

解答解説　解答①

レイノルズ数の計算式は

レイノルズ数 Re ＝平均流速 v ×管径 d ÷動粘度 μ

空気を流した時の v ・ d は

$v \cdot d = Rea \times \mu a = 2000 \times 16 = 32000$

水を流した時のレイノルズ数は

水の流速は、

空気の流速の 1／4 ＝ 0.25　だから

$Rew = 0.25 \cdot 32000 \div 0.8 = 10000$

類題　令和 4 年度甲種問 11

基礎テキスト P131 を参照

基礎 11－7　管摩擦係数

直円管内の完全に発達した流れにおける管摩擦係数に関する次の記述のうち、誤っているものはどれか。

① 層流の場合、管摩擦係数はレイノルズ数に反比例して小さくなる。

② 乱流で管壁面が粗い場合、レイノルズ数が十分に大きいと管摩擦係数はレイノルズ数に依存しなくなる。

③ 乱流で管壁面が滑らかな場合、管摩擦係数はレイノルズ数に比例して大きくなる。

④ 乱流で管壁面が粗い場合、管摩擦係数は管壁面粗さが大きいほど大きくなる。

⑤ ファニングの式の管摩擦係数はダルシーワイスバッハの式の管摩擦係数の 1／4 である。

解答解説　解答③

乱流で管壁面が滑らかな場合、レイノルズ数に依存し、小さくなる。

管摩擦係数は、層流と乱流でレイノルズ数により変化し、さらに乱流は管壁面の粗さに影響する。

類題　令和 2 年度甲種問 11

基礎テキスト P136 ～ 137 を参照

11－8　圧力損失の計算

内径100mm、長さ10mの直円管の中を平均流速1m／sでガスが流れているとき、損失ヘッド（m）として、最も近い値はどれか。ただし、管摩擦係数は0.03、重力加速度は10m／s^2とする。

①　0.05　　②　0.15　　③　0.30　　④　0.45　　⑤　0.6

解答解説　解答②

管摩擦による圧力損失のダルシーワイズバッハの式

損失ヘッドΔh＝摩擦係数λ・(延長L／管径d)・平均流速V^2／2g

数字を代入すると

$\Delta h = 0.03 \times (10/0.1) \times 1^2 / (2 \times 10)$

$= 0.15$（m）

平成29年度甲種問11の出題であるが、ダルシーワイズバッハの式は、近年では初出題である。

類題　平成29年度甲種問11、令和3年度甲種問10

基礎テキストP136～138を参照

11－9　オリフィスの計算

あるオリフィスメーターを空気流で検定したところ、流量20m^3／hのときの差圧が0.5kPaであった。このオリフィスメーターを用いてメタンガスの流量を測定したところ、差圧が1.5kPaであった。メタンガスの流量（m^3／h）の選択肢で最も近いものはどれか。

ただし、オリフィスを流れる空気とメタンガスで温度・圧力は同一条件とし、流量係数も変わらないものとする。

① 20　② 30　③ 40　④ 50　⑤ 60

解答解説　**解答④**

オリフィスの流量、差圧、比重の関係は、

$Q = K\sqrt{(\Delta P / \gamma)}$　Q：流量　K：比例定数

ΔP：差圧　γ：比重

空気の分子量は29 メタンの分子量は16 より

メタン比重＝ 16／29 ＝ 0.55

空気流より

$20 = K\sqrt{(0.5/1)}$　$K = 20/\sqrt{0.5}$

温度圧力条件は同一よりメタンガス流量は、

$Q = K\sqrt{(1.5/0.55)} = 20/\sqrt{0.5} \times \sqrt{(1.5/0.55)}$ ＝約 $47m^3/h$

基礎テキスト P135 を参照

基礎　11-10　マノメーターの計算

オイルを用いたマノメーターを気体容器に接続した。、マノメーターの管内径は8mm、液面の高低差は500 ㎜のとき、容器内のゲージ圧力（kPa）として最も近い値はどれか。

ただし、オイルの密度は、900kg／m^3、重力加速度は 9.8 m/s^2 とする。

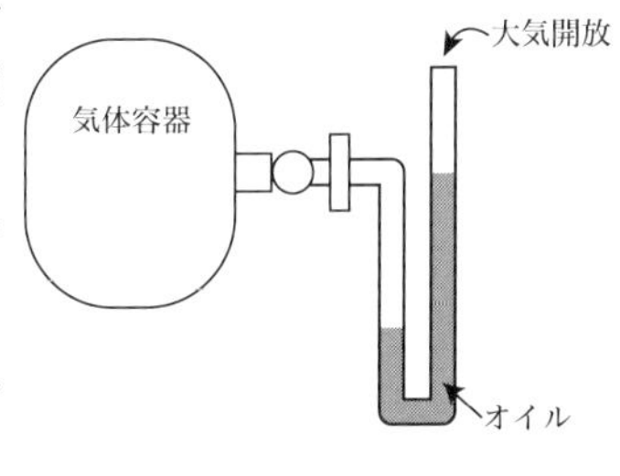

① 1.1　② 2.2　③ 3.3　④ 4.4　⑤ 5.5

解答解説　解答④

オイルの圧力は

P ＝高低差×オイル密度×重力加速度

P ＝ 0.5 × 900 × 9.8 ＝ 4,410（Pa）≒ 4.4（kPa）

m　$\mathrm{kgm^{-3}}$　$\mathrm{ms^{-2}}$　$\mathrm{kgm^{-1}s^{-2}}$

類題　令和元年度甲種問 11

基礎テキスト P128　例題 6.2 を参照

基礎　11－11　ピトー管の計算

ピトー管を用いて気体の流速を測定したところ、ピトー管に繋いだマノメーターの液面の高さは 13mm であった。気体の密度は 1.04kg／$\mathrm{m^3}$、マノメーター内の液体の密度は 800kg／$\mathrm{m^3}$ であるとき、気体の流速（m／s）として、最も近い値はどれか。ただし、重力加速度は 10m／$\mathrm{s^2}$ とする。

① 6　② 10　③ 14　④ 18　⑤ 22

解答解説　解答③

ピトー管にベルヌーイの式を適用する

流速 u1 ＝ $\sqrt{}$（2（ρ´－ρ）gH／ρ）

$u1^2$ ＝ 2 ×（800 − 1.04）× 10 × 13 × 10^{-3}）／1.04

＝ 199.7 ≒ 196

u1 ＝ 14（m／s）

類題　令和3年度甲種問11
基礎テキストP129を参照

基礎 12-1　伝熱（1）

伝熱に関する次の説明で正しいものはどれか。*R4

① 熱伝導のフーリエの法則は、熱伝導で伝えられる熱量は、温度差に反比例し、距離に比例する。

② 対流熱伝達の熱伝達率は、熱伝導率と同様物質だけで決まる。

③ 熱交換器では、平均温度差は、正確には、入口、出口の算術平均温度差で表される。

④ 物体表面で放射エネルギーに変化し、これが電波と同様に進行し、他の物体面に当たって再び熱に還元する過程で伝わる。この伝熱過程を熱放射という。

⑤ 実在の固体表面からの全放射能は黒体表面からの全放射能より小さく、また、黒体の全放射能は、温度の2乗に比例する。

解答解説　解答④

① フーリエの法則とは、熱伝導で伝えられる熱量は、温度差に比例し、距離に反比例する。

② 熱伝達率は、熱伝導率のように物質だけでは決まらず、そこに生ずる対流の強さによって相違する。

③ 熱交換器では、平均温度差は、入口、出口の対数平均温度差となる。

⑤ 熱放射において黒体の全放射能は、温度の4乗に比例する。

基礎テキストP145、151～153、158～159を参照

*R4　伝熱現象には熱伝導、対流熱伝達、熱放射の3つの形態があり、これらの形

態が組み合わさった現象もある。基礎テキスト P145

基礎 12-2 伝熱（2）

伝熱に関する次の記述のうち、誤っているものはどれか。

① 物質を構成する粒子間の相互作用によって熱が移動する伝熱形態は、熱伝導である。

② 対流熱伝達は、自然対流と強制対流があり、相変化を伴う沸騰と凝縮の場合は、対流熱伝達とは異なる。

③ 熱交換器は隔壁を通して高温流体より低温流体へ熱エネルギーを移動させ、加熱又は冷却を行わせる伝熱装置である。

④ 加熱された流体が、浮力によって、鉛直上方に流れる対流現象は自然対流である。

⑤ 熱放射は、物体が電磁波を発して直接的に空間を熱エネルギーが移動し、他の物体に吸収される伝熱現象である。*R4

解答解説 解答②

② 対流熱伝達は、自然対流と強制対流、相変化を伴う沸騰と凝縮等の様々な形態がある。

類題 令和2年度甲種問12

基礎テキスト P145、150、155 を参照

*R4 熱放射では、真空中においても伝熱する。基礎テキスト P145

基礎 12－3　平板壁熱伝導の計算

幅 0.05m の隔壁がある。この熱流束を 5kW／m²、熱伝導率 2.0 W／mK のとき、隔壁の高温側は 200℃なら低温側は何℃か、正しいものを選べ。

①　0℃　　②　25℃　　③　50℃　　④　75℃　　⑤　100℃

解答解説　解答④

平板壁熱伝導では、フーリエの法則に従う。フーリエの法則は、

$$q（熱流束）= k（熱伝導率）\times（T_1 高温-T_2 低温）/L（厚さ）$$

で、計算できる。

$$5{,}000 = 2.0 \times (200 - T_2) / 0.05$$

で、

$$T_2 = 200 - (5{,}000 \times 0.05 / 2.0)$$

$$T_2 = 75（℃）$$

となる。

基礎テキスト P146、149 を参照

基礎 12－4　二重平板熱伝導

熱伝導率が 1W／（m･K）で厚さ 200mm の耐火レンガと、熱伝導率が 0.1W／（m・K）で厚さ 100mm の断熱材を積層した炉壁がある。この炉壁の定常時の耐火レンガの内面温度が 1000℃、断熱材の外面温度が 40℃であった場合、耐火レンガと断熱材の境界面の温度（℃）として最も近い値はどれか。ただし、耐火レンガと断熱材の接触熱抵抗は無視する。

① 200　② 360　③ 680　④ 840　⑤ 920

解答解説　解答④

多層平板についてのフーリエの法則は、

熱流束 $q = (T_1 - T_3) / (L_1/k_1 + L_2/k_2)$

$q = (1000 - 40) / (0.2/1 + 0.1/0.1)$

$= 800\ (W/m^2)$

耐火レンガについてフーリエの法則に代入すると、

$1000 - T_2 = q \times L_1/k_1 = 800 \times 0.2/1$

$T_2 = 840\ (℃)$

類題　令和元年度甲種問 12

基礎テキスト P146 ～ 147 を参照

 12－5　対流熱伝達

平板で隔てた燃焼ガスと水の間の伝熱において、燃焼ガス温度 920℃、水温度 120℃、平板の厚さ 10mm、平板の熱伝導率 48W／（m・K）、燃焼ガス側の熱伝達率 480W／（m^2・K）、水側の熱伝達率 4800W／（m^2・K）のとき、平板面積 $1m^2$ を通過する熱流束（kW／m^2）の値として最も近い値はどれか。

① 20

② 40

③ 80

④ 160

⑤ 320

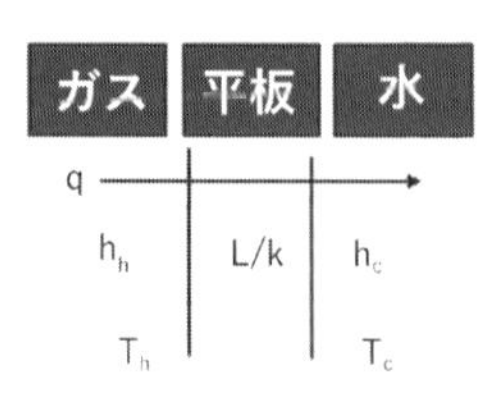

解答解説　解答⑤

⑤　熱流束 q（kW/m^2）は、

$$q = \frac{1}{1/h_h + L/K + 1/h_c} \times (T_h - T_c)$$

h：熱伝達率　K：熱伝導率

$$= \frac{1}{1/480 + 0.01/48 + 1/4800} \times (920-120) = 320 (kW/m^2)$$

基礎テキスト P155 ～ 156 参照

基礎　12-6　熱伝導と熱伝達

熱伝導率 1W／（m･K）、厚さ 0.1m の平板の内側に温度 100℃に保たれた気体が保持されている。平板の外面の温度を 20℃、気体と平板内面の熱伝達率を 10W／（m^2･K）としたとき、平板内面内の温度（℃）として最も近い値はどれか。

①　50　　②　60　　③　70　　④　80　　⑤　90

解答解説　解答②

熱伝導と対流熱伝達は、次式で表される。

熱流束 $q = (T_1 - T_3) / (1/h + L/k)$

T_1：気体温度　T_2：平板内面側温度

T_3：平板外面側温度

L：平板の厚さ　　k：熱伝導率

h：熱伝達率

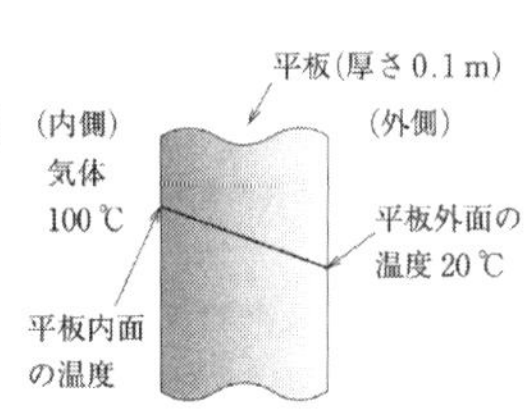

全体の熱流束を計算すると

$q=(100-20)/(1/10+0.1/1)=80/(2/10)$

$=400$（W/m^2）

T_2、T_3にフーリエの法則を使い、T_2を求める

$q=k(T_2-T_3)/L$

$T_2-20=400\times0.1/1$　　$T_2=60$（℃）

類題　平成29年度甲種問13、令和3年度甲種問12

基礎テキストP155～156を参照

12－7　平面壁間の放射率

温度727℃の平面壁Aと放射率1.0で27℃の平面壁Bが、狭い間隔で並行に設置され、それぞれ一定温度に保たれている。平面壁間の放射による熱流束が28.3kW／m^2のとき、平面壁Aの放射率として最も近い値はどれか。

ただし、ステファン・ボルツマン定数は5.67×10^{-8} $W/m^2\cdot K^4$）とし、吸収率は放射率と同じとする。

①　0.1　　②　0.3　　③　0.5　　④　0.7　　⑤　0.9

解答解説　**解答③**

実在気体の放射の式は

$q=\varepsilon_h\cdot\varepsilon_c\cdot\sigma\cdot(T_h^4-T_c^4)\div(\varepsilon_h+\varepsilon_c-\varepsilon_h\cdot\varepsilon_c)$

q：熱流束　　ε_h：高温側の放射率　　ε_c：低温側の放射率

σ：ステファン・ボルツマン定数　　T_h：高温　　T_c：低温

式に数値を代入すると

$28.3 \times 10^3 = \varepsilon_h \times 1 \times 5.67 \times 10^{-8} \cdot ((727 + 273)^4 - (27 + 273)^4)$

$\div (\varepsilon_h + 1 - \varepsilon_h \times 1)$

$\varepsilon_h = 0.5$

基礎テキスト P153 ～ 154 を参照

基礎 12-8　温度効率の計算

高温流体の入口温度が220℃で出口温度が56℃である熱交換器がある。低温流体の温度効率が0.4で出口温度が97℃の場合、高温流体の温度効率として最も近い値はどれか。

① 0.25　② 0.35　③ 0.67　④ 0.80　⑤ 0.86

解答解説　解答④

温度分布から、向流型熱交換器である。

低温流体温度効率 ϕ_L ＝（低温出口温度 T_{LO} −低温入口温度 T_{LI}）

÷（高温入口温度 THI −低温入口温度 T_{LO}）

温度効率の式に当てはめ、低温流体の入口温度 T_{LI} を求めると

$0.4 = (97 - T_{LI}) \div (220 - T_{LI})$

$0.4 \times (220 - T_{LI}) = 97 - T_{LI}$

$(1 - 0.4)\,T_{LI} = 97 - 220 \times 0.4$

$T_{LI} = 15$（℃）

これから　高温流体の温度効率は

高温流体温度効率 ϕ_H ＝（高温入口温度 T_{HI} ー高温出口温度 T_{HO}）

÷（高温入口温度 T_{HI} ー低温入口温度 T_{LI}）

$= (220 - 56) \div (220 - 15) = 0.8$

類題 令和元年度甲種問 13

テキスト P157 例題 7.6 を参照

温度から熱交換器のタイプを判断し、低温側から求めた温度を、高温側の温度効率を求めることに利用する応用問題である。

基礎 12-9 熱交換器の伝熱量

ガスと水が同方向に流れる熱交換器において、ガスの入口温度 500℃、水の入口温度 20℃としたところ、ガスの出口温度は 160℃、水の出口温度が 80℃、伝熱量Qは 10kW となった。熱通過率 K を 5.0W／(m^2・K) とすると、伝熱面積 (m^2) として最も近い値はどれか。ただし、ln6 = 1.8 とする。

① 3　② 6　③ 9　④ 12　⑤ 15

解答解説 解答③

同方向の対数平均温度差 ΔT_m の算出

$\Delta T_m = (\Delta T_1 - \Delta T_2)/(\ln(\Delta T_1/\Delta T_2)$

ΔT_1：入口温度差　ΔT_2: 出口温度差

$\Delta T_m = ((500-20)-(160-80))/(\ln((500-20)/(160-80))$

$= (480-80)/(\ln(480/80) = 400/1.8 = 222$ (℃)

伝熱量は $Q = K \times \Delta T_m \times A$

kW (kW／m^2・K)　K　m^2

$A = Q/(K \times \Delta T_m) = 10000/(5.0 \times 222) = 9.0$ (m^2)

類題 令和 2 年度甲種問 13

基礎テキスト P160 を参照

基礎 12-10　熱交換器

熱交換器に関する次の記述のうち、誤っているものはどれか。

① 管形熱交換器には、単管式、二重管式、多管円筒式などがあり、2流体の熱伝達率の差が非常に大きい場合は、熱伝達率の悪い側の管表面にフィンを設ける。

② 単管式熱交換器は、トロンボン形熱交換器、コイル形熱交換器がある。

また、同心の二重管の内管と環状間隙に、それぞれ温度の異なる流体を通して熱交換を行うものを、二重管式熱交換器という。

③ 多管円筒式熱交換器はシェルアンドチューブ式熱交換器とも言われ、多数の管束を円筒形胴内に挿入したものである。

④ 向流形は、高温流体と低温流体が逆向きとなり、温度効率が悪い。

⑤ 凹凸型にプレスされた伝熱版をガスケットではさんで重ね合わせ、板の間を交互に2つの流体が流れるようにした構造の熱交換器をプレート形熱交換器という。

解答解説　解答④

向流形は、高温流体と低温流体が逆向きとなり、温度効率が最高で、一般によく使われる。

類題　令和3年度甲種問13

基礎テキスト P161 ～ 165 を参照

13－1　材料力学（1）

材料力学に関する次の記述のうち、誤っているものはどれか。

① 引張応力は、力に比例し、断面積に反比例する。

② 応力に伴って生ずる変形量の変形前長さに対する割合をひずみという。

③ ひずみの単位は無次元である。

④ 破断するまでに大きい塑性変形を伴う材料を延性材料という。

⑤ 軟鋼は破断までにほとんど塑性変形を伴わない材料である。

解答解説　解答⑤

⑤ 破断までにほとんど塑性変形を伴わない材料は脆性材料で、軟鋼は脆性材料ではない。

①～③は応力とひずみの基本式の説明である。④～⑤は各材料の応力ひずみ曲線の説明である。

基礎テキスト P166 ～ 168 を参照

基礎　13－2　材料力学（2）

材料力学に関する次の記述のうち、誤っているものはどれか。

① 外力を取り去ると元に戻る変形を、弾性変形という。

② 応力にともなって生ずる変形量の変形前長さに対する割合をひずみといい、その単位は無次元である。*R2

③ 比例限度以下の応力では、材料のひずみは応力の大きさに比例する。

④ 薄肉円筒の内圧（円筒外部との圧力差）による円周応力は、内圧と内径に比例する。

⑤　薄肉円筒の内圧（円筒外部との圧力差）による軸応力は、円周応力の２倍である。

解答解説　解答⑤

薄肉円筒の内圧（円筒外部との圧力差）による軸応力σ_zは、

$\sigma_z = PD/4t$　P：内圧　　内D：内径　　t：円筒の厚み

で、円周応力の1／2である。

近年では出題されていなかった薄肉円筒からの出題。

類題　平成30年度甲種問14

基礎テキストP166～170を参照

*R2　材料に外力を加えると内力が生じる。この内力を応力と呼び、単位面積あたりの力として表す。基礎テキストP166

基礎　13－3　応力ひずみ線図

軟鋼（低炭素鋼）の引っ張り試験による応力ひずみ線図について、誤っているものはどれか。

①　応力ひずみ曲線のひずみとは単位当たりの変形量で単位は無次元である。

②　強度算定に用いる降伏点は、下降伏点を指し、この点で塑性変形が生ずるものとしている。

③　弾性限度までは、フックの法則が成立する。

④　最大荷重点に相当する力を破壊強さという。

⑤　多くの材料は、軟鋼のように応力ひずみ線図は明確に描かれず、銅や高張力鋼は、なめらかに変形する。この降伏点と同等の効果を与えるように、永久ひずみを定めている。この応力を耐力、または、0.2%

耐力と呼ぶ。

解答解説　解答③

フックの法則が成立するのは、比例限度までである。

基礎テキスト P166 ～ 168 を参照

基礎　13－4　許容応力と安全率

金属材料の破損限度（基準強さ）の説明で、誤っているものはどれか。

① 許容応力は、破損限度／安全率で与えられ、安全率は、静荷重で 1.2 前後である。

② 延性材料では、破損限度は常温で静荷重を受ける時、降伏点又は耐力とする。

③ 脆性材料では、破損限度は常温で静荷重を受ける時、破壊強さとする。*1R2

④ 高温で静荷重を受ける時、破損限度はクリープ限度又はクリープ破壊応力とする。*2R1

⑤ 繰り返し応力を受ける場合は、基準限度は疲れ限度とする。*3R1

解答解説　解答①

安全率は、静荷重の場合、1 よりは大きく、一例として 3 ～ 4 くらいである。

また、安全率を求める際の破損限度（基準強さ）を何にするかは、材料によって異なる。

基礎テキスト P168 ～ 169、172、177 を参照

*1R2　脆性材料は、破断するまでにほとんど塑性変形を伴わない材料である。基

礎テキスト P168

*2R1　クリープは、一定応力の下で時間とともにひずみが増加する現象である。基礎テキスト P177

*3R1　鉄鋼材料の疲労破壊では、耐久限度が存在し、それ以下の応力振幅では繰り返し荷重に破断しないで耐えるようになる。基礎テキスト P176

基礎　13－5　許容応力の計算

原断面積が $80mm^2$ の円柱の延性材料の試験片について、常温で引張試験を行ったところ、降伏点での引張力は 24000N であった。

安全係数が 3 であるとき許容応力（MPa）として最も近い値はどれか。

①　10000　　②　1000　　③　100　　④　10　　⑤　1

解答解説　解答③

降伏点応力は $\sigma = P / A$（P：力　A：断面積）で、また、延性材料の許容応力は降伏点応力／安全率で表される。

$$\sigma = 24 \times 10^3 \div (80 \times 10^{-6})$$
$$= 0.3 \times 10^9$$

許容応力は

$$0.3 \times 10^9 \div 3 = 0.1 \times 10^9$$
$$= 100 \times 10^6$$
$$= 100 \text{ (MPa)}$$

基礎テキスト P166、168 を参照

基礎 １４－１　炭素鋼

炭素鋼の説明で誤っているものはどれか。

①　炭素鋼は鉄に炭素を含み、炭素0.3％以下は低炭素鋼、0.45％以上は高炭素鋼と呼び、炭素を増加すると引張り強さが増加し、伸びは減少する。

②　リンは硬さや引張り強さを増し、伸びを減らすが、延性—脆性の遷移温度を高める。また鋼塊中では偏析を起こさせやすい。

③　硫黄は、結晶粒界を弱くさせ、熱間加工中に割れが生じやすくなり、機械的強度を低下させる。

④　炭素鋼は、800℃程度が使用限界で、これ以上は黒鉛化現象により、著しく強度が低下する。

⑤　炭素鋼にNi、Cr、Mn、Mo等の合金元素を添加した特殊鋼は、引張強さ、降伏点が高くなり、伸びも増し、強靭になる。

解答解説　解答④

炭素鋼は、450℃程度が使用限界で、これ以上は著しく強度が低下する。

類題　平成29年度甲種問14

基礎テキストP172～173、176を参照

１４－２　特殊鋼

特殊鋼に添加する元素の特徴で誤っているものはどれか。

①　ニッケル、マンガンは、オーステナイト系生成元素で、焼き入れ性を大にするため、強さと、靭性を高め、また耐低温性を増す。

②　クロム、モリブデン、タングステンは、フェライト系生成元素で、フェライトに固溶して、硬く強くするほか、耐摩耗性を増す。

③　クロムは、鉄より酸化しにくく、その酸化物は緻密で、大気中や高温での耐酸化性、耐熱性を改善する。

④　モリブデンは、高温クリープ強さを高める効果が大で、焼き入れ性を著しく改善し、焼戻しもろさを防止する。

⑤　タングステンは、Mo と同様の性質で炭化物として、WC、W_2C 等となり、鋼を極めて硬くさせる効果がある。

解答解説　解答③

クロムは、鉄より酸化しやすく、その酸化物は緻密で、大気中や高温での耐酸化性、耐熱性を改善する。

基礎テキスト P173 を参照

14－3　高温・高圧装置用材料

高温・高圧装置用材料の特徴について誤っているものはどれか。

①　高温装置用材料には、クロム・モリブデン鋼、ステンレス鋼、ニッケル合金などが使われる。

②　金属材料は応力が大きいほど、低温ほど、低温脆性の影響で、クリープが顕著になる。＊R3

③　常温で高圧のものには、炭素鋼や高張力鋼を用いる。

④　高圧でも腐食性雰囲気において使用される場合には、高温装置材料を適用することが多い。

⑤　高圧装置用材料の応力腐食割れ対策として、高純度フェライト系ステンレス鋼などが使用される。

解答解説　解答②

材料は応力が大きいほど、高温ほどクリープが顕著になる。低温脆性は関係ない。

基礎テキスト P173 ～ 176、178 を参照

*R3　クリープは、一定応力の下で時間とともにひずみが増加する現象である。基礎テキスト P177

基礎　14－4　低温装置用材料（1）

低温装置用材料に関する記述で、誤りはどれか。

① 金属は、温度の低下とともに、引張強さ、降伏点、硬度が低下し、伸び、絞り、衝撃などの靭性が上昇する。

② ある温度以下では、急に脆くなり、衝撃値の低下として表れる。この温度を遷移温度といい、この性質を低温脆性と呼ぶ。

③ 低温脆性は、フェライト鋼のような体心立方晶や六方晶の金属で起き、オーステナイト鋼などの面心立方晶金属には認められない。*1R1

④ 低温用材料は、−101℃までは、炭素鋼や低合金鋼が用いられ、−101℃以下では 9%ニッケル鋼，−196℃以下ではオーステナイト系ステンレス鋼等が用いられる。*2R3

解答解説　解答①

金属は、温度の低下とともに、引張強さ、降伏点、硬度が増し、伸び、絞り、衝撃などの靭性が低下する。

基礎テキスト P172、175、178 を参照

*1R1　炭素原子を固溶した α 鉄をフェライトといい、炭素原子を固溶した γ 鉄をオーステナイトという。基礎テキスト P172

*2R3　アルミニウム合金は、低温用材料として用いることができる。基礎テキスト P175

基礎 14－5　低温装置用材料（2）

氷点以下で使用する低温用材料に要求される一般的な性質に関する次の記述のうち、誤っているものはどれか。

① 低温において脆性破壊を起こさないこと。

② 低温において十分な強度を有すること。

③ 溶接性、加工性がよいこと。

④ 内容物に対して耐食性があること。

⑤ 黒鉛化現象によって強度が著しく低下しないこと。

解答解説　解答⑤

⑤ 黒鉛化現象は、炭素が黒鉛として析出する現象で、高温装置用材料に関する性質である。

類題　令和元年度甲種問 15

テキスト P174、176 を参照

基礎 14－6　気体と金属材料

次の気体とその沸点近くの温度で使用される金属材料の組み合わせとして、最も不適切なものはどれか。

	気体	金属材料
①	i－ブタン	炭素鋼（Si キルド）
②	プロパン	炭素鋼（Al キルド）
③	エタン	3.5%Ni 鋼
④	メタン	炭素鋼（リムド）
⑤	水素	Al 合金

解答解説　解答④

メタンは、9%Ni 鋼。

リムド鋼とは、主に Mn を用いて軽く脱炭酸して作られた鋼。キルド鋼とは、Mn の他に Al や Si を使って十分脱炭酸して作られた鋼を指す。

類題　令和 4 年度甲種問 11

基礎テキスト P175 を参照

基礎　15－1　高分子材料（1）

高分子材料の説明で、誤っているものはどれか。

① 一般に軽く、熱伝導率が小さく、耐食性に優れるが、耐熱性や強度が低い。

② 実用的な耐熱温度は、ガラス転移温度が目安となる。ポリエチレンのガラス転移温度は 70 ～ 140℃のため、常温で使用できる。

③ ポリエチレン、ポリプロピレン、ポリ塩化ビニルはいずれも熱可塑性樹脂である。

④ エポキシ樹脂、ポリウレタン、フェノール樹脂は、いずれも熱硬化性樹脂である。

⑤ NBR は、シール性が低下する主原因となる永久変形への耐性、耐摩耗性、耐油性に富み、安価なため広く利用される。

解答解説　解答②

実用的な耐熱温度は、融点が目安となる。ポリエチレンの融点は 70 ～ 140℃のため、常温で使用できる。

ガラス転移温度とは、高分子材料の非晶質部分の分子鎖が回転や振動を始める温度で、この温度を超えると剛性と粘度が低下する。融点は非晶質部分に加えて、結晶部分の分子鎖が運動を始める温度である。

類題 令和３年度甲種問 14

基礎テキスト P179 ～ 181 を参照

基礎 １５－２　高分子材料（２）

高分子材料の説明で、誤っているものはどれか。

① 高分子材料の応力ひずみ線図は、明瞭な降伏点が認められないものが多く、脆い材料と、降伏点を示す脆くない材料、降伏点を示さない脆くない材料などのパターンがある。

② 変形速度（ひずみ速度）が速い場合、温度が低い場合は、降伏点・破断強度・引張弾性率が大きくなり、破断伸びは小さくなる。

③ クリープ現象は、金属材料と同様、高分子材料でも、高温でのみ生じる。

④ 熱酸化劣化は、高温ほど、長時間ほど劣化が進む。

⑤ 光劣化とは、紫外線の光エネルギーが、高分子材料の化学結合エネルギーより大きいため、紫外線を吸収すると分解する現象で、長い照射時間、高温、高湿度ほど促進される。

解答解説　解答③

クリープ現象は、金属材料と異なり、高分子材料では、常温でも生じる。

類題 平成 29 年度甲種問 15

基礎テキスト P182 ～ 185 を参照

第3章

ガス技術科目　製造分野

製造 1－1　都市ガスの原料

都市ガスの原料に関する次の記述のうち、正しいものはいくつあるか。

a　構造性の天然ガスは、頁岩層に含まれる非在来型の天然ガスである。

b　水溶性の天然ガスは、地下 3,000 m～ 5,000m の深い地層に存在する。

c　コールベッドメタンは、メタンを主成分とした天然ガスが、石炭層の中に貯留されてものである。

d　シェールガスは、孔隙率や浸透率が高く、1坑井当たりの生産量が多い。

e　下水汚泥や食品廃棄物等の有機性廃棄物をもとに、メタン発酵したものがバイオガスである。

①　1　　②　2　　③　3　　④　4　　⑤　5

解答解説　解答②

a　構造性の天然ガスは、粘土等の不浸透層が帽岩(キャップロック)となって捕らわれて貯留された在来型の天然ガスである。

b　水溶性の天然ガスは、比較的浅い帯水層の地下水に溶解しているものである。

d　シェールガスは、孔隙率・浸透率とも非常に低く、生産量確保のためには多くの坑井数が必要。

日本ガス協会都市ガス工業概要製造編（以下、製造テキスト）P6 ～ 7、26 ～ 27 を参照

1－2　LNG の取扱い（1）

LNG の取り扱いで現象名とその説明について、誤っているものはどれか。 ＊1R1

① ロールオーバー：LNG 貯槽では、下層に重質分、上層に軽質分と異なった密度の層を形成することがある。この密度が、上下逆転した場合、上層液が下層へ反転し、同時に急激な混合が起こる。このとき、蓄熱された BOG が急激に発生する。 ＊2R3

② サージング：液体が配管などの内部で気化して溜まり、ポンプなどに吸い込まれて液送できなくなる現象。

③ キャビテーション：ポンプの液体内に局部的な低圧部が生じると、液体が気化して蒸気の気泡が発生する。これが高圧部へ移動し消滅する際、騒音や振動が起こり、ポンプ効率の低下、吐出量が低下し、羽根や胴体の一部が損傷する現象。＊3R3

④ ボイルオフガス：LNG は貯蔵中に外部から入熱により沸点の低いメタンを主とするボイルオフガスが発生するため、メタン以外の成分濃度が高まる。

⑤ 水和物：LNG 中に微量水分が含まれている場合、水和物によるライン閉塞トラブルを起こす。＊4R2

解答解説　解答②

②はベーパーロックの説明。サージングとは、遠心式圧送機の吐出口を

絞っていくと、小流量で吐出圧が脈動し、騒音を発し振動を起こして運転できない現象を生じること。

製造テキスト P11 ～ 13 を参照

*1R1　メタンは、常温では空気の約半分の重さであり拡散しやすいが、約−110℃以下の低温域では、常温の空気より重いので地表面での滞留に注意する必要がある。製造テキスト P11

*2R3　LNG は急激な圧力低下や温度上昇により、配管中でベーパーロックが起こることがあり、送液が不可能になる等のおそれがある。製造テキスト P11

*3R3　キャビテーションが起こると、ポンプ効率や吐出量が急激に低下し、この状態が継続すると羽根や胴体の一部が損傷することがある。製造テキスト P11

*4R2　LNG は水と反応して氷に似た水和物を生成し、配管の閉そく等のトラブルを起こすので、LNG を取り扱う前に機器内を十分乾燥させる必要がある。製造テキスト P13

製造　1－3　LNG の取扱い（2）

LNG 取り扱いの留意事項について誤っているものはどれか。

① 水分、油分等の乾燥によるトラブルを防ぐため、LNG を取り扱う前に、機器内を充分湿潤させる必要がある。また、貯槽や配管は、急激にクールダウンすると、大きな温度差が生ずる恐れがあるため、十分注意を要する。

② LNG が万一漏えいし、大気中に拡散した場合、燃焼範囲内の濃度にある場合混合気は 、火気に接すると着火する。拡散ガスに着火すると、火炎が伝播し液表面での燃焼となる。これをプール燃焼という。

③ バルブを閉じる操作等により、配管の閉ざされた部分に LNG が残る状態を液封という。液封が起こると、外気熱による温度の上昇により，LNG が膨張しようとするため、内部の圧力が上昇し、フランジ等の弱い部分が破壊される恐れがある。*R4

④ LNG の漏えいによるメタンガスの可燃性混合気は、白い霧の内部に

存在するので、白い霧は危険域の存在を示す一つの目安である。

⑤　伝熱面のLNGが沸騰し、蒸気膜が形成され、熱伝達機能が低下する状態を膜沸騰といい、飛沫同伴とは、熱交換が十分行われないとLNGが完全に気化されず、飛沫となる現象をいう。

解答解説　解答①

水分、油分等の凍結によるトラブルを防ぐため、LNGを取り扱う前に、機器内を充分乾燥させる必要がある。また、貯槽や配管は、急激にクールダウンすると、大きな温度差が生ずる恐れがあるため、十分注意を要する。

製造テキストP11～13、60を参照

*R4　LPGもLNGと同様、液封防止についての考慮が必要である。製造テキストP24

製造　1－4　LNG出荷基地と製造プロセス、LNG船

LNG出荷基地及びLNGの製造プロセス、LNG船に関する次の記述のうち、誤っているものはどれか。

①　LNGの主成分であるメタンの臨界温度は−82℃と非常に低いため、常温で液化するには断熱圧縮する必要がある。

②　水溶性ガスは、水に溶解しており、地下水と一緒に産出する。

③　重質分除去のプロセスでは、低温で固化するペンタンやヘプタン等の重質分を除去する。＊1R2

④　ガスの脱水は、主にガスハイドレート（水分と天然ガスが結合した雪状の固体物質）の生成を防ぐために行う。

⑤　LNG船では、万が一のタンクからのLNGの漏えい対策として、一般に一次防壁と二次防壁間に、窒素ガスを封入し、万一ガスが漏えい

しても空気と可燃性ガスが混合しないようにしている。*2R4

解答解説　解答①

①液化プロセスの基本原理は、圧縮した流体を断熱膨張して得られる温度低下を利用したものである。

製造テキスト P7、P14 ～ 16 を参照

*1R2　LNG は気化工程において、CO_2、H_2S、水分、重質炭化水素、水銀等の不純物が除去されている。製造テキスト P10

*2R4　LNG 船の方形独立タンク方式タイプ B 方式（SPB 方式）は、モス方式の容積効率の悪さと、メンブレン方式の強度上の問題を解決する方式として期待されたが、建造コストの高さから採用は限定的である。製造テキスト P17

1－5　バイオガス

バイオガスに関する説明で、誤っているものはどれか。

① バイオマスとは、生物資源の量を表す概念で、再生可能な生物由来の有機性資源で化石資源を除いたものをいう。その資源は、廃棄物、資源作物など多岐にわたる。

② バイオマスは生物が光合成によって生成した有機物であり、バイオマスを燃焼すること等により放出される二酸化炭素は、生物の生長過程で光合成により、大気から吸収した二酸化炭素であることから、バイオマスは、大気中の二酸化炭素を増加させない。この特性をカーボンニュートラルという。

③ バイオガスは、都市ガスとして利用する際は、精製等を行い、組成や熱量について必要な条件を満たさなければならない。

④ 発生量は、季節、時間によっても大きく変動しないため、ベースロードに適する。

⑤　バイオガスの組成は、ほとんどがメタンと二酸化炭素である。

解答解説　解答④

バイオガスの発生量は、季節、時間によっても大きく変動するため、受入量の変動を考慮しておく必要がある。

製造テキスト P26 ～ 28 を参照

製造 1－6　LNG、バイオガスの諸現象

LNG、バイオガスに関する次の記述のうち、正しいものはいくつあるか。

a　LNG 配管で生じる液撃現象は、水の場合は、水撃（ウォーターハンマー）という。

b　液撃現象は、ベルヌーイの式では、圧力エネルギーが運動エネルギーに変換されている。＊R3

c　大口径 LNG 配管においては、直接低温液を導入することによりボーイング現象（配管が弓状に持ち上がる現象）が発生する。このため一般的には低温のガスを用いてプレクールを行う。

d　LNG 内航船では、発生する BOG はタンクに蓄圧され、外航船では燃料に使われる。

①　0　　②　1　　③　2　　④　3　　⑤　4

解答解説　解答④

b　液撃現象は、ベルヌーイの式では、運動エネルギーが圧力エネルギーに変換されている。

製造テキスト P13、16、19 を参照

*R3　液撃は、弁の閉鎖やポンプの急停止等の急激な変化によって、配管内液体の運動エネルギーの一部が圧力エネルギーに変換され、流体の圧力が上昇することにより起こる。製造テキスト P13

製造　2－1　LNG 受入設備

ガスの製造設備に関する説明で、誤っているものはどれか。

①　新しく導管を敷設することが経済的に困難な場合や、遠隔地の都市ガス会社へは、需要地点に LNG サテライト基地を設け、LNG ローリーによる輸送が行われる。

②　アンローディングアームのジョイントには、複列ボールベアリングを使用した 360 度回転可能な継手を用いる。これを迅速継手という。

③　LNG サテライト基地の LNG 配管と LNG ローリーを接続するアンローディングアームは、金属パイプとスイベルジョイントを組合せたものであり、各スイベルジョイントを支点として自由に動くことができる。

④　LNG の払い出しにより密閉空間である LNG 船貯槽の気層部が増大して、貯槽の圧力が低下することを防止するため、発生した BOG の一部を LNG 船に低圧で返送する設備を、リターンガスブロワーという。*1R4

⑤　LNG 受入時の安全対策として，LNG 船の不測の移動や火災発生時等の緊急時に、迅速にアンローディングアームを安全に切り離す装置を、緊急離脱装置という。*2R4

解答解説　解答②

アンローディングアームのジョイントには、複列ボールベアリングを使用した 360 度回転可能な継手を用いる。これをスイベルジョイントという。迅速継手とは、ガス栓の接続で着脱が容易な継手をいう。

製造テキストP19、34～35、39を参照

＊1R4　リターンガスブロワーは、LNG船貯槽内の圧力がLNGを払い出すことにより低下することを防止するための設備であり、機種選定の際は、サージング防止策を考慮する。製造テキストP39

＊2R4　緊急遮断システムの第1ステップでは、LNG船のカーゴポンプ等の停止、及び船側・基地側の緊急遮断弁を閉止し、受け入れを緊急停止する。P35

2－2　LNG貯槽（1）

金属二重殻式平底円筒形貯槽の説明について誤っているものはいくつあるか。

a　金属二重殻式貯槽は、内槽の底部が平底、側部が円筒、屋根がドーム型の形状で、その外側を同形の外槽で包んでいる。

b　内外槽間にパーライト等の断熱材と不活性ガスを充てんしている。＊R1

c　気圧変化による内外槽間の窒素ガスの体積変化を吸収するためブリージングタンクが付属している。

d　内槽には、低温強度、加工性、溶接性、経済性等を考慮して9%ニッケル鋼やアルミニウム合金、外槽には炭素鋼を使用している。

e　貯槽の周辺には、防液堤及び高発泡設備等の防災設備が設置されている。

①　0　　②　1　　③　2　　④　3　　⑤　4

解答解説　解答①

すべて正しい。

製造テキスト P40 ～ 41 を参照

*R1　LNG 貯槽の保冷剤は、適切な強度を有し、低温域での熱伝導率が小さいこと、吸水率が小さいこと、難燃性・耐熱性に優れていることが要求される。製造テキスト P40

製造　2－3　LNG 貯槽（2）

LNG 貯槽の説明で誤っているものはいくつあるか。

a　PC 式貯槽は、金属二重殻式貯槽と防液堤を一体化した貯槽で、防液堤はプレストレストコンクリートを用いている。

b　真空断熱式は、現地で組み立てを行うことにより、常圧断熱式より大きな貯槽とすることができる。

c　常圧断熱式は、工場にて組み立て、現地に輸送されるので、品質が向上し、現地作業が少ないが、容量が制限される。

d　メンブレン式は、鉄筋コンクリート製の躯体内面に硬質ウレタン製の断熱材とステンレス製のメンブレンを設置した構造で、コルゲーションという波形に加工されて、熱収縮を吸収する。

e　ピットイン式は、金属二重殻式貯槽を地下に構築した構造で、万一液が漏えいしても地表に流出しない構造になっている。

①　0　　②　1　　③　2　　④　3　　⑤　4

解答解説　解答③

b と c の説明が逆である。

b　真空断熱式は、工場にて組み立て、現地に輸送されるので、品質が向上し、現地作業が少ないが、容量が制限される。

c　常圧断熱式は、現地で組み立てを行うことにより、真空式より大きな貯槽とすることができる。

製造テキスト P41 ～ 44 を参照

製造 2－4 BOG 圧縮機

BOG 圧縮機に関する次の説明で誤っているものはいくつあるか。

a BOG 圧縮機は、LNG 受入時・貯槽への入熱で発生する BOG を処理する働きをする。

b 1次受入基地は往復式・遠心式、2次受入基地は回転式、サテライトには用いない。

c 往復式レシプロ型は、機械的接触部分が多く摩耗による効率の低下がある。サージングがない。*1R2

d 遠心式ターボ型は、ガス比重にほぼ比例して圧力が上昇する。サージングがある。*2R2

e 回転式スクリュー型は、低温仕様ではないため、BOG は熱交換器により 0℃以上に加温後、圧縮機で昇圧される。

① 0　② 1　③ 2　④ 3　⑤ 4

解答解説 解答①

すべて正しい。

製造テキスト P45 ～ 47 を参照

*1R2 往復式 BOG 圧縮機でガスを圧縮する場合、圧力が高くなりガスの温度が上昇するので、多段圧縮の場合は中間冷却器を設ける。製造テキスト P46

*2R2 遠心式 BOG 圧縮機は、弁操作等で容量調整は比較的容易であるが、流量を絞りすぎるとサージングが起こる可能性がある。製造テキスト P51

製造 2－5　LNG ポンプ（1）

ガス製造工場においてポンプは広い分野でその目的に応じて、使われている。LNG ポンプに関する説明で正しいものはどれか。

① 渦巻きポンプは、揚程の広い範囲に使用でき、軽量で据えつけて面積を取らず、吐出に脈動がない。

② 斜流ポンプは、羽根が液に与える揚力によって圧力を生ずる。

③ 軸流ポンプは、一部は遠心力により、他の一部は羽根の揚力により圧力を生ずる。

④ ロータリーポンプは、正確に容量を制御するポンプや高い圧力を発生させるポンプに適している。

⑤ 往復ポンプは、容積式でケーシングとロータからなり、軸の回転により液を押し出す。

解答解説　解答①

② 軸流ポンプは、羽根が液に与える揚力によって圧力を生ずる。

③ 斜流ポンプは、一部は遠心力により、他の一部は羽根の揚力により圧力を生ずる。

④ 往復ポンプは、正確に容量を制御するポンプや高い圧力を発生させるポンプに適している。

⑤ ロータリーポンプは、容積式でケーシングとロータからなり、軸の回転により液を押し出す。

製造テキスト P54 ～ 55 を参照

製造 2－6　LNG ポンプ（2）

ポンプの性能に関する説明で誤っているものはどれか。*R4

① ポンプの能力を表す方法に性能曲線図がある。これは、ポンプの規定回転数における吐出量、全揚程、ポンプ効率、軸動力などの関係を示す。

② 流体中で局部的に液温での飽和蒸気圧以下の部分が生ずると、そこの液が気化し、細かい気泡が多数発生する。この現象をキャビテーションと言う。

③ キャビテーションが繰り返されると、ポンプに騒音や振動が起こり、ポンプの効率や吐出し量が低下する。

④ ポンプの吸い込み圧力がキャビテーションに対して安全か否かを検討するのには、NPSH の考え方を用いる。

⑤ ポンプを安全に運転するためには、有効吸込ヘッド＜必要有効吸込ヘッドを維持しなければならない。

解答解説　解答⑤

ポンプを安全に運転するためには常に、有効吸込ヘッド＞必要有効吸込ヘッド　を維持しなければならない。

製造テキスト P55 ～ 58 を参照

*R4　LNG ポンプの特徴の一つとして、軸受及びモーターの冷却は，ＬＮＧを使用した自己冷却方式であることが上げられる。製造テキスト P58

製造 2－7　LNG 気化器

LNG 気化器に関する説明で誤っているものはどれか。

① オープンラック式は、海水を熱源として、LNGを気化するのもので、運転費が低廉でベースロードとして用いられる。多数のフィンチューブとパネル、トラフ、ヘッダーからなる。

② 中間熱媒体式は、海水などの熱を中間熱媒体を介してLNGへ伝えるシェルアンドチューブ式熱交換器を組み合わせており、ランニングコストが高価で、ピークロードとして用いられる。

③ サブマージド式は、水中燃焼を利用したもので、熱源としてLNGの気化ガスを使用する。コンクリート製の水槽に熱交換器と水中バーナー、ブロワー等で構成される。運転費用が高いため、ピークロード用に用いられる。

④ エアフィン式は、主にLNGサテライト基地で用いられる。大気を熱源としてLNGを気化するもので、フィンと管が一体となった伝熱管を縦に配列し、ヘッダー管と直結している。また長時間運転すると氷が成長して熱交換効率が低下するため、解氷作業が必要になる。

⑤ 温水式は、温水槽の中に入れた伝熱管内にLNGを通じ、温水を熱源としてLNGを気化させる。寒冷地の場合、エアフィン式と直列に用いられる場合がある。

解答解説　解答②

中間熱媒体式は、海水などの熱を中間熱媒体を介してLNGへ伝えるシェルアンドチューブ式熱交換器を組み合わせており、ランニングコストが低廉で、ベースロードとして用いられる。

製造テキストP60～70を参照

2－8　製造設備全般（1）

都市ガスの製造設備に関する次の記述のうち、誤っているものはいくつあるか。＊R1

a　遠心式 BOG 圧縮機の吐出口を絞った際、小流量で吐出圧が脈動し、騒音と振動により、運転できなくなる現象を、ガイザリングという。

b　LNG ポンプは LNG を移送する他に、LNG 気化器内で発生するガスの圧力も同時に与えることから、ガス加圧送出の役割も担っている。

c　低温式 LPG 貯槽では、タンク内の圧力を保つため、気化した蒸気を冷凍機等にて再液化し、貯槽頂部からフラッシュさせる等の設備が必要である。

d　LNG 出荷設備で LNG ローリーへ充てんされる LNG の取引量は、一般に渦式流量計で計量される。

①　0　　②　1　　③　2　　④　3　　⑤　4

解答解説　解答③

a　この現象をサージングという。

d　LNG 出荷設備で LNG ローリーへ充てんされる LNG の取引量は、一般にトラックスケール（トラックの重量を測定する装置）計量する。

類題　平成 30 年度甲種問 2

製造テキスト P50、58、88、91、97 を参照

＊R1　ボンネット内に液が封入されている形式の低温弁は、一般に、圧力の異常上昇を防ぐため、弁体の片側にディスクを設ける。製造テキスト P88

2－9　製造設備全般（2）

都市ガスの製造設備に関する次の記述のうち、誤っているものはいくつあるか。

a　ガスの製造プロセスの一つであるLNG気化によるプロセスは、原料であるLNGの受入設備の形態により、内航船で受け入れる1次受入基地、外航船で受け入れる2次受入基地、及びLNGロー リー等で受け入れるサテライト基地に分類される。

b　LNG船と陸上のLNG配管を接続するアンローディングアームは、回転自在のジョイントとパイプを組合せたものである。

c　LNG配管は、LNG貯槽からLNG気化器までの移送やLNG貯槽間の移送に用いられるため、低温靭性に優れた材料で配管を製作し、原則としてフランジ継手構造とする。

d　加圧式LPG貯槽には円筒形と球形があり、円筒形は比較的小容量の貯槽として最も経済的であるので広く使用されている。

e　往復式BOG圧縮機の構造は比較的複雑であり、ピストンの往復動により発生したガスの脈動を抑制するため、安全弁を設置する必要がある。

①　0　　②　1　　③　2　　④　3　　⑤　4

解答解説　**解答④**

a　外航船で受け入れる1次受入基地、内航船で受け入れる2次受入基地である。

c　LNG配管は原則として、溶接継手構造である。

e　安全弁ではなく、スナッバタンクを設ける。

類題　令和3年度甲種問2

テキスト P30、34、78、90、46　を参照

 2－10　ガスホルダーの貯蔵能力

下記仕様のガスホルダーの貯蔵の能力（m^3）について、最も近い解答を選べ。

内径　20m　　最高使用圧力 0.8MPa

①10,000　②20,000　③30,000　④40,000　⑤50,000

解答解説　**解答④**

球体の体積　$V = 4/3\ \pi \times (20/2)^3 \fallingdotseq 4{,}200m^3$

従って、貯蔵能力Qは

$$Q = (10P + 1)V = (10 \times 0.8 + 1) \times 4{,}200$$

$$= 37{,}800m^3 \fallingdotseq 40{,}000m^3$$

製造テキスト P73 を参照

製造　2－11　ホルダー稼動量計算

Aガス事業者の供給計画で、A事業者の保有するガスホルダーの稼働可能量は 500m^3 である。下記の予測供給量、製造量の場合の、ガスホルダーの稼動率はいくらか。

A事業者の予測供給量は 2,000m^3／日

製造能力は 2,400m^3／日 24時間一定

1時間当たり供給量が製造能力を上回る時間帯が 6時間

6時間の供給量が1日の供給量に占める割合は50%

① 60%　② 80%　③ 90%　④ 100%　⑤ 120%

解答解説　解答②

S：予測供給量　M：製造能力

t：1時間当たり供給量が製造能力を上回る時間帯

a：t時間の供給量が1日の供給量に占める割合

ΔH：ガスホルダーの稼動量とすると、

$$S \times a = t / 24 \times M + \Delta H$$

$$S = 2{,}000 \quad a = 0.5 \quad t = 6 \quad M = 2{,}400$$

とすると

$\Delta H = 400\text{m}^3$ となり、稼動率は、稼動率＝400／500＝0.8となる。

製造テキストP71～72を参照

製造 3－1　燃焼性

燃焼性に関する説明で誤っているものはいくつあるか。

a　ガス事業者は、熱量と燃焼性等をガス事業法に定められた測定頻度や測定方法に従って測定し、供給約款に定めた範囲内でガスを供給しなけらばならない。＊1R1 ＊1R2

b　ガスグループの燃焼性のエリアは、ウォッベ指数（WI）と燃焼速度（MCP）で決まる。

c　WIはガス機器のノズルから単位時間に噴出するガスの熱量の大きさを示す指数で、ガス機器ノズルの開度調整に必要な指数である。

d　総発熱量 45MJ／m^3、ガス比重 0.64 の WI は 、70.3 である。

e　混合ガスの MCP は、ガス組成や空気との混合比、ガスの温度、圧力といった燃焼条件によって変化するため、ガス事業法で示す式で計算によって求められる。

①　0　　②　1　　③　2　　④　3　　⑤　4

解答解説　解答②

d が誤り。

d　　WI = H／√S　　H：総発熱量　　S：ガス比重

WI = 45／√0.64 = 56.25

となる。

製造テキスト P145 ～ 147 を参照

*1R1　ガス事業法では、ガスの熱量はガスクロマトグラフ法によって得られた成分組成から計算によって求める方法と、ユンカース式流水形ガス熱量計によって測定する方法が規定されている。製造テキスト P155

*2R1　ユンカース式流水形ガス熱量計により測定する方法では、試料ガスを完全に燃焼させ、燃焼排ガスを最初のガス温度まで冷却して生成水蒸気を凝縮させる。発生した熱を熱量計に流れる流水に吸収させ、流水量及び流水の入口と出口の温度差から、総発熱量を求める。製造テキスト P162

製造　3－2　　増熱と希釈

増熱と希釈に関する説明で、誤っているものはどれか。

a　ガスの熱量及び燃焼性を調整するために、2 種類以上のガスを混合する場合、LPG 等による増熱と、空気等による希釈の方法がある。

b　増熱して熱量を調整する場合、混合ガスの熱量と燃焼性及び LPG 等の増熱原料の露点の確認を行う。

c　露点とは、ガスを冷却していくとき、ガス中の炭化水素が凝固する温度を示す。

d　希釈して熱量を調整する場合、燃焼速度は変化しないが、ウォッベ指数は低下する。

e　高圧ガス保安法では、酸素濃度が18％以上のガスを圧縮してはならない。

①　a、b　②　b、c　③　c、e　④　b、d　⑤　d、e

解答解説　**解答③**

cとeが誤り。

c　露点とは、ガスを冷却していくとき、ガス中の炭化水素が液化する温度を示す。

e　高圧ガス保安法では、酸素濃度が4％以上のガスを圧縮してはならない。

製造テキストP150を参照

製造 3－3　増熱の計算

LNGを気化した天然ガスをLPGで増熱して、46MJ／m^3の供給ガスを2,000m^3作りたい。LNGの使用量（kg）はどれか、最も近いものを選べ。

天然ガス　発熱量40MJ／m^3　ガス密度0.6kg／m^3

LPG　発熱量100MJ／m^3　ガス密度2.0kg／m^3

①　760　②　1,080　③　1,620　④　2,700　⑤　4,870

解答解説　解答②

LNG使用量をXm^3とすると、

$$40 \times X + 100 \times (2,000 - X) = 46 \times 2,000$$

$$60X = (100 - 46) \times 2,000$$

$$X = 1,800 \ (m^3)$$

$$\text{LNG使用量 (kg)} = 1,800 \times 0.6 = 1,080 \ (kg)$$

製造テキストP148～149を参照

製造 3－4　熱量調整

熱量調整方式についての説明で誤っているものはどれか。

① 熱量調整の方法には、ガス―ガス熱調、液―ガス熱調、液―液熱調の三つの方式がある。

② ガス―ガス熱調は、ガス状態で混合させる方式で、気化設備と高温熱源が必要で、ランニングコストが高いが、熱量調整範囲が広い方式である。

③ 液―ガス熱調は、LPGを用いて熱量調整する方式で、天然ガスの温度により運転範囲の制限を受けることがある。LPG気化器が必要で、ランニングコストが高い。*R2

④ 液―液熱調は、LNGとLPGを液体のまま熱量調整する方式で、気化器が不要のため、ランニングコストが安く、熱量調整範囲も広く取れる。

⑤ 液―液熱調は、－160℃のLNGにLPGを混合するため、LNG以外の成分の凍結による閉塞対策が必要となる。

解答解説　解答③

液—ガス熱調は、LPG気化器が不要で、ランニングコストが低い。

製造テキストP152～154を参照

*R2　液—ガス熱量調整方式は、LPGを気化させるための熱源として気化された天然ガス（NG）の顕熱を利用しているため、NGの温度による運転制限を受ける場合がある。製造テキストP153

製造 3－5　ガスクロマトグラフ（1）

ガスクロマトグラフによる熱量の測定に関する説明で誤っているものはいくつあるか。 *1R3

a　ガスクロマトグラフとは、固定相（充填剤）に移動相と呼ばれるキャリアガスを流して、固定相と移動相との間における試料各成分の溶解性、吸着性の差によって成分物質を分離し、測定する装置である。

b　キャリアガスとは、試料成分を運ぶ不活性ガスで、高純度の酸素などが用いられる。

c　カラムとは、試料ガスに含まれる各成分を分離するための管のこと。充てんカラムとキャピラリーカラムの2種類に大別される。

d　移動速度は、各成分の固定相に対する溶解性、吸着性に左右され、これらの性質が強いほど、移動速度が速い。

e　ガスクロマトグラフ法によって得られた成分組成と発熱量を用いて計算により試料ガスの発熱量を求める。またガス事業法では発熱量単位の表示はMJであるため、小数点以下1桁に丸めて表示する。*2R3

①　0　　②　1　　③　2　　④　3　　⑤　4

解答解説　解答④

b、d、eが誤り。

b　キャリアガスとは、試料成分を運ぶ不活性ガスで、高純度のヘリウム、窒素、アルゴン等が用いられる。

d　移動速度は、各成分の固定相に対する溶解性、吸着性に左右され、これらの性質が強いほど、移動速度が遅い。

e　ガスクロマトグラフ法によって得られた成分組成と発熱量を用いて計算により試料ガスの発熱量を求める。またガス事業法では発熱量単位の表示はMJであるため、小数点以下2桁に丸めて表示する。

製造テキストP156～159を参照

*1R3　ガス事業法では、ガスの熱量は、ガスクロマトグラフ法によって得られた成分組成から計算によって求める方法と、ユンカース式流水形ガス熱量計による方法が規定されている。製造テキストP155

*2R3　ガスクロマトグラフでは、クロマトグラムのそれぞれのピークの面積を同一条件下で得られる標準混合ガス又は純ガスのピーク面積と比較し、各成分を定量する。製造テキストP158

製造　3－6　ガスクロマトグラフ（2）

ガスクロマトグラフの検出器に関する説明で誤っているものはいくつあるか。

a　TCDは、ホイートストンブリッジを構成する4個のフィラメントが熱容量の大きい金属ブロック内の流路系に組み込まれ、カラムで分離された成分は熱伝導度が異なるため、これらが検出器に入った時に現れるブリッジの不平衡電圧を検出する。

b　FIDは酸素過剰の水素炎中においてカラムで分離された有機化合物成分が燃焼するときに電極間に流れる電流を検出する。

c　検出器が組成分析に必要な感度を有しているかどうかはプロパン、ベンゼンなどの標準物質を用いて判定することができる。

d　FIDは無機化合物、有機化合物いずれも検出でき、非常に高感度である。

e　TCDは有機化合物にしか感度を示さず、FIDより感度が低い。

①　0　　②　1　　③　2　　④　3　　⑤　4

解答解説　解答③

dとeが誤り。

d　FID（水素炎イオン化検知器）は、有機化合物にしか感度を示さないが非常に高感度である。

e　TCD（熱伝導度検知器）は、無機化合物、有機化合物いずれも検出できるがFIDより感度が低い。

製造テキストP157～158を参照

製造　3－7　ガス比重の測定、特殊成分の分析

ガス比重の測定、特殊成分の分析で誤りはいくつあるか。

a　ガスの比重は、ガスクロマトグラフ法の他に、ブンゼンーシリング法や比重瓶法によって測定することができる。＊R3

b　ガス比重をガス組成から計算によって求める方法では、ガスクロ法によって得られた成分組成とそれぞれの成分の比重を用いて計算によって試料ガスの比重を求める。比重の測定値は、小数点以下1ケタに丸めて表示する。

c　全硫黄の分析方法には、過塩素酸バリウム沈殿滴定法やジメチルスルホナゾⅢ吸光光度法などがある。

d　硫化水素の分析方法として、よう素滴定法やメチレンブルー吸光光度法等がある。

e　アンモニアの分析方法として、中和滴定法やインドフェノール吸光光度法等がある。

①　0　　②　1　　③　2　　④　3　　⑤　4

解答解説　解答②

b　比重の測定値は、小数点以下３ケタに丸めて表示する。

製造テキスト P163 ～ 168 を参照

*R3　ガス比重とは、同一温度及び同一圧力における等しい体積のガスと乾燥空気の質量の比と定義される。製造テキスト P163

製造　4－1　付臭剤（1）

代表的な付臭剤の特徴について、正しいものを選べ。*R4

付臭剤	a	THT	b	シクロヘキセン
c	35.5%	36.4%	51.6%	0(ゼロ)
d	1.1 μg／m^3	16.5 μg／m^3	16 μg／m^3	225.1 μg／m^3
e	0.096%	0.85%	2.1%	0.10

①a TBM　b DMS　c 硫黄含有量　d 閾値　e 水に対する溶解度

②a TBM　b DMS　c 閾値　d 水に対する溶解度　e 硫黄含有量

③a TBM　b DMS　c 水に対する溶解度　d 閾値　e 硫黄含有量

④a DMS　b TBM　c 硫黄含有量　d 閾値　e 水に対する溶解度

⑤a DMS　b TBM　c 水に対する溶解度　d 閾値　e 硫黄含有量

解答解説　解答①

① 4種類の付臭剤と硫黄含有量、閾値、水に対する溶解度の違いはよく理解のこと。

製造テキスト P170 を参照

*R4 付臭剤は、単一又は混合したものが用いられている。製造テキスト P170

製造 4－2 付臭剤（2）

代表的な付臭剤の特徴について、誤っているのはどれか。＊1R1 ＊2R3

① TBM は、認知閾値が高く、温泉のようなにおいである。

② DMS は、青海苔のようなにおいを有する。

③ THT は、有機溶剤系のツンとしたにおいに近い。

④ シクロヘキセンは、硫黄含有量がゼロで、接着剤、有機溶剤（シンナー）のようなにおいである。

⑤ DMS は、比較的土壌透過性が高い。一般に他の付臭剤と混合して使用している。

解答解説 解答①

TBM は認知閾値が低く、温泉のようなにおいである。

製造テキスト P169 ～ 170 を参照

＊1R1 付臭剤は、人間に対し毒性がないこと、土壌透過性が高いこと、生活臭とは明確に区分できること等の要件を備えていることが要求される。製造テキスト P169

＊2R3 付臭剤は、一般に存在するにおい（生活臭）とは明確に区別でき、ドキッとさせるインパクトを持った警告臭であり、極めて低い濃度でも特有の臭気が認められる必要がある。製造テキスト P169

製造 4－3 付臭設備

付臭設備に関する説明で誤っているものはどれか

① 付臭室はやや負圧で、換気のため吸引した空気は脱臭するなど外部に臭気が漏れないように万全な対策が必要である。＊1R1

② ポンプ注入式は、ポンプなどによって付臭剤を直接ガス中に注入する方式で、規模の小さな設備に適している。＊2R3

③ 滴下注入方式は、加圧または重力により、直接ガス中に滴下する方式で、自動比例型と手動型がある。

④ 蒸発式は、付臭剤の蒸気をガス流に混合する方式で、設備費が安く、動力を必要としない利点があり、流量の変動が小さい小規模な設備に用いられる。

⑤ 液付臭式は、原料 LPG 液中に直接付臭剤を注入するもので、小規模な LPG エア専用事業場で採用できる。

解答解説 解答②

ポンプ注入式は、ポンプなどによって付臭剤を直接ガス中に注入する方式で、規模の大きな設備に適している。

製造テキスト P170 ～ 174 を参照

＊1R1 付臭室の空気を活性炭にて脱臭を行う場合は、活性炭層の破過に留意し、定期的な活性炭の交換を行う必要がある。製造テキスト P171

＊2R3 液体注入方式の一つであるポンプ注入方式は、小容量のダイヤフラムポンプ等により付臭剤を注入する方式で、ガス量の変動に対してポンプのストローク、回転数等を変化させ、ガス中の付臭濃度を一定に保つことができる。製造テキスト P 171

製造 4－4　臭気の濃度測定（1）

臭気濃度の測定について、誤っているものはどれか。

① 臭気濃度の測定方法には、人の嗅覚によりガスの臭気濃度を求めるパネル法と分析機器で濃度を測定し、換算式で臭気濃度を求める付臭剤濃度測定法がある。また臭気濃度の管理値は、2,000倍以上とする。

② パネル法は、臭気判定者4名以上のパネルにより、臭いの有無を判定し、ガスの臭気濃度を求める方法で、この中には、オドロメーター法、注射器法、におい袋法がある。

③ 付臭剤濃度測定法は、TBM、THT、DMSの有機硫黄化合物を含む付臭剤を添加したガスに適用される。

④ FPD付ガスクロマトグラフ法とは、炎光光度検出器（FPD）を備えたもので、試料ガスを各成分に分けた後、還元性の水素炎中で燃焼させることで特有の炎光を光学フィルターで分光する。

⑤ 検知管法で測定できる付臭剤は、DMSである。＊R1

解答解説　解答⑤

⑤ 検知管法で測定できる付臭剤は、THT、TBMである。①技省令の解釈例では1,000分の一でにおいが確認できることとなっており、さらに付臭剤濃度から換算式を用いて臭気濃度を求める場合の管理値は2,000倍以上とされている。

製造テキストP169、174～177を参照

＊R1　検知管法は、検知剤が充てんされた検知管に一定量の試験ガスを通し、検知剤の変色長さから付臭剤成分濃度を求める。製造テキストP177

 4－5　臭気の濃度測定（2）

パネル法による臭気濃度の計算で、希釈倍数500倍で臭いあり、1,000倍でなし、2,000倍であり、4,000倍でなしの場合、このパネルの感知希釈倍数はいくらか。

① 500倍
② 750倍
③ 1,000倍
④ 2,000倍
⑤ 3,000倍

解答解説　解答②

パネル法では、においを感じなくなった低い倍率（この場合1,000倍）、と感じた倍率（500倍）の平均を取る。従って、（500＋1,000）／2＝750倍となる。

製造テキストP175～176を参照

製造 4－6　付臭全般

都市ガスの付臭に関する次の記述のうち、誤っているものはいくつあるか。

a　臭気濃度とは、試料ガスを無臭の空気で徐々に希釈していった場合に、感知できる最大の希釈倍数をいう。

b　ガスの臭気濃度は、低すぎると漏えいを検知しにくくなることがあり、高すぎると未燃ガスを誤認しやすくなる。

c　TBM、DMS、シクロヘキセンのうち、比較的土壌透過性の高いのは

TBMである。

d　TBM、DMS、シクロヘキセンは、いずれも構成元素に硫黄（S）を含む。

e　蒸発式の付臭設備では、沸点が大きく異なる付臭成分を混合した不臭剤を使用した場合、各成分の蒸気圧が異なるため均一な付臭が難しくなる。

①　0　　②　1　　③　2　　④　3　　⑤　4

解答解説　**解答③**

c　TBM、DMS、シクロヘキセンのうち、比較的土壌透過性の高いのはDMS、シクロヘキセンである。

d　シクロヘキセンは、構成元素に硫黄（S）を含まない。

類題　令和2年度甲種問5

製造テキストP169～170、173～174を参照

製造　5－1　自動制御（1）

自動制御の説明のうち誤っているものはどれか。

①　定値制御……操作対象を定められた目標値に近づけるような制御。

②　フィードバック制御……一つの調節計の目標値を他の調節計により制御する方式。

③　比率制御……あるプロセス量とそれ以外のプロセス量をある一定の比率に保つよう制御する方式。

④　シーケンス制御……あらかじめ定められた順序に従って、制御の各段階を逐次進めていく制御。

⑤　PID 制御……P 比例動作、Ｉ積分動作、D 微分動作を組み合わせた制御動作のことである。

解答解説　解答②

②　は追値制御（カスケード制御）の説明である。フィードバック制御とは、制御対象のプロセス量を検知して目標値と比較し、ずれが生じている場合は、目標値に一致させるように制御対象に対して修正動作を行う方式である。

製造テキスト P98 ～ 102 を参照

製造　5－2　自動制御（2）

自動制御に関する説明で誤っているものはどれか。

①　フィードフォワード制御は、プロセスの変化量と操作量の関係が明らかであることが必要で、制御遅れが起こらず、オーバーシュートなしで制御できる。

②　オンオフ制御は、排水ピットの排水制御では、頻繁に開閉が生じ、寿命上好ましくないため､動作すきまを持たせて制御することが多い。

③　PID 制御の P 動作では、目標値とプロセス値の偏差を零にすることができる。

④　PID 制御の D 動作とは、温度制御のように遅れ要素の大きい制御対象の場合、Ｉ動作では過去の累積偏差に対して修正動作となり、敏速に制御動作をすることができないことを解消するための動作である。

解答解説　解答③

③（比例）動作では、偏差の大きさに比例する制御動作だが、この方法

では、プロセス値が目標値に到達せず、オフセットが残ってしまう。

P 動作で生じるオフセットは、I（積分）動作で解消できる。

④　D（微分）動作は、設問文の通り、偏差の変化速度に比例した修正動作を行うことで、機敏に偏差の動きに対応できる。

製造テキスト P99 ～ 102 を参照

製造　5－3　流量計（1）

流量計の特徴について、誤っているものはいくつあるか。

a　ベンチュリは、構造が簡単で、大流量の測定ができるが、圧力損失が大きい。購入ガスの取引証明にも用いられる。

b　オリフィスは、圧力損失が小さいが高価。工水・上水の受け入れ計量に用いられる。

c　ルーツは、広範囲で高精度だが、ストレーナーが必要。大流量のガス測定に用いられる。

d　カルマンは、レンジアビリティが大きく、渦の発生数が流量に比例し、可動部がない。ボイルオフガス流量の測定に用いられる。

e　超音波式は、圧力損失がなく、温度、密度、粘度の影響を受けず、可動部もない。都市ガス流量の測定に用いられる。

①　0　　②　1　　③　2　　④　3　　⑤　4

解答解説　**解答③**

a と b の内容が逆になっている。

a　オリフィスは、構造が簡単で、大流量の測定ができるが、圧力損失が大きい。購入ガスの取引証明にも用いられる。

b　ベンチュリは、圧力損失が小さいが高価。工水・上水の受け入れ計量に用いられる。

製造テキスト P111 ～ 113 を参照

製造 5－4　流量計（2）

都市ガスの製造において使用される流量計に関する次の記述のうち、誤っているものはいくつあるか。

a　オリフィス式流量計は、カルマン渦式流量計よりも圧力損失が大きく、レンジアビリティが小さい。

b　カルマン渦式流量計は、タービン式流量計よりレンジアビリティが大きく、圧力損失も大きい。

c　オリフィス式流量計、超音波式流量計、電磁式流量計は、いずれも可動部がない。

d　オリフィス式流量計は直管部を設ける必要があるが、タービン式流量計は直管部を設ける必要がない。

e　電磁式流量計は導電性の液体しか測定できないが、カルマン渦式流量計は非導電性の液体でも測定できる。

①　1　　②　2　　③　3　　④　4　　⑤　5

解答解説　解答②

b　カルマン渦式流量計は、圧力損失は極めて小さい。

d　タービン式流量計も直管部を設ける必要がある。

類題　平成 30 年度甲種問 5

製造テキスト P111 ～ 113 を参照

5－5　温度計

温度計の説明で誤っているものはいくつあるか。

a　測温抵抗体は、金属の電気抵抗値が温度上昇によって増加する特性を利用する。熱電対と比較して常温・中温域での精度がよい。

b　熱電対はゼーベック効果を利用したもので、広い範囲、小さい箇所の温度の測定ができるが、基準接点が必要である。

c　バイメタルは、膨張率の異なる金属を張り合わせてその収縮差による変形により温度を指示させる。現場型指示計で、価格が安いが精度も悪い。

d　圧力式は、感熱部に窒素などを封入し、この温度による体積膨張を温度目盛をつけたブルドン管型圧力計に指示させる。現場型指示計で、価格が安いが精度も悪い。

①　0　　②　1　　③　2　　④　3　　⑤　4

解答解説　解答①

全て正しい。

b　ゼーベック効果とは、2 本の異なる導体の両端に温度差を与えると、回路中に電流が流れる現象。

製造テキスト P108 ～ 109 を参照

製造　5－6　各種計測機器

次の計測機器の説明のうち、誤っているものはどれか。

①　ブルドン管圧力計：一端が閉ざされた曲管に開放端を固定し圧力を

かけると曲管が広がる方向に変位が生じる。この変位を検出して圧力を測定。

② タービン式流量計：管中に翼車を置き、流れによる翼車の回転数を測定して流量を測定。

③ ユンカース圧力計：受圧部は、片端が密閉された円筒状で側面に数個の蛇腹状のひだがついている。開放端を固定し、圧力をかけると反対方向に伸びる変位が生じる。この変位を回転運動に変え、圧力を測定。

④ レーザー式ガス漏えい検知：メタンは赤外線を吸収するため、赤外線のレーザー反射を検知して、吸収された量を計算し、漏えいを検知。

⑤ ウルトラビジョン火炎検知器：燃焼炎から発生する紫外線を検出し、火炎の有無を検知。

解答解説　解答③

③ の正解は、ベローズである。ユンカースとは、自動ガス熱量計の名称のこと。

製造テキスト P109 ～ 110、113、117、120 を参照

製造 5－7　保安電源

保安電源に関する説明で誤っているものはどれか。

① 保安電力は、買電、自家発電、蓄電池などによる電力又は電力以外の動力源の中から選定する。買電のみで保安電源を確保するには、常用線とは系統の異なる予備回線又はそれに相当する保安電力として措置されたものが必要である。

② 常用発電設備は、電事の「発電所」に相当し、発電所としての工事、

維持、運用が求められる。

③　非常用発電設備には、停電時に短時間で起動する必要があることから、原動機には、ディーゼル機関やガスタービンが用いられる。また発電機は単独で運転する必要があるため、誘導発電機が用いられる。＊1R1

④　UPS は、交流入力を整流部で直流に変換後、蓄電池に充電されるとともに、インバータ部で一定電圧、一定周波数の交流に変換後、出力される。そして、停電時には、蓄電池の放電によりインバータ部を経由して交流出力される。＊2R2

⑤　重要設備の計装・制御回路などの電源は、停電時の保安確保を目的に直流で構成されることが多い。直流電源装置は、停電時蓄電池の出力をそのまま供給できるため、交流を出力する UPS に比べて単純な回路構成となる。

解答解説　解答③

非常用発電設備には、停電時に短時間で起動する必要があることから、原動機には、ディーゼル機関やガスタービンが用いられる。また発電機は単独で運転する必要があるため、同期発電機が用いられる。

製造テキスト P132 ～ 134 を参照

＊1R1　非常用発電設備の容量選定にあたっては、起動する電動機の起動電流が大きく影響するため、負荷の積み上げ合計値より十分大きい定格容量のものが必要となる。製造テキスト P133

＊2R2　無停電装置（UPS）は、鉛蓄電池、アルカリ蓄電池等の蓄電池と CVCF（定電圧定周波数装置）から構成される。製造テキスト P133

5－8　絶縁、接地、防爆

絶縁、接地、防爆に関する説明で誤っているものはどれか。

① 電気を安全に適正に利用するには、電気回路以外の部分への電気が流れないようにすることが必要であり、配線や機器では電線相互間、電線と大地間等には、絶縁物を用いて相互を絶縁する。＊R1

② 配電盤のケース等を接地しておけば、漏電電流は電線を経由して、大地を流れ、ケースの電圧が低くなること、漏電電流が接地側に多く流れ人体を通る分が小さくなることから安全になる。

③ 防爆電気機器及び配線方法の選定は、危険場所の種類、対象とする可燃性ガスの爆発等級及び発火度等の危険特性、点検及び保守の難易度等を考慮して決定する。

④ 容器の内部に空気、窒素、炭酸ガス等の保護ガスを送入し、又は封入することにより、当該容器の内部にガス又は蒸気が侵入しないようにした防爆構造は、「耐圧防爆構造」という。

⑤ 本質安全防爆構造とは、電気機械器具を構成する部分で発生する火花、アーク、又は熱がガス又は蒸気に点火するおそれがないことを点火試験等により確認された構造である。

解答解説　解答④

説明文は「内圧防爆構造」である。耐圧防爆構造とは、全閉構造があって、可燃性ガス等が容器の内部に侵入して爆発を生じた場合に、当該容器が爆発圧力に耐え、かつ、爆発による火炎が当該容器の外部のガス等に点火しないようにしたもの。

製造テキスト P135 ～ 137、132 ～ 133 を参照

＊R1　電気設備において絶縁抵抗の低下や絶縁物の損傷は、短絡や地絡事故につながり、さらには感電や火災等の原因になる。製造テキスト P135

製造 6－1　耐震設計

都市ガス製造設備の耐震設計に関する次の記述のうち、誤っているものはいくつあるか。

a　ガス設備の耐震設計を行う上で重要なことは、構造設計、安全設計、防災設計である。＊R1

b　レベル1地震動に対する耐震性能評価においては、「弾性設計法」により、耐震上重要な部材に生じる応力が部材の有する許容応力を超えないことを確認する。

c　レベル2地震動とは、供用期間中に発生する確率は低いが高レベルの地震動をいい、これに対応した耐震設計では、構造物の塑性変形能力を期待した設計法により評価する。

d　構造物が設置される地盤についても、液状化・流動化を考慮した耐震設計を行うこととしている。

e　平底円筒形の液体貯槽では、スロッシング（貯槽内の内部液体が周期0.1～2秒程度の地震動により共振する現象）に対する耐震設計が必要である。

①　0　　②　1　　③　2　　④　3　　⑤　4

解答解説　解答②

e　スロッシングは、貯槽内の内部液体が、周期数秒から十数秒の長周期地震動により共振する現象である。一般的構造物の周期は、0.1～2秒程度。

製造テキストP207～208を参照

＊R1　耐震設計を行う上で重要なことは、構造設計、安全設計等があり、構造設計とは想定する地震動に対し、製造設備が地震で損傷しないよう強度計算等により評

価し、設計するものである。製造テキスト P207

製造 6－2　溶接の品質管理

溶接の品質管理に関する次の記述のうち、誤っているものはいくつあるか。＊1R4

a　溶接部の品質は従事する溶接士の技量によるところが大きく、ガス事業法で定められたガス工作物の溶接を行う溶接士は、所定の技量を保持していることをあらかじめ確認されたものでなければならない。＊2R1

b　被覆アーク溶接棒、フラックス等は強度維持のために、使用する際にも適度な湿分が維持されるようにする必要がある。

c　溶接に際しての予熱により、溶接中に侵入する水素を確実に保持することで、溶接部に割れが発生しにくくなる。

d　溶接部の開先面には、油脂を塗布しておくことにより、溶接時の加熱を助ける作用をする。

e　溶接金属とは、溶接材料から溶接部に移行した金属のことである。

①　1　　②　2　　③　3　　④　4　　⑤　5

解答解説　解答④

b　被覆アーク溶接棒、フラックス等は吸湿又は変質しないように保管する。

c　予熱により、溶接中に侵入する水素の放出が促進されることから、割れが発生しにくくなる。

d　溶接部の開先面には、油分、水分等は溶接欠陥の原因となるため、溶接に先立ち除去する。

e　説明文は溶着金属。溶接金属とは、溶接において溶着金属と母材が融合して凝固した金属のこと。

製造テキスト P214、217 ～ 220 を参照

*1R4　溶接部分は熱影響部をはさみ母材、熱影響部、溶接金属と組織が異なり硬度が変化する。このため、硬度が低い部分に集中して繰り返しひずみを受けることとなり、疲労強度の低下につながる。製造テキスト P252

*2R1　あらかじめ確認とは、溶接施工法、溶接士技能が技術基準に適合しているか否かをガス主任技術者が確認するものである。製造テキスト P217

製造 6－3　保全方式

保全方式の説明で、誤っているものはどれか。

①　保全方式を分類すると、大きく分けて、予防保全（PM）と事後保全（BM）がある。

②　状態監視保全（CBM）は、時間を決めて行う保全方式であり、定期保全と経時保全がある。

③　事後保全（BM）は、故障が起こった後、設備を運用可能な状態に回復する保全方式である。

④　一定の期間をおいて行うのは定期保全で、ガス事業法の定期自主検査の設備は定期保全の手法が取られている。

⑤　設備が予定の累積運転時間に達した時に行うのは、経時保全である。

解答解説　解答②

予防保全には、時間計画保全（TBM）と状態監視保全（CBM）があり、時間計画保全には、定期保全と経時保全がある。

状態監視保全は、設備の状態に応じて行う保全であり、故障が予知できる

ような診断技術が確立されている場合に適用できる。時間計画保全とは、時間を決めて行う保全方式（定期保全と経時保全）である。

製造テキスト P239 ～ 241 を参照

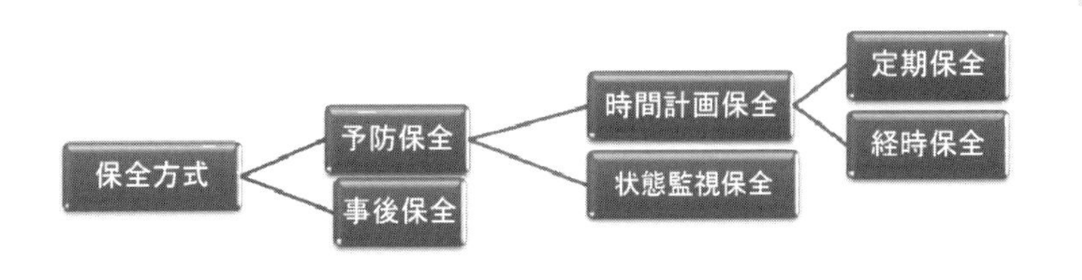

製造 6－4　腐食（1）

腐食に関する説明で誤っているものはどれか。

① 全面腐食とは、金属の腐食がほぼ全面均一に生じる場合をいう。

② ガルバニック腐食とは、電位の異なる二種の金属を水や土などのイオン電導性のある腐食環境中で接触させると、両者間に腐食電池が形成され、アノードとなる金属の腐食が促進される。 ＊1R1

③ 孔食とは、局所的に深い孔状の侵食を生じる形式の腐食をいう。

④ 粒界腐食とは、ステンレス鋼など不動態被膜を持つ金属が非金属物質と面を接していたり、異物が付着していたりすると、接触面や異物との間にできる隙間部に、局所的に腐食を生じる。 ＊2R3

⑤ 脱成分腐食とは、合金において一つの成分が優先的に失われる腐食をいう。

解答解説　解答④

④は、すきま腐食の説明である。粒界腐食とは、金属や合金の粒界または、粒界に沿った狭い部分が優先的に腐食する現象である。粒界腐食は、

ステンレス鋼が熱影響を受けた後、腐食環境にさらされた時に典型的に生じる。

製造テキスト P245 ～ 248 を参照

*1R1　異種金属接触腐食は、電位の異なる金属間に腐食電池が形成され、電位が卑な方の金属がアノード、貴な方の金属がカソードとなり、前者の腐食が進行する。製造テキスト P245

*2R3　ステンレス鋼のすきま腐食の原因として、すきま内に塩化物イオンが蓄積するとともに、pH が低下し、不動態が破壊され、すきまの外の部分との間に腐食電池を形成することが挙げられる。製造テキスト P247

製造 6－5　腐食（2）

腐食に関する説明で誤っているものはどれか。

① 応力下にある金属や合金が、内部の活性な経路に沿って溶解が面状に進行することにより、割れを形成するタイプを、応力腐食割れという。

② 腐食によって生じた水素が金属や合金内に侵入して、応力下で水素脆化による割れを発生させるものを、水素脆性割れとも呼ぶ。

③ 繰り返し応力による疲労に加えて、同時に腐食が作用すると、応力をいくら下げても繰り返し回数を十分大きくすれば破壊を生じる。これを腐食疲労と呼ぶ。 *1R1

④ 腐食性流体が低速流であったり、層流の場合、または、液体内に固体を含むとき、流体の衝突や摩擦などの作用により、金属表面から腐食物を除去し続けると腐食速度は大きくなる。これをエロージョンコロージョンという。 *2R1

解答解説　解答④

腐食性流体が高速流であったり、乱流の場合、または、液体内に固体を含むとき、流体の衝突や摩擦などの作用により、金属表面から腐食物を除去し続けると、腐食速度は大きくなる。これをエロージョンコロージョン（摩耗腐食）という。

製造テキストP248～249を参照

*1R1　溶接部分の母材、熱影響部、溶接金属ではそれぞれ組織と硬度が異なる。このため、硬度の低い部分に集中して繰り返しひずみを受けることとなり、疲労強度の低下につながる。製造テキストP252

*2R1　ポンプのインペラのように気泡の発生と破壊を繰り返す結果生ずる孔食状の腐食は、キャビテーションエロージョンと呼ばれる。製造テキストP249

製造　6－6　非破壊試験

非破壊試験の説明のうち、誤っているものは、次のうちどれか。

①　放射線透過試験：欠陥の形状は、フィルム上に投影された像として見えているため、わかりやすく、信頼されやすい。

②　超音波探傷試験：われのような平面欠陥の検出に適している。他の方法ではできないような厚さも検査できる。

③　浸透探傷試験：表面付近の欠陥の発見方法は、放射線や超音波に比べて、非常に簡便。ただし、表面から数mm以上の内部欠陥は検知できない。強磁性体以外には使用できない。

④　超音波探傷試験：可聴音を越えた音波を非試験物の内部へ侵入させて、内部の欠陥又は不均一層からの超音波の反射により欠陥を検出する。

⑤　渦流探傷試験：金属などの導体に交流を流したコイルを接近させたとき、欠陥があるとコイルに誘起される電圧、電流が変化することを利用して欠陥を検出する。

解答解説　解答③

③は、磁粉探傷試験の記述である。浸透探傷試験は、金属、非金属あらゆる材料の表面欠陥を調べることができ、検査費用も比較的安い。

製造テキスト P256 ～ 259 を参照

製造 6－7　溶接欠陥・検査方法

溶接欠陥や疲労割れ等の検査方法に関する次の記述のうち、誤っているものはいくつあるか。

a　放射線透過試験（RT）では、欠陥の形状をフィルム上に投影された像として見ることができるので、わかりやすく直観性がある。

b　超音波探傷試験（UT）は、検査物の片側だけから検査できるが、割れのような平面欠陥の検出には適さない。

c　渦流探傷試験（ET）は、表面から深い場所にある欠陥の検出に適している。

d　磁粉探傷試験（MT）は、銅合金やオーステナイト系ステンレス鋼に使用できるが、欠陥の度合いの数量化が必要である。

e　浸透探傷試験（PT）は、金属、非金属のあらゆる材料の表面欠陥を検出することができる。

①　1　　②　2　　③　3　　④　4　　⑤　5

解答解説　解答③

b　超音波探傷試験（UT）は、割れのような平面欠陥の検出に適している。

c　渦流探傷試験（ET）は、表面から深い場所にある欠陥の検出には適していない。

d　磁粉探傷試験（MT）は、強磁性体以外には使用できない。

類題　平成30年度甲種問6

製造テキストP257～259を参照

製造　6－8　製造設備の保全全般

製造設備の保全に関する次の記述のうち、誤っているものはいくつあるか。

a　生産保全とは、予防保全と事後保全をバランスよく実施するだけでなく、設備の改良活動や新設備の建設までさかのぼり経済性を追求しようとする保全の考え方で、予防保全（PM）、事後保全（BM）、改良保全（CM）、保全予防（MP）の4つを柱としている。

b　リスクベース保全（RBM）は、高経年化した設備の各部位に対する保全の重要度、緊急度を損傷事例や寿命評価理論を基に評価し、

（リスク）＝（発生した場合の影響度）×（発生確率）

で表して優先度をつける保全方式である。

c　鉄鋼材料では、繰り返し荷重を加えてもある応力振幅以下では無限に繰り返しても破断しない。この応力振幅を疲労限度という。アルミニウム合金等の非鉄合金では明確な疲労限度は存在しない。

d　局所的に深い孔状の浸食を生じる形式の腐食を孔食という。炭素鋼の孔食はしばしば通気差電池の形成によって生じる。通気差電池とは溶存酸素の供給が部分によって異なる結果、生成する腐食電池のことである。

e　ポンプ、圧縮機の軸封部のうち、グランドパッキン方式やメカニカル方式については、漏れが生じた場合、増し締めにより止まることもあるが、ほとんどの場合には劣化しているため、取り替える必要があ

る。

① 1　　② 2　　③ 3　　④ 4　　⑤ 5

解答解説　解答①

e　ポンプ、圧縮機の軸封部のうち、グランドパッキン方式やリップパッキン方式については、漏れが生じた場合、増し締めにより止まることもある。

類題　令和2年度甲種問8

製造テキストP234、240、241、246、251、254を参照

製造　7－1　生産計画

ガス生産計画・稼働計画策定フローについて、空欄に入る事項を選べ。＊1R3

最初に、過去のガス需要実績を参考にして、年間、月間、日間（a）を予測する。次に（b）を加味して、生産すべきガス量を算出し、（c）を決める。そして、（c）を満たすべく、（d）を策定する。＊2R2

① a 需要パターン　b ホルダー計画　c 設備稼働計画
　d 生産計画

② a 需要パターン　b ホルダー計画　c 生産計画
　d 設備稼働計画

③ a 設備稼働計画　b 需要パターン　c ホルダー計画
　d 設備稼働計画

④ a 設備稼働計画　b 需要パターン　c 生産計画
　d 設備稼働計画

解答解説　解答②

まず、最初に、過去のガス需要実績を参考にして、年間、月間、日間a（需要パターン）を予測する。

次にb（ホルダー計画）を加味して、生産すべきガス量を算出し、c（生産計画）を決める。

そして、c（生産計画）を満たすべく、d（設備稼働計画）を策定する。

製造テキストP224、227を参照

*1R3　都市ガスの需要は、時間的な使用量の変動や、季節的な需要の変動があり、ピークロードと呼ばれる需要に対応する設備には、ガスの発生・停止が容易な設備を選ぶ。製造テキストP 202

*2R2　定期修理計画の策定にあたり、需要に対して必要な製造能力を確保できるように計画し、確実に検査期限を遵守する。製造テキストP227

製造 7－2　原料受払い計画

原料受払い計画に関する次の記述のうち、誤っているものはいくつあるか。

a　LNG貯槽内のロールオーバー現象の発生を防止するためには、貯槽内のLNGの水平方向の密度分布（温度分布）を常時監視することが必要である。

b　LNG受入れ時にはボイルオフガス（BOG）が大量に発生することから、その処理に伴い電力使用量が増加するため、電力デマンド管理などが必要になる。

c　LNG貯槽内のLNGは、外部からの入熱で希釈（熱量低下）が進むが、濃縮度合いは貯槽レベル等にかかわらず常に一定である。

d　LNGローリー運行時における気象条件や交通事情による不測の事

態に対応できるように，LNG サテライト基地では在庫確保、出荷元の複数化等の対策を事前に講じておくことが望ましい。

e　BOG を送出ガスに混入する場合には、熱量調整設備の追従遅れによる送出ガスの熱量変動等にも留意する必要がある。

①　1　　②　2　　③　3　　④　4　　⑤　5

解答解説　解答②

a　LNG 貯槽内のロールオーバー現象の発生を防止するためには、貯槽内の LNG の高さ方向の密度分布（温度分布）を常時監視することが必要である。

c　LNG 貯槽内の LNG は、外部からの入熱で濃縮（熱量上昇）が進むが、濃縮度合いは貯槽レベルによって異なり、その進行状況を加味した上での熱量管理が重要である。

製造テキスト P225 ～ 226 を参照

製造　7－3　日常の管理、巡視、点検（1）

製造設備の操業に関する次の記述のうち、誤っているものはいくつあるか。*R2

a　運転管理基準は、保安規程で作成が義務付けられており、管理体制や教育、巡視・点検、運転操作、緊急時の措置、運転記録を規定したものである。

b　防災要員数については、消防法、コンビナート法等の関連法規を踏まえて、適切な要員数を確保する必要がある。

c　製造設備の点検は、維持管理基準や維持管理要領等に基づき実施するものとし、目視等の五感に頼らないことが重要である。

d　LNG 気化器の運転管理項目として、①気化ガスの圧力及び温度、② LNG 又は気化ガスの流量等があげられる。

e　緊急時には、非常体制の確立、防災措置、連絡通報等についてあらかじめ定めた緊急時の運転管理基準に従って処置する。

①　1　　②　2　　③　3　　④　4　　⑤　5

解答解説　**解答①**

c　製造設備の点検は、主として目視等の五感により点検する。

製造テキスト P229 ～ 231、234 を参照

*R2　個別設備の稼働調整方式のうち、流量制御方式では、設備の運転負荷を一定に保つことができるが、急激な需要変動に追従できない可能性がある。製造テキスト P228

製造　7－4　日常の管理、巡視、点検（2）

製造設備の操業に関する次の記述のうち、誤っているものはどれか。

a　運転管理基準とは、点検・検査及び修理・清掃に関する事項を詳細に規定するものである。

b　運転員や保全員には製造設備の運用に関する保安の徹底を図るため、日常の業務を通じて教育・訓練を行うほか、年次計画により必要な教育・訓練を実施する。

c　巡視・点検において設備に異常を発見した場合には、異常の程度にかかわらず速やかに設備を停止しなければならない。*R2

d　警報や異常が発生し、やむを得ず製造設備を緊急停止し、製造停止に至った場合には、ガス事業法上、報告義務が発生することがある。

e　製造設備の維持のための巡視・点検の記録を残すことが、一般に保

安規程で定められている。

① a、b　② a、c　③ a、d　④ b、c　⑤ c、e

解答解説　解答②

a　運転管理基準は、保安規程で作成が義務付けられており、管理体制や教育、巡視・点検、運転操作、緊急時の措置、運転記録を規定したものである。問題文は、維持管理要領である。

c　巡視・点検において設備に異常を発見した場合には、応急措置を施すとともに速やかに機能を回復するように努める。万一復旧に時間を要する場合は、製造設備の稼動調整などを行ってガスの供給に影響を及ぼさないようにする。

類題　平成 28 年度甲種問 7

製造テキスト P229 ～ 230、234 を参照

*R2　警報や異常が発生した場合にはその初期段階で適切な処置を行い、やむを得ず製造設備を緊急停止する場合は、あらかじめ定められた手順に沿って安全な状態で停止させる。製造テキスト P234

製造　8－1　設備レイアウト

ガス工作物設置の際のレイアウト検討で、誤っているものはどれか。

① 離隔距離：ガス発生設備等の最高使用圧力や能力毎に事業場の境界までの距離を検討すればよい。

② 保安区画：災害の発生防止のため一定面積以下、保安区画内の燃焼熱量の合計が一定以下、隣接するガス工作物との最低距離を検討すればよい。

③ 火気設備との距離：ボイラーなど火気を取扱う設備までの最低距離

を検討すればよい。

④　貯槽・ホルダーまでの距離：貯槽形式や直径に応じて最低限の距離を検討すればよい。

⑤　防液堤内外の設置設備の制限：防液堤の内側に設置できるものは、貯槽に係る送液設備など制限がある。

解答解説　解答①

離隔距離は、ガス発生設備等の最高使用圧力や能力毎に事業場の境界までの距離を検討するとともに、学校など保安物件までの最低距離を検討しないといけない。

離隔距離……事業場の境界までの最低距離、保安物件までの最低距離

保安区画……一定面積以下、燃焼熱量の合計制限、隣接工作物までの最低距離

火気設備・貯槽・ホルダーまでの距離……最低距離

防液堤内……設備制限

製造テキストP183を参照

製造　8－2　保安設備（1）

製造所における保安設備に関する次の記述のうち、誤っているものはいくつあるか。

a　全てのガス工作物に対し、最高使用圧力や能力毎に、事業場の境界までの距離、あるいは学校等の保安物件までの最低限必要な距離が法令で定められている。

b　可燃性ガスを通ずる設備やそれらの設備の付近に設置する電気設備は、その設置場所に応じた耐圧防爆構造でなければならない。

c　圧力上昇防止装置としては、フート弁、逆止弁、圧力又は温度を検出して自動的に遮断する装置等がある。

d　ガスホルダーや液化ガス用貯槽に連結される配管等には、圧力又は温度の変化による伸縮を吸収するため、可とう管や配管ループ等を設置する。

e　ガス工作物の操作を安全かつ確実に行うための必要な照度の確保として、誤操作のおそれがなければ、携帯用照明具でも構わない。

①　1　　②　2　　③　3　　④　4　　⑤　5

解答解説　解答③

a　全てのガス工作物ではなく、ガス発生器、ガスホルダーなど一定のガス工作物が正しい。

b　耐圧防爆構造ではなく、防爆性能が正解。防爆性能には、耐圧防爆、内圧防爆、本質安全防爆等の種類がある。

c　圧力上昇防止装置ではなく、逆流防止装置が正しい。なお、フート弁とは、開放回路のポンプ吸込み管端に設置する弁のこと。ポンプの運転が停止しても落水しないよう逆流防止構造になっている。

類題　平成 28 年度甲種問 8

製造テキスト P137、183 ～ 185 を参照

製造　8－3　保安設備（2）

製造所における保安設備に関する次の記述のうち、誤っているものはいくつあるか。

a　液化ガス用貯槽相互、ガスホルダー相互及び液化ガス用貯槽とガス

ホルダー間について貯槽形式や直径に応た最低限必要な距離が定められている。

b　ガス工作物の操作を安全かつ確実に行うために必要な照度を確保する手段として、誤操作のおそれのない場合であっても携帯用照明器具を用いてはならない。

c　高圧のもの若しくは中圧のもの又は液化ガスを通ずる製造設備で過圧が生ずるおそれのあるものには、圧力を逃がすために爆発戸又は破裂装置を設ける。

d　静電気は液体と固体等が接触摩擦する際に発生するため、金属部分に電位差が発生しないよう電気的に絶縁し、かつ、接地しないことが必要である。

e　ガス事業者等の公共性の高い事業者は、一般電話に比べて優先的に接続される災害時有線電話を設置することができる。

①　1　　②　2　　③　3　　④　4　　⑤　5

解答解説　**解答③**

b　誤操作のおそれがない場合、携帯用の照明器具も使える。

c　高圧のもの若しくは中圧のもの又は液化ガスを通ずる製造設備で過圧が生ずるおそれのあるものには、圧力を逃がすために安全弁を設ける。

d　静電気は液体と固体等が接触摩擦する際に発生するため、金属部分に電位差が発生しないよう電気的に接続（ボンド）し、かつ、接地することが必要である。

類題　平成30年度甲種問8

テキストP138、184を参照

8－4　保安設備（3）

製造所における保安設備に関する次の記述のうち、誤っているものはいくつあるか。

a　気化装置には、液化ガスが液体のまま気化装置から先へ流出することを防止する逆流防止装置の設置が必要である。

b　保安電源として確保する自家発電装置の原動機には、ディーゼル機関やガスタービン等が用いられるが、確実な始動が必要なため、液体燃料とガスの切替が可能なデュアルフュエル型は使用してはならない。

c　製造設備の運転及び監視に係る制御システムには、サイバー攻撃等からのリスクを判断した上で、適切なセキュリティ対策を講ずる。

d　放散処理設備であるベントスタックには、放出したガスが周囲に障害を与えるおそれのないように適切な措置を講ずる必要がある。

e　遮断装置には、誤操作を防止し、かつ確実に操作することができる措置を講ずることが定められている。

①　1　　②　2　　③　3　　④　4　　⑤　5

解答解説　解答②

a　気化装置には、液化ガスが液体のまま気化装置から先へ流出することを防止する流出防止装置の設置が必要である。

b　自家発電設備の原動機には、デュアルフュエル型もあり、液体燃料で起動した後にガス燃料に切り替えて長時間の運転に対応する使用方法もある。

類題　令和元年度甲種問6

製造テキストP184、132、185、183を参照

8－5　防災の基本

災害防止に関する次の記述において、(　) の中の (a) ～ (e) に当てはまる語句の組合せとして最も適切なものはどれか。

地震、台風、高潮、洪水等の天災や火災等のガスにかかわる重大な事故の発生、若しくは発生が予想される場合に備え、対策の基準を定め、災害等における（a）の万全を期すとともに、関連業務の適切な遂行を通じて（b）としての（c）を全うしなければならない。

災害対策の基本的な目標は以下に示すとおりであり、その達成に全力を尽くすべきである。

- 災害による（d）
- （e）の防止
- 従業員、家族の安否の確認及び安全の確保
- ガス製造設備被害の早期復旧

	(a)	(b)	(c)	(d)	(e)
①	設備維持管理体制	ライフライン事業者	供給責任	被害の把握	二次災害
②	ガス製造供給体制	株式会社	供給責任	被害の把握	一次災害
③	設備維持管理体制	ライフライン事業者	社会的責務	被害の把握	二次災害
④	ガス製造供給体制	株式会社	社会的責務	被害の予防	二次災害
⑤	ガス製造供給体制	ライフライン事業者	社会的責務	被害の予防	二次災害

解答解説　**解答⑤**

製造テキスト P181 を参照

製造 8－6　製造設備の地震対策

製造設備の地震対策に関する次の記述について（　）の中のａ～ｅに当てはまる語句の組合せとして最も適切なものどれか。

地震対策は、①設備対策、②緊急対策、③復旧対策　で構成される。

- 設備対策は、地震による（ａ）を防ぐため、設備の（ｂ）に応じた耐震設計を行い、耐震性能の維持を図るため定期的な維持管理を行うことが基本である。
- 緊急対策は、地震発生時の（ｃ）を防止し、（ｄ）ことが基本である。
- 復旧対策は、緊急対策を講じた後、速やかに被災設備の復旧を図ることを目的とする。

	（a）	（b）	（c）	（d）
①	被害	重要度	二次被害	保安を確保する
②	被害	形状	設備の緊急停止	ガス送出を継続する
③	設備の変形	重要度	設備の緊急停止	ガス送出を継続する
④	設備の変形	形状	設備の緊急停止	保安を確保する
⑤	被害	重要度	二次災害	ガス送出を継続する

解答解説　解答①

類題　令和３年度甲種問６

製造テキストP187　を参照

製造 8－7　製造設備の保安、防災

製造設備の保安、防災に関する次の記述のうち、誤っているものはいくつあるか。

ａ　保安規程には、保安の業務を管理する者の職務・組織、保安教育、災害など非常時の措置等を記載する必要がある。

b　保安管理組織を適正に運用するためには、各役職者の責任権限や、縦横の情報連絡に関する相互の意思の疎通等を明確にしておく必要がある。

c　防災の基本は、事故の未然防止であるが、万一事故が発生した場合は、事故の極小化が重要で、被害が生じた際には、早期復旧も必要である。

d　ガスが滞留しない構造の例として、換気のために十分な面積を持った1方向の開口部を持つ構造がある。

e　台風接近時は徐々に気圧が低下するため、相対的にLNG貯槽の圧力は低下する。従って、事前にLNG貯槽圧力を上げておく。

①　1　　②　2　　③　3　　④　4　　⑤　5

解答解説　解答②

d、eが誤り。

d　ガスが滞留しない構造の例として、換気のために十分な面積を持った2方向以上の開口部を持つ構造がある。

e　台風接近時は徐々に気圧が低下するため、相対的にLNG貯槽の圧力は上昇する。従って、事前にLNG貯槽圧力を下げておく。

類題　令和4年度甲種問6

製造テキストP178、179、181、184、196を参照

製造　8－8　停電・台風対策

停電・台風対策に関する次の記述のうち、誤っているものはいくつあるか。

a　保安電力は常用電力が停電した場合、直ちに切替えて使用できるものとし、買電を使用する場合は、保安電力として措置されたものとする。

b　通常、BOG 圧縮機は買電で運転されている。圧縮機の停電時は、停止時間が長くなると LNG 貯槽の内部圧力が上昇するため、内部圧力の監視を強化し、必要に応じて放散処理の準備を行う。

c　台風接近時は、徐々に気圧が低下するため、LNG 貯槽の圧力をそれに耐えられるように事前に上げておく。

d　台風通過後の対応として、高潮等により海水をかぶった設備については、錆を防ぐため、洗浄を行う。

e　台風接近通過時は、LNG ローリー車の出荷作業や輸送が困難となる場合があるため、事前に出荷先と調整をし、運行計画の見直しを行う。

①　1　　②　2　　③　3　　④　4　　⑤　5

解答解説　**解答①**

c　台風接近時は徐々に気圧が低下するため、相対的に LNG 貯槽の圧力が上昇する。従って、事前にタンク圧力を下げておく。

製造テキスト P132、194、196 ～ 197 を参照

製造　8－9　保安設備全般

製造所の保安設備に関する次の記述のうち、誤っているものはいくつあるか。

a　ガス工作物のガス又は液化ガスを通ずる部分には、点検や修理時等に可燃物を安全に置換できるように、ガス抜き口や不活性ガスの注入

口等を設けなければならない。

b　停電によりガス工作物の機能が失われず、そのままガス送出を継続するために、保安電力の確保等が必要である。

c　人為的なミスや機器の故障時等に保安の確保を確実にするため、計装回路のうち保安上重要な箇所には、適切なインターロック機構を設ける。

d　LNG1次受入基地用アンローディングアームには、緊急時の安全対策として、緊急遮断システム（ESDS）や緊急離脱装置（ERS）がある。

e　低気温発生時、水配管は凍結防止対策等が必要であるが、LNG気化器はLNGが超低温であるため、特段の注意は必要ない。

①　0　　②　1　　③　2　　④　3　　⑤　4

解答解説　解答③

b　停電により製造設備を安全に停止させるのに必要な保安電力の確保が必要である。

e　低気温発生時、水配管は凍結防止対策等が必要であり、LNG気化器は着氷増加、LNG気化器出口ガス温度低下などに注意する。

類題　令和2年度甲種問6

製造テキストP35、184、198を参照

製造　9－1　大気汚染

大気汚染の防止に関する説明で、誤っているものはどれか。

①　燃焼に伴い発生するNO_Xには、燃料中に含まれる各種窒素化合物の

燃焼により生成する ThermalNO_X と、空気中の窒素が燃焼による高温状態で酸化されて生成する FuelNO_X がある。

② 燃料転換による NO_X の抑制は、窒素化合物を全く含まない都市ガスなどを燃料として FuelNO_X の発生を避けるものである。

③ ThermalNO_X の抑制には、局部的に高温にならないように、二段燃焼、排ガス再循環、濃淡燃焼等の方法がある。*R2

④ NO_X の抑制策として、排ガスを再循環させる自己ガス再循環形バーナーなど低 NO_X バーナー使用による方法がある。

⑤ 排煙脱硝法には、乾式法であるアンモニア接触還元法と、無触媒還元法、湿式である酸化還元法があり、実用化しているものは、ほとんど乾式法である。

解答解説　解答①

燃焼に伴い発生する NO_X には、燃料中に含まれる各種窒素化合物に燃焼により生成する、FuelNO_X と、空気中の窒素が燃焼による高温状態で酸化されて生成する ThermalNO_X がある。

類題　平成 29 年度甲種問 9

製造テキスト P263 ～ 265 を参照

*R2　二段燃焼とは、燃焼空気を二段に分けて供給し NO_X の生成を抑制する方法であり、一段目で計算上必要とされる量より少ない空気で燃焼させ、二段目で残りの空気を送り完全燃焼させる。製造テキスト P263

製造　9－2　水質汚濁

水質汚濁の防止に関する説明で、正しいものはどれか。

① 多くの水中生物、農作物にとって望ましい pH は、7.0~9.8 であり、我が国の排水基準もこの値を採用している。

② SS とは、水中に浮遊または懸濁している直径 2mm 以下の粒子状物質のことで、懸濁物質を含む排水から浮遊物質を分離する操作には、沈降、浮上、ろ過、遠心分離などの装置が使用される。

③ BOD は、水中の有機物を酸化剤で分解する際に消費される酸化剤の量を酸素量に換算したもので、海水や湖沼の水質の有機物による汚濁状況を測る代表的な指標である。

④ COD は、水中の有機物が微生物の働きによって分解されるときに消費される酸素の量のことで、河川の有機汚濁を測る代表的な指標である。

⑤ 水素イオン濃度指数 (pH) は、純水で 7 付近であり、pH が 7 よりも大きくなれば酸性、逆に 7 よりも小さくなればアルカリ性となる。

解答解説　解答②

① 多くの水中生物、農作物にとって望ましい pH は、5.8~8.6 であり、我が国の排水基準もこの値を採用している。

③ BOD は、水中の有機物が微生物の働きによって分解されるときに消費される酸素の量のことで、河川の有機汚濁を測る代表的な指標である。

④ COD は、水中の有機物を酸化剤で分解する際に消費される酸化剤の量を酸素量に換算したもので、海水や湖沼水質の有機物による汚濁状況を測る代表的な指標である。

⑤ pH は純水で 7 付近であり、pH が 7 よりも大きくなればアルカリ性、逆に 7 よりも小さくなれば酸性となる。

製造テキスト P265 ～ 267 を参照

製造 9－3　省エネルギー

エネルギー管理に関する説明で誤っているものはいくつあるか。

a　省エネルギーは、ガスの製造設備における事業の経済性を追求する観点のみならず、エネルギー利用における環境への影響を最小限にする観点からの重要性が増しており、常に継続して検討されるべき課題である。

b　冷熱発電システムは、LNG直接膨張方式とランキンサイクル方式が実用化されている。また、冷熱の80～90%はガス送出エネルギーとして回収されている。

c　「高圧ガス保安法」では、エネルギーを使用して事業を行う者は、エネルギー原単位の改善及びそれが最良となるような運用を図り、エネルギーの使用の合理化に資する技術の開発及び普及に努めるものと定められている。＊1R1

d　熱エネルギー管理の目標は、設備の高効率使用や廃熱回収等を含めて管理することにより、燃料、燃焼、熱の使用を効率化し、合理的、経済的な熱の有効利用を考え、燃料原単位を下げることにある。＊2R1

e　海水ポンプやBOG圧縮機などの負荷が変動しても、インバータ等によりモーターの回転数を一定に保つことが省エネルギーのポイントである。＊3R2

①　0　　②　1　　③　2　　④　3　　⑤　4

解答解説　**解答①**

b　冷熱の40～50%はガス送出エネルギーとして回収されている。

c　「高圧ガス保安法」ではなく、「エネルギー使用の合理化に関する法律」である。

e　海水ポンプやBOG圧縮機などの負荷に応じて、インバータ等によりモーターの回転数を制御することが省エネルギーのポイントである。

製造テキストP268 ～ 272、273 ～ 276を参照

*1R1　圧力回収装置（膨張タービン）を導入することは、エネルギー使用の合理化に有効な施策である。製造テキストP270

*2R1　モーターのようにコイル要素を持った負荷の場合、電圧に比べて電流が遅れた波形状態になっているため、力率改善による省エネルギーが期待できる。製造テキストP271

*3R2　ポンプ等の流量制御方式のうち、調整弁による流量制御は、流量を絞った場合に調整弁での動力損失が大きくなる。製造テキストP272

製造　9-4　環境対策・省エネルギー全般

環境対策・省エネルギーに関する説明で誤っているものはいくつあるか。

a　サーマルノックスを抑制する方法として、燃焼炉内に水または蒸気を直接吹き込み燃焼温度を下げる方法がある。

b　LNG基地におけるエネルギー使用の合理化に有効な施策として、LNG冷熱利用設備、圧力回収設備、工場温排水利用設備の導入による未利用エネルギーの活用が挙げられる。

c　モーターのようなコイル要素を持った負荷を運転する場合は、電圧に比べて電流が遅れた波形になるので、進相コンデンサを用いて力率を1に近づけることが省エネルギー上有効である。

d　液ーガス熱量調整方式は高温熱源を活用するため、プラントの高効率化に資するものである。

e　空気液化分離において寒冷発生サイクルにLNGの冷熱を直接利用することで、冷凍機等の建設コストの低減が図れる。

① 0　　② 1　　③ 2　　④ 3　　⑤ 4

 解答②

d　液ーガス熱量調整方式は低温熱源を活用する。

類題　令和３年度甲種問９

製造テキスト P264、270、269 ～ 271、270、275 を参照

製造　9－5　温室効果ガス・環境マネジメント

温室効果ガス・廃棄物処理等に関する説明で誤っているものはいくつあるか。

a　天然ガスは、燃焼時の二酸化炭素の発生が最も少ない化石燃料である。また天然ガス中には燃料中の窒素分がほとんどない上、燃焼制御が容易であるため、NO_X の発生が少ない。

b　天然ガスは、燃焼時のみでなく、ライフサイクルから見ても化石燃料の中で最も環境性に優れたエネルギーである。

c　SDS 制度とは、化管法、労働安全衛生法等に基づき、対象化学物質又はそれを含有する製品を事業者間で取引する際、その性状及び取扱いに関する情報（SDS）の提供を義務付ける制度である。

d　環境マネジメントシステムは、代表的規格に ISO9001 があり、PDCA サイクルを廻していくことで環境活動を継続的に改善していくことが期待できる。

① 0　　② 1　　③ 2　　④ 3　　⑤ 4

解答解説　解答②

d　環境マネジメントシステムは、代表的規格にISO14001があり、PDCAサイクルを廻していくことで環境活動を継続的に改善していくことが期待できる。

製造テキストP278～283を参照

製造　9－6　廃棄物

廃棄物に関する説明で誤っているものはいくつあるか。

a　廃棄物は、発生形態や性状の違いから、産業廃棄物と一般廃棄物に分類され、廃棄物処理法に定義された産業廃棄物に該当しないものは、すべて一般廃棄物である。

b　爆発性、毒性、感染性などの人の健康や生活環境に係る被害を生ずるおそれがある性状を有するものは、特別管理産業廃棄物と特別管理一般廃棄物に分類される。

c　事業所活動に伴って排出される紙くず、木くずは、一般廃棄物である。

d　産業廃棄物の処理は、廃棄物を排出する事業者が自ら行うほか、委託等は許されていない。

e　特別管理産業廃棄物のうち、廃PCB、廃石綿等は、特定有害産業廃棄物として定められている。

①　0　　②　1　　③　2　　④　3　　⑤　4

解答解説　解答③

c　事業所活動に伴って排出される紙くず、木くずは、産業廃棄物である。

d　産業廃棄物の処理は、事業者が自ら行うか、委託基準により委託することができる。

製造テキスト P281 ～ 282 を参照

製造 9－7　地球温暖化

地球温暖化に関する次の記述のうち、誤っているものはいくつあるか。

a　SDGs とは、「持続可能な開発目標」の略称であり、2015 年 9 月の国連で採択された「持続可能な開発のための 2030 アジェンダ」の中核となる目標であり、7 つのゴールで構成される。

b　カーボンニュートラルとは、温室効果ガスの排出量と吸収量を均衡させることを意味する。

c　2020 年に、日本政府は、2030 年までにカーボンニュートラルを目指すことを宣言した。

d　メタネーションとは、水素と CO_2 から天然ガスの主成分であるメタンを合成する技術をいう。

e　都市ガス業界は、日本の温室効果ガス削減目標達成に向け、他化石燃料からの天然ガスへの燃料転換やカーボンニュートラル LNG 等の普及促進等の取り組みを加速させている。

①　1　　②　2　　③　3　　④　4　　⑤　5

解答解説　解答②

a、c が誤り。

a　7 つのゴール　→　17 のゴール

c　2030年までに　→　2050年までに

類題　令和4年度甲種問9

都市ガス事業の現況2022-2023（日本ガス協会）を参照

製造　9-8　安全性評価手法

安全性評価手法の名称と内容の組合せで、正しいものはどれか。

a　事故の発端となる事象を見い出し、これを出発点として事故が拡大して行く過程を防災活動の有無などで枝分かれ式に展開し解析する手法

b　故障の発生等の頂上事象を設定し、発生原因を掘り下げ、原因と結果をツリー状に表現する手法

c　発生危険度と影響度の軸でマトリクスにより評価する手法

d　所定の状態であるプロセスが正常範囲から逸脱することを想定し、ず　れの原因となる危険源の特定、プロセスプラントへの影響度を評価し、安全対策と妥当性等を評価

e　原因から結果までのリスクの経路を記述し、分析する簡易な図式方法

	a	b	c	d	e
①	ETA	FTA	リスクマトリクス	蝶ネクタイ分析	HAZOP
②	FTA	ETA	リスクマトリクス	蝶ネクタイ分析	HAZOP
③	ETA	FTA	リスクマトリクス	HAZOP	蝶ネクタイ分析
④	FTA	ETA	蝶ネクタイ分析	リスクマトリスク	HAZOP
⑤	ETA	FTA	HAZOP	蝶ネクタイ分	リスクマトリクス

解答解説　解答③

製造テキストP 286～291を参照

第4章

ガス技術科目　供給分野

1－1　供給計画

都市ガスの供給方式と供給計画について、誤っているものはいくつあるか。

a　発電所など、より高い圧力を必要とするガス消費機器に対応して、高圧で直接供給する方式を高圧ストレート供給という。

b　供給方式の比較検討に当たっては、長期的供給見通しに基づいて供給方式を検討し、それらについて、導管、整圧器、ガスホルダー、土地等の建設費と、維持管理費等の合計が最小となるものを採用する。

c　供給計画に用いる需要予測は、ガス販売量の実績から求める方法、1戸当たりピーク時平均消費量から推定する方法、ガス機器消費量から同時使用率を利用して求める方法などがある。

d　同時使用率とはある区域内のピーク時ガス消費量と、その区域内全需要家のガス器具消費量の総和との比である。

e　ガスホルダーは、最大送出日において、送出量が製造量を上回る時間帯の送出量と製造量の差を送出可能にするための稼動容量を最低限保有する必要がある。

①　0　　②　1　　③　2　　④　3　　⑤　4

解答解説　解答①

全て正しい。

日本ガス協会都市ガス工業概要供給編（以下、供給テキスト）P4～7を参照

供給 1－2　導管の口径決定

導管の口径決定に関する説明で、誤っているものはいくつあるか。

a　低圧の流量公式では、流量に比例するのは、圧力差の平方根、口径の平方根、流量に反比例するのは、ガス比重の平方根、導管延長の平方根である。

b　低圧本支管末端の所要圧力は、供給約款で定めるガス栓出口の最低許容圧力に、供給管、内管、ガスメーター通過の際の圧力降下を加えた値である。

c　高中圧の流量公式で差圧√（$P1^2$－$P2^2$）が流量に比例する。

d　流量公式の流量係数は、低圧はポールの係数、コックスの係数を用い、高中圧は、米花、ポリフロー、オリファントの係数等が用いられる。

e　高圧・中圧A以上等レイノルズ数が10^6を超え、大口径の導管に適用する場合には、ポリフロー、オリファントの係数を使うことが有効である。

①　0　　②　1　　③　2　　④　3　　⑤　4

解答解説　解答③

a　低圧の流量公式では、……口径の5乗の平方根……である。

d　流量公式の流量係数は、低圧はポールの係数、米花の係数を用い、中圧Bは、コックス、ポリフロー、オリファント、高圧・中圧Aはポリフロー、オリファントが用いられる。

供給テキストP11～14を参照

供給 1－3　圧力・流量の計算（1）

口径10cm、延長100mの低圧導管において、起点圧力と末端圧力との差が0.1kPaのときのガスの流量を流量公式で算出すると92m³／hであった。口径20cm、延長400mの低圧導管において起点圧力と末端圧力との差が0.2kPaのときのガスの流量（m³／h）として最も近い値はどれか。なお、高低差は考慮しないものとする。

①　92　　②　130　　③　184　　④　260　　⑤　368

解答解説　解答⑤

流量公式は、口径D、延長L、差圧ΔP、流量Qに着目すると

$$Q = K\sqrt{(\Delta P \cdot D^5 / L)}$$

となる。

前半Q1と後半Q2の流量公式の比を取ると

$$\frac{Q2}{92} = \frac{\sqrt{(0.2 \times 0.2^5 / 400)}}{\sqrt{(0.1 \times 0.1^5 / 100)}}$$

Q 2を求めると

$$Q2 = \frac{\sqrt{(0.2 \times 0.2^5 / 400)}}{\sqrt{(0.1 \times 0.1^5 / 100)}} \times 92 = 368$$

類題　平成29年度甲種問10、令和元年度甲種問10、2年度甲種問10

供給テキストP11を参照

1－4　圧力・流量の計算（2）

図1のように、A点からB点にガスを200m^3／h供給している低圧導管ＡＢ（口径200mm、延長200m）がある。このとき、A点の圧力P_Aは、2.3kPa、B点の圧力P_Bは2.1kPaであった。

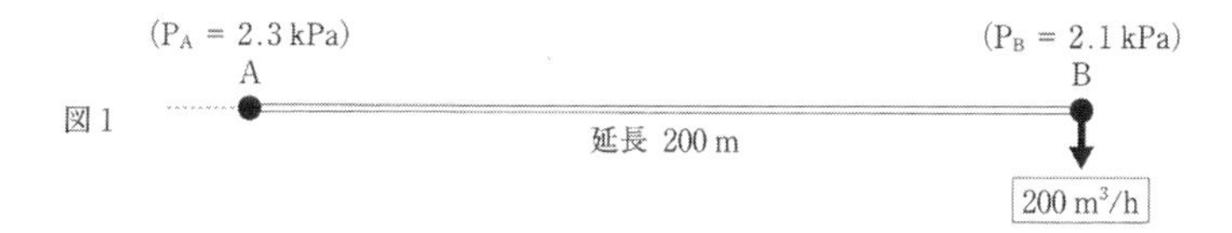

今､図2のようにＡＢ間の中間点のC点にもガスを200m3／h供給することとなった．A点の圧力Paはが2.3kPaのとき、B点の圧力P_B（kPa）として最も近い値はどれか。ただし、高低差は考慮しないものとする。

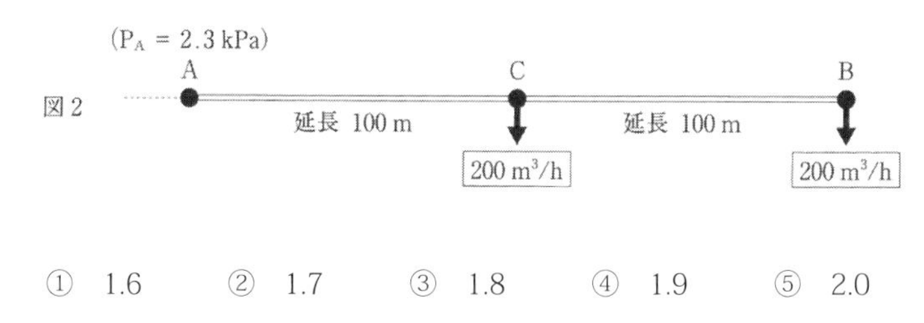

①　1.6　　②　1.7　　③　1.8　　④　1.9　　⑤　2.0

解答解説　解答③

- 図1では、ＡＢの中間点では、2.2kPa　A点から中間点まで、及び中間点からB点までは ΔP＝0.1　である。
- 低圧導管の流量公式について、流量Qと圧力差ΔPに着目すると、以下の式となる。

$Q = K\sqrt{\Delta P}$

- AC 間において、Q が 2 倍になると、ΔP は 4 倍になる。従って、

$P_C = 2.3 - 0.1 \times 4 = 1.9$

- 図 1 から、$P_B = P_C - 0.1 = 1.9 - 0.1 = 1.8$

類題 令和 3 年度甲種問 10

供給テキスト P11 を参照

供給 1－5　圧力・流量の計算（3）

A 点から B 点に低圧のガス 100m^3／h を供給する導管 A B（口径 10cm、延長 100m）がある。このとき、A 点の圧力 2.3kPa、B 点の圧力 2.2kPa であった。（図 1）

図 1　A 点：圧力 2.3 kPa　B 点：圧力 2.2 kPa　口径 10 cm、延長 100 m　100 m^3/h

今、図 2 のように B 点に 150m^3／h を供給し、かつ B 点から C 点に導管（口径 5cm、延長 50m）を延伸しガス 50m^3／h を供給することになった。A 点の圧力 2.3kPa のとき、C 点の圧力 (kPa) として最も近い値はどれか。なお、高低差は考慮しないものとする。

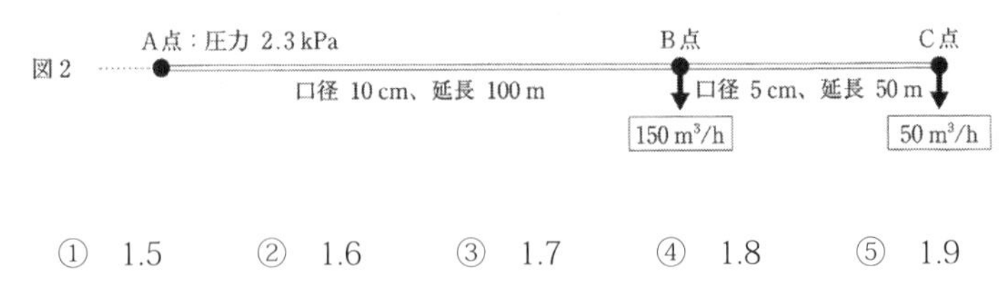

① 1.5　② 1.6　③ 1.7　④ 1.8　⑤ 1.9

解答解説　解答⑤

1.5kPa。

図 1　低圧の流量公式で、比重 S、重力加速度 g をまとめて係数 K として、公式を変形する。

延長を L、口径を D　とすると、図 1 の係数 K は

$$K^2 = Q_1{}^2 \times L_1 \div (\Delta P_1 \times D_1{}^5) = 100^2 \times 100 \div (0.1 \times 10^5)$$
$$= 100$$

図 2 の AB 間の差圧を求める。

AB 間の流量 $Q_2 = (150 + 50) = 200$

$$\Delta P_2 = Q_2{}^2 \times L_2 \div (K^2 \times D_2{}^5) = 200^2 \times 100 \div (100 \times 10^5)$$
$$= 0.4$$

図 2 の BC 間の差圧を求める。

$$\Delta P_3 = Q_3{}^2 \times L_3 \div (K^2 \times D_3{}^5) = 50^2 \times 50 \div (100 \times 5^5) = 0.4$$

C 点の到着圧は、

$$P_C = 2.3 - (0.4 + 0.4) = 1.5 \quad (\text{kPa})$$

類題　令和 4 年度甲種問 10

供給テキスト P 11　を参照

1－6　高低差の計算

高所へ供給するガス圧力は、大気圧とガス比重の関係から影響を受けるため、圧力補正する必要がある。基準点から 100m 高所にある地点の圧力はどうなるか。最も近いものを選べ。

空気密度は、1.3kg／m^3、重力加速度は、10m／s^2、ガス比重は、0.60 とする。

① 0.1kPa 低下する

② 0.5kPa 低下する

③　変わらない

④　0.1kPa 上昇する

⑤　0.5kPa 上昇する

解答解説　**解答⑤**

圧力は、基準点から約 0.5kpa 上昇する。

PkPa＝空気密度 1.3kg／m^3 ×重力加速度 10m／s^2 ×高低差 m ×（1―比重）／1000

この式に、高低差に 100、比重に 0.6 を代入すると、P ＝ 0.52（kPa）となる。

100m で、約 0.5kPa 上昇すると覚えるとよい。

供給テキスト P11 ～ 13 を参照

供給　1－7　導管網解析

導管網解析についての説明で、誤っているものはいくつあるか。

a　ループ配管の導管網解析には、水道の導管網を解く方法をガス導管網に適用したハーディークロス法が用いられる。

b　a の手法は、各ノードにおいて流れの連続条件が等しいという条件を満足するように各々の導管に仮定流量を乗せて計算し、誤差を補正流量として加減して、収束するまで計算する手法である。

c　作業の準備としては、ネット図を描き、負荷量を把握し、ネット上のノード負荷へ配分する。この後計算を行い、実際の圧力と計算結果を比較する。

d　実際の導管網では、需要量が刻々と変化するため、導管内の流入ガスと流出ガスが時間的に一致せず、その差が圧力に影響を及ぼす。このため、静的な解析ではなく、動的な解析（非定常解析）を行うことがある。

e　非定常解析は、微分方程式で与えられる連続の式、運動方程式、エネルギー保存式を組み合わせて、種々の数値解析法を用いて解き、圧力、流量などの時間変化を求めるものである。

①　0　　②　1　　③　2　　④　3　　⑤　4

解答解説　解答①

全て正しい。

供給テキストP15～20を参照

2－1　整圧器の動特性

整圧器の動特性について正しいものはどれか。

動特性	直動式	パイロット式
応答	(a)	(b)
安定性	スプリング制御式はかなりの安定性	直動式よりよい
適性	(c) 小さい差圧で使用	(d) (e) の圧力制御

①　a 若干遅い　b 速い　c 小容量　d 大容量　e 低い精度

②　a 若干遅い　b 速い　c 大容量　d 小容量　e 高い精度

③　a 速い　b 若干遅い　c 小容量　d 大容量　e 高い精度

④　a 速い　b 若干遅い　c 大容量　d 小容量　e 高い精度

⑤　a 速い　b 若干遅い　c 小容量　d 大容量　e 低い精度

解答解説　解答③

静特性は、直動式は、パイロット式に比べて、オフセット、ロックアップが大きく、シフトが生じる。＊R1

供給テキスト P44 を参照

＊R1　パイロット式整圧器は、パイロットで二次圧力の小さな変化を増幅してメインガバナーを作動させるため、ロックアップは小さくなる。供給テキスト P44

供給 2－2　整圧器の動作

整圧器に関する次の記述のうち、誤っているものはいくつあるか。

a　直動式整圧器は、一次圧力を駆動圧力としているため、作動最小差圧を考慮する必要がない。

b　フイッシャー式では、需要家のガス使用量が減少すれば駆動圧力は上昇する。

c　アキシャルフロー式では、需要家の使用量が増加すれば駆動圧力は上昇する。

d　レイノルド式は、パイロット式ローディング型整圧器である。

e　整圧器の特性として、オフセット及びロックアップは静特性であり、安定性及びシフトは動特性である。

①　1　　②　2　　③　3　　④　4　　⑤　5

解答解説　解答⑤

a　直動式整圧器は、二次圧力を駆動圧力としているため、作動最小差圧を考慮する必要がない。

b　フイッシャー式では、需要家のガス使用量が減少すれば駆動圧力は低下する。

c　アキシャルフロー式は、需要家の使用量が増加すれば駆動圧力は低下する。

d　レイノルド式は、パイロット式アンローディング型整圧器である。フィッシャー式がパイロット式ローディング型整圧器である。

e　整圧器の特性としては、オフセット及びロックアップ、シフトが静特性であり、応答と安定性が動特性である。

類題　平成29年度甲種問11

供給テキストP34～40、42、46を参照

供給　2－3　整圧器の選定

整圧器の選定に関する次の記述のうち、誤っているものはどれか。

① 流量特性とは、流量とメインバルブ開度（ストローク）の関係を百分率で表したものをいう。

② パイロット式整圧器は、最小作動差圧が最低一次圧力と最高二次圧力の差圧よりも大きくなるように選定する。

③ 最低一次圧力が二次圧力まで低下するところに使用する整圧器には、直動式の整圧器を選定する。

④ パイロット式アンローディング型整圧器は、整圧器のメインバルブが全閉時に駆動圧力が最も高くなるため、この駆動圧力以上の一次圧力が確保されないとメインバルブが閉止不能となる。

⑤ 大規模地区整圧器として使用する場合、オフセットの大きい整圧器を使用すると導管投資が大となるので、できるだけオフセットの小さいものを選定する。

解答解説　解答②

パイロット式整圧器は、最低一次圧力と最高二次圧力の差圧が最小作動差圧よりも大きくなるように選定する。

類題　平成 27 年度甲種問 11

供給テキスト P45 ～ 46 を参照

供給 2－4　整圧器の分解点検

整圧器の分解点検の留意点について、誤っているものはいくつあるか。

a　分解点検を行う場合、供給に支障のないようにピーク時間帯は避ける。

b　整圧器の停止が必要な場合、事前のテストにより二次側圧力が確保できることを確認する。

c　b で停止できない場合は、バイパス操作等の供給確保が即座にできることを確認する。

d　点検完了後、ピーク時間帯の作動状況を調べ異常のないことを確認することが望ましい。

e　整圧器が並列設置され、かつ予備整圧器を分解点検した場合は、点検完了後、常用整圧器を停止し、予備整圧器が正常に作動することを確認する。

①　0　　②　1　　③　2　　④　3　　⑤　4

解答解説　解答①

全て正しい。

供給テキスト P51 を参照

供給 2－5　整圧器の故障障因

整圧器の故障原因について誤っているものはいくつあるか。

a　レイノルド式のメインバルブとバルブシートのかみ合わせ不良は、二次圧力異常低下の原因である。

b　フィッシャー式のメインバルブ刃先の破損は、二次圧力異常低下の原因である。

c　アキシャルフロー式（AFV 式）のゴムスリーブ上流側の破損は、二次圧力異常上昇の原因である。 *R1

d　レイノルド式のフィルターダスト詰まりは、二次圧力異常低下の原因である。

①　0　　②　1　　③　2　　④　3　　⑤　4

解答解説　解答④

a、b は、二次圧力異常上昇の原因、c は、二次圧力異常低下の原因である。

二次圧上昇の原因は、圧力制御装置が故障するため、「○○締め切り不良、○○不具合、○○破損」と表現される。また、二次圧低下の原因は、「○○能力不足、○○ダスト詰まり」など、能力が十分発揮しない表現となる。(AFV ゴムスリーブ上流側破損のみ異常低下の原因)

供給テキスト P52 ～ 53 を参照

*R1　アキシャルフロー式整圧器の二次圧力異常上昇の原因の一つとして、パイロットバルブの締め切り不良がある。供給テキスト P53

2－6　整圧器全般（1）

整圧器に関する次の記述のうち、誤っているものはどれか。＊1R1 ＊2R3 ＊3R3 ＊4R4

a　レイノルド式整圧器が洪水等に浸水し、大気均圧孔に水が入ってダイヤフラムに水圧がかかると二次圧力が上昇する。

b　整圧器の能力は、使用条件にもよるが、一般的には最低一次圧力時での最大能力の 40 ～ 60% 程度の負荷となるように選定する。

c　アキシャルフロー式 (軸流式) 整圧器の二次圧力の設定は、パイロットスプリングで調整する。

d　ハウスレギュレータの圧力上昇防止装置としては、リリーフ弁や OPSO 弁がある。

e　大規模地区整圧器として使用する場合には、オフセット及びロックアップが小さく、動特性の優れた整圧器を選定する。

①　a、b　②　a、e　③　b、d　④　b、e　⑤　c、d

解答解説　解答④

b　一般的には最低一次圧力時での最大能力の 60 ～ 80% 程度の負荷となるように選定する。

e　大規模地区整圧器として使用する場合には、オフセット及びロックアップが小さく、静特性の優れた整圧器を選定する。大規模では負荷変動は緩やかで、動特性は重要ではない。

類題　平成 30 年度甲種問 11

供給テキスト P41、46 を参照

＊1R1　高圧整圧器に付属するラインヒーターには、温水槽加熱方式や温水循環加熱方式がある。供給テキスト P57

＊2R3　負荷変動が急激、かつ大きい一の使用者にガスを供給する整圧器には、動特性に優れた整圧器を選定する。供給テキスト P47

＊3R3　高圧整圧器の付属設備であるラインヒーターは、熱効率の良さ、設置面積の小ささ等の点から一般に整圧器の一次側に設置される。供給テキスト 57

*4R4　個別に作動できる整圧器を2器並列に設置したときは、バイパス管は必ずしも必要ではない。供給テキスト P47

供給　2－7　整圧器全般（2）

整圧器に関する次の記述のうち、誤っているものはいくつあるか。

a　フィッシャー式整圧器は、需要家のガス使用量が増加するとパイロットダイヤフラムが降下し、駆動圧力が上昇する。

b　直動式整圧器は、一次圧力が変化するとメインバルブの平衡位置が変化するため二次圧力もシフトする。

c　パイロット式アンローディング型整圧器は、メインバルブが全閉時に駆動圧力が最も高くなるため、駆動圧力以上の一次圧力が確保されないとメインバルブが閉止不能となる。

d　レイノルド式整圧器の二次圧力異常上昇の原因として、低圧補助ガバナ（パイロット）の締め切り不良が考えられる。

e　アキシャルフロー式（軸流式）整圧器は、二次圧力が設定圧力を下回ったとき、パイロットダイヤフラムを押し上げる力がパイロットスプリングの力に打ち勝ち、パイロット系を流れるガスの流量を増加させる。

①　0　　②　1　　③　2　　④　3　　⑤　4

解答解説　解答③

a　パイロットダイヤフラムは上昇し、駆動圧力は上昇する。

e　スプリングがダイヤフラムを押し上げる力に打ち勝ち、パイロットバルブを下方に動かして流量を増加させる。

類題　令和2年度甲種問11

供給テキストP38～39、44～45、52を参照

供給 3－1　ガスメーターの特徴（1）

主なガスメーターの特徴について、正しいものはどれか。*1R1　*2R2

種類	測定原理	使用圧力
膜　式	膜の動作数	d
回転子式	回転子回転	低圧・中圧
a	羽根車回転	中圧・高圧
b	カルマン渦数	中圧・高圧
サーマルフロー式	c	中圧

① a タービン式　b 渦流式　c 流量の温度差　d 低圧
② a タービン式　b 渦流式　c 膜の動作数　d 低圧
③ a 超音波式　b タービン式　c 膜の動作数　d 中高圧
④ a タービン式　b 超音波式　c 流量の温度差　d 中圧
⑤ a 超音波式　b タービン式　c 流量の温度差　d 中圧

解答解説　解答①

サーマルフロー式は、ヒーターと温度センサーにより、流量の温度差で測定するガスメーターである。

類題　平成27年度甲種問12

供給テキストP63～66を参照

*1R1　タービン式ガスメーターは、羽根車の回転速度が流速に比例する原理を利

用、ガス圧力が高い場合は圧力補正を行う。供給テキスト P64

*2R2　超音波式ガスメーターは、超音波を用いて流量を推測計量する。供給テキスト P63

供給 3－2　ガスメーターの特徴（2）

主なガスメーターの特徴について、全て正しいガスメーターはいくつあるか。

種類	メーター前後の直管	メーターフィルター
膜　式	不要	不要
回転子式	不要	不要
タービン式	不要	必要
渦流式	必要	必要
サーマルフロー式	不要	不要

①　1　　②　2　　③　3　　④　4　　⑤　5

解答解説　解答②

- 回転子式　メーターフィルター　（誤）不要→（正）必要
- タービン式　メーター前後の直管　（誤）不要→（正）必要
- サーマルフロー式　メーターフィルター　（誤）不要→（正）必要

類題　令和3年度甲種問12

供給テキスト P66 を参照

3－3　中圧ガスメーターの特徴

中圧に用いられるガスメーターの特徴について、誤っているものはどれか。

①　タービン式は、メーター前後に直管が必要である。*1R2

②　回転子式は、メーター前後に直管が必要である。*2R2

③　サーマルフロー式は、ダストやミストの影響を避けるための専用フィルターが必要である。

④　渦流式は、商用電源が必要である。*3R2

⑤　回転子式は、異物浸入を防ぐための専用フィルターが必要である。

解答解説　解答②

②　回転子式は、実測式のため、メーター前後に直管部は不要である。

メーター前後に直管が必要なのはタービン式と渦流式、専用フィルターが必要なのは、回転子式、タービン式、渦流式、サーマルフロー式である。商用電源は渦流式のみ必要。

類題　平成28年度甲種問12

供給テキストP63～66を参照

*1R2　タービン式ガスメーターは、流れの中に置いた羽根車の回転速度が流量に比例する原理を利用したメーターで、流量を推量計測する。供給テキストP63

*2R2　回転子式ガスメーターは、メーター前後に直管は不要であるが、ガス圧力が高い場合には圧力補正装置を取り付けて使用する。供給テキストP64

*3R2　渦流式ガスメーターは、カルマン渦の発生周波数から瞬時流量を測定する。供給テキストP65

供給　3－4　膜式ガスメーターの故障

膜式ガスメーターの故障に関する説明で、正しいものはいくつあるか。

a　不通……ガスはメーターを通過するが、メーター指針が動かない故障

b　不動……ガスがメーターを通過できない故障

c　器差不良……器差が変化し、使用公差を外れる場合

d　感度不良……メーターにガスを通じた時、メーター出口側の圧力変動が著しくなり、ガスの燃焼状態が不安定になる故障

e　あおり……定められた小流量を流した時、メーターの指針に変化が表れない故障

①　1　　②　2　　③　3　　④　4　　⑤　5

解答解説　**解答①**

cが正しい。aは不動、bは不通、dはあおり、eは感度不良の説明である。

供給テキストP68を参照

供給　3－5　マイコンメーターの構成

マイコンメーターの構成に関する次の記述のうち、誤っているものはいくつあるか。

a　使用最大流量Qmaxが16m^3／h以下のマイコンメーターには、コントローラ、圧力スイッチ、感震器、流量センサー等を内蔵したコントロールボックスが上ケースの上部に取り付けられている。

b　使用最大流量Qmaxが16m^3／h以下のマイコンメーターは、復帰ボタンを押し込んだまま固定する等、故意に遮断弁を開にするような操作がなされても大量のガスが流れない仕組みになっている。

c　遮断弁は、永久磁石による自己保持型ソレノイド弁で、コントローラーからの瞬時の電流で遮断することが可能である。

d　マイコンメーターの圧力スイッチは差圧検知方式で、ガス圧力が正常な状態では ON、ガス圧力が異常低下すると OFF になる構造となっている。

e　感震器は、SI センサーで振動を検知する仕組みになっている。＊R1

①　1　　②　2　　③　3　　④　4　　⑤　5

解答解説　**解答③**

a　コントロールボックスは、Qmax が $25m^3$／h 以上のマイコンメーターに取り付けられている。

d　マイコンメーターの圧力スイッチは差圧検知方式で、ガス圧力が正常な状態では OFF、ガス圧力が異常低下すると ON になる構造となっている。

e　感震器は、球振動式感震器を搭載している。

供給テキスト P72 ～ 75 を参照

＊R1　マイコンメーターに内蔵している感震器は、少々の傾斜状態であれば、自動水平調整を行う。供給テキスト P74

供給　3－6　マイコンメーターの遮断

マイコンメーターの遮断に関して、誤っているものはいくつあるか。

a　感震遮断は、60 カインを超える地震の場合、遮断する。

b　上流側ガス圧力が、0.2kPa 以下になったとき遮断する。

c　遮断弁復帰操作時に復帰後、5 分以内にガスが流れた場合に再遮断する。

d　少量漏れや口火を連続使用した場合、60日間連続してガスが流れ続けた場合、ガス漏れ警報を表示する。

e　電池の電圧が、所定の電圧以下になった場合、遮断する。

①　0　　②　1　　③　2　　④　3　　⑤　5

解答解説　解答④

a　60カインではなく、250ガルを超える地震の場合、遮断する。カインは、SIセンサーの単位である。

c　遮断弁復帰操作時に復帰後、2分以内にガスが流れた場合に再遮断する。

d　60日間ではなく、30日間連続である。

供給テキストP75を参照

供給　3－7　マイコンメーター総合問題

ガスメーターに関する次の記述のうち、誤っているものはいくつあるか。

a　マイコンメーターはメーターに流れるガスの流量を監視し、あらかじめ設定した条件によって異常と判定した場合、自動的にガスを遮断する機能を備えている。

b　使用最大流量が$16m^3$／hのガスメーターの検定有効期間は、検定を受けた翌日1日から起算して7年である。

c　ガスメーターが計量法の規定による検定を受ける際の検定公差は、流量によらず±1.5%である。

d　ガスメーターとしての必要条件の一つに、小型で容量が大きいことがある。

e　ガスメーターの種類のうち超音波式は、流量を推測計量するものである。

① 1　② 2　③ 3　④ 4　⑤ 5

解答解説　解答②

b、cが誤り。

b　使用最大流量が16m^3／hのガスメーターの検定有効期間は、検定を受けた翌日1日から起算して10年である。

c　最大使用流量の0.1倍の流量～使用最大流量の場合、±1.5%である。

類題　令和4年度甲種問12

供給テキストP71、70、67、63　を参照

供給　4－1　導管の接合

導管の接合に関する説明について誤っているものはいくつあるか。

a　ポリエチレン管の接合は最高使用圧力1.0MPa未満まで可能である。

b　ポリエチレン管の接合のHFは、加熱されたヒーターを接合しようとする部分に密着させ加熱溶融した後、接合面同士を圧着する方法である。

c　ポリエチレン管の接合のEFは、内面に加熱用電熱線が埋め込まれた継手を用いる。EF継手の種類としては、バット融着とソケット融着、サドル融着がある。

d　印ろう型接合は、幅広い材料の接合に用いられ、管が相手側に差し

込まれ、整形されたパッキンを用いて締め付けることにより気密性を保持する方法である。

e　ガス型接合には平らなもの（フラットフェース）と一部突起のあるもの（レイズドフェース）がある。

①　0　　②　1　　③　2　　④　3　　⑤　4

解答解説　解答⑤

a、c、d、eが誤り。

a　ポリエチレン管の接合は最高使用圧力0.3MPa未満まで可能である。

c　ポリエチレン管の接合のエレクトロフュージョン（EF）は、内面に加熱用電熱線が埋め込まれた継手を用いる。EF継手の種類としては、ソケット融着とサドル融着がある（バット融着はない）。

d　機械的接合には、幅広い材料の接合に用いられ、管が相手側に差し込まれ、整形されたパッキンを用いて締め付けることにより気密性を保持する方法である。

e　フランジ接合には平らなもの（フラットフェース）と一部突起のあるもの（レイズドフェース）がある。

供給テキストP84～88を参照

供給　4－2　導管構造の設計（1）

導管構造の設計に関する説明のうち、誤っているものはどれか。

①　内圧による円周方向応力は、

$\sigma c = PD/2t$　　P：内圧　　D：内径　　t：管厚

②　内圧による軸方向応力は、

$\sigma l = PD／4t$　　P：内圧　　D：内径　　t：管厚

③　温度変化による熱応力は、

$\sigma = E・\alpha・\Delta T$　　E：ヤング率　　α：線膨張係数

ΔT：温度差

④　曲げ応力は、

$\sigma =（I／M）・y$　　M：曲げモーメント　I：断面２次モーメント　　y：中立軸からの距離

解答解説　**解答④**

曲げ応力は、

$\sigma =（M／I）・y$　　M：曲げモーメント　I：断面２次モーメント　　y：中立軸からの距離

で表される。

供給テキスト P91 ～ 95 を参照

供給　4－3　導管構造の設計（2）

導管構造の設計に関する説明で、正しいものはどれか。

①　ガス事業法の管厚計算式は、埋設される導管の管厚を算出するために定められたもので、内圧から求められた式、土圧と輪荷重から求められた式のいずれか大きい値を採用する。

②　内圧による円周方向応力は、軸方向応力の４倍である。

③　内圧による円周方向応力は、内圧と内径に反比例し、管厚に比例する。

④　曲げ応力を求める式は、$\sigma =（M／I）・y$ で表され、中立軸からの距離 y が管中心で曲げ応力は最大となる。

⑤　土荷重は、埋設深さに比例し、車両荷重は埋設深さの２乗に比例す

る。

解答解説　解答①

② 内圧による円周方向応力は、軸方向応力の2倍である。

③ 内圧による円周方向応力は、内圧と内径に比例し、管厚に反比例する。

④ 曲げ応力を求める式は、$\sigma = (M/I) \cdot y$ で表され、yが管底管頂で曲げ応力は最大となる。

⑤ 土荷重は、埋設深さに比例し、車両荷重は埋設深さの2乗に反比例する。

類題　平成27年度甲種問13

供給テキストP90～99を参照

供給 4－4　応力の計算

鋼管（内径200mm、管厚5mmとする）が内圧P＝0.3MPaを受ける場合に管に生じる円周方向、軸方向の応力σ（N／mm^2）は、次のうちどれか。最も近いものを選べ。

① 円周方向：6　軸方向：6

② 円周方向：6　軸方向：3

③ 円周方向：600　軸方向：6

④ 円周方向：6　軸方向：30

⑤ 円周方向：0.06　軸方向：0.03

解答解説　解答②

円周方向応力σの計算式は、下式である。

$\sigma = \frac{PD}{2t}$　P：内径（MPa）　D：内径（mm）　t：管厚

$$P = 0.3MPa = 0.3 \times 10^6 N／m^2 = 0.3N／mm^2$$

であるから、式に代入すると

$$\sigma（円周方向）= 6（N／mm^2）$$

となる。

軸方向は、

$$\sigma = \frac{PD}{4t}$$

のため、円周方向の1／2で、σ（軸方向）＝3（$N／mm^2$）となる。

類題　平成29年度甲種問13、令和3年度甲種問13

供給テキストP91～92を参照

供給 4－5　管厚計算

外径200mmの鋼管が内圧1MPaを受ける場合、ガス事業法の管厚計算式を用いたときの管厚（mm）として最も近い値はどれか。なお、この鋼管の外径と内径の比は1.5以下とし、鋼管の許容引張応力は62N／mm^2、継手効率1.00、腐れしろ1mmとする。

①　1.8　　②　2.0　　③　2.2　　④　2.4　　⑤　2.6

解答解説　**解答⑤**

$$t = PD／(2f\eta + 0.8P) + C$$

t：管厚　P：圧力　D：外径　f：許容引張応力

η：継手効率　C：腐れしろ

上式に設問の数値を代入する

$P = 1 \quad D = 200 \quad f = 62 \quad \eta = 1.00 \quad C = 1$

$t = 1 \times 200 / (2 \times 62 \times 1.00 + 0.8 \times 1) + 1$

$= 200 / (124 + 0.8) + 1 = 2.6$ (mm)

類題 令和2年度甲種問13

供給テキストP91～92を参照

供給 4－6　温度応力の計算

延長500mの導管の温度変化による伸び量を計算せよ。

ただし、温度変化幅は30℃、導管の線膨張係数は 1.2×10^{-6}（1／℃）とする。

① 1m80cm　② 18cm　③ 1.8cm　④ 0.18cm　⑤ 0.018cm

解答解説　**解答③**

パイプ一端が自由のとき、の伸び量は、$\Delta L = \alpha \times \Delta T \times L$ で表わされる。

α：導管の線膨張係数（1／℃）　ΔT：温度差　L：導管の長さ

$\Delta L = \alpha \times \Delta T \times L = 1.2 \times 10^{-6} \times 30 \times 500$

$= 0.018\text{m} = 1.8\text{cm}$

α：1.2×10^{-6}（1／℃）　ΔT：30℃　L：500m

両端が固定されていない場合は、伸縮量の計算になり、両端固定の場合は、伸縮ができないため、温度応力の計算になる。

類題 令和元年度甲種問13

供給テキストP93、118～119を参照

供給 4－7　ガス遮断装置

下記のガス遮断装置の構造、利点の組み合わせで誤っているものはどれか。

① ボールバルブ

ボールに穴を開けた形の閉子を回転させることによって、開閉するもので、導管内径と流路面積が同一にできるため、圧力損失が非常に少ない。

② プラグバルブ

円錐形の弁をその軸周に 90 度回転させて、開閉する構造。ガス管中のダストなどの不純物による遮断効果の低下が生じにくい。

③ 玉型弁

円板状の閉子を回転させることによって開閉するもので、蝶型弁ともいわれ、流量コントロールが容易で、安価だが、長時間閉止状態にすると、密着して開かないことがある。

解答解説　解答③

③の記述は、バタフライバルブである。玉型弁とは、弁棒をまわすと円筒形の閉止弁が上下し、バルブの開閉を行う。締め切り性能がよく、流量調整が容易だが、圧力損失が大きいものである。

供給テキスト P101 ～ 103 を参照

供給 4－8　架管・共同溝

架管・共同溝に関する記述で、正しいものはいくつあるか。＊R3

a　可とう性配管は、直管と曲がり管を組み合わせて、伸縮を吸収する方法で、一般配管と同じ材料を用いるので信頼性は高いが、曲がり配管のスペースを必要とする。

b　架管、共同溝の配管では、一般に内圧による両端の曲管の応力が支配的になる。

c　配管の強度面では、可とう性配管は、全て鋼管であり強度的には問題がないが、ベローズは、薄肉のため問題となることもある。

d　伸縮継手は固定点が不要で、可とう性配管は配管形状により固定点が必要である。

e　共同溝の貫通部では、共同溝内外の導管に作用する応力や不等沈下の影響を受けやすく、損傷防止措置を講じる必要がある。

①　1　　②　2　　③　3　　④　4　　⑤　5

解答解説　解答③

b　架管、共同溝の配管では、一般に温度変化による両端の曲管の応力が支配的になる。

d　伸縮継手は固定点が必要で、可とう性配管も配管形状により固定点が必要である。

供給テキスト P104 ～ 105、120 を参照

*R3　架管の施工において、橋台の壁貫通部にスリーブを設け、スリーブとガス管の隙間には弾力性のあるシール材を隙間なく充てんした。供給テキスト P185

4－9　不等沈下対策及び変位吸収措置

建物内配管における不等沈下対策及び変位吸収措置に関する説明で誤っているものはいくつあるか。

a　超重量建物への引込管に対する不等沈下対策として、建物外壁貫通部の埋設部分にボールスライドジョイントを設置した。

b　構造物に分割した建物の接続には、エキスパンションジョイントを設ける。エキスパンションジョイント部の配管には、地震時片方の建物に生じる最大相対変位量を吸収できる措置を講ずる。

c　最近は、積層ゴムやダンパー、すべり支承などの免震構造によって基礎構造物と上部の建物側構造物が一体となって動く免震構造の建物が増加している。

d　エキスパンションジョイント部の配管には、可とう性継手、ボールスライドジョイントの２種類がある。

e　ボールスライドジョイントの構造は、両端のユニバーサル部による曲げ吸収、と中央のスライド部の伸縮により、変位を吸収することができる。

①　0　　②　1　　③　2　　④　3　　⑤　4

解答解説　**解答⑤**

aは、露出の設置とする。bは、地震時「片方の」建物に生じる……ではなく、「双方の」建物に生じる……が正解。cは、「上部の建物側構造物が一体となって動く」ではなく、「上部の構造物へ振動が伝わりにくくする」免震構造が正解。dは、加えて、配管のたわみ性による吸収（ループ配管）がある。

供給テキストP133～137を参照

4－10　供内管ガス遮断装置

供内管のガス遮断装置の説明で誤っているものはどれか。

① 引込管ガス遮断装置は、建物への引込管に設置し、緊急時に操作し、建物へのガスの供給を遮断する。一般的に炭酸ガス式、ばね式などのタイプがある。

② 緊急ガス遮断装置は、建物への引込管の外壁貫通部付近に設置し、緊急時に建物へのガスの供給を遮断する。遮断弁と操作器から構成されるが、副操作器のあるタイプや感震器との連動タイプのものもある。

③ 分岐バルブは、配管の分岐部に設置し、検査時・施工時及び長期間不使用時等に操作しガスを遮断する。ボールバルブやねじガス栓の種類がある。

④ 業務用ガス遮断装置は、業務用厨房に設置し、手動又は都市ガス警報器からのガス漏れ信号等でガスの供給を遮断する。遮断弁と操作器から構成される。

解答解説　解答①

引込管ガス遮断装置は、一般的にボールバルブが用いられる。炭酸ガス式、ばね式などが用いられるのは緊急ガス遮断装置である。

供給テキスト P139 ～ 146 を参照

供給　5－1　導管の腐食（1）

導管の腐食に関する説明で正しいものはいくつあるか。

a　腐食は一般的に迷走電流に起因する電食と、それらの要因ではない自然状態で生ずる自然腐食に大別される。

b　電食は、電気軌道のレールからの流れ電流によるものとほかの埋設物の電気防食設備からの干渉によるものとに分類される。

c　電気防食を実施している既設導管で防食側と非防食側の電位差が小さい場合、非電気防食側にも電食が発生することがある。これをジャンピング腐食という。*1R2

d　自然腐食は、アノード部とカソード部が明確に区分されず、無数の腐食電池が形成されほぼ均一に腐食するマクロセル腐食と、アノード部、カソード部が区分されるミクロセル腐食とに分類される。*2R3

e　大気中の腐食は、露出配管部において大気中の湿度やガスにより生ずる腐食で、その機構は土壌中のミクロセル腐食と同様である。

①　1　　②　2　　③　3　　④　4　　⑤　5

解答解説　解答③

c　防食側と非防食側の電位差が大きい場合、非電気防食側にも電食が発生することがある。これをジャンピング腐食という。

d　自然腐食は、アノード部とカソード部が明確に区分されず、無数の腐食電池が形成されほぼ均一に腐食するミクロセル腐食と、アノード部、カソード部が区分されるマクロセル腐食とに分類される。

供給テキスト P151 を参照

*1R2　電気防食により管の電位を下げ過ぎると、鋼の表面に水素ガスが発生し、鋼の組織に拡散するとともに、塗覆装の剥離が発生しやすくなる。供給テキスト P158

*2R3　ミクロセル腐食とは、金属表面においてアノードとカソードの部位が刻々と変化するタイプの腐食で、 全面腐食となる。供給テキスト P150

供給 5－2　導管の腐食（2）

導管の腐食に関する説明で誤っているものはどれか。

① 通気差腐食とは、通気性の悪い部分がアノード、よい部分がカソードとしてマクロセルが形成され、腐食する。

② コンクリート／土壌腐食とは、コンクリートがカソード、埋設管の土壌部分がアノードとなり、腐食が生じる。

③ 異種金属腐食とは、異なる2種の金属が土壌中で電気的に接続されると、金属の自然電位差によりマクロセルが形成され、腐食する。黄銅バルブと鋼管が接続されていると、鋼管がカソードとなり腐食する。 ＊1R2 ＊2R4

④ バクテリア腐食とは、土壌中に生息するバクテリアにより著しく促進されるミクロセル腐食である。

⑤ 通常の土壌腐食の進行速度は、鉄の場合一般的な土中で0.02mm／年程度である。

解答解説　解答③

黄銅バルブと鋼管が接続されていると、鋼管がアノード（陽極）となり腐食する。

供給テキストP153～155を参照

＊1R2 鋳鉄管と鋼管が電気的に接続されている場合、鋼管がアノードとなり腐食する傾向がある。供給テキストP155

*2R4 電解質中の鉄とマグネシウムを接続すると、自然電位がプラス側の鉄がカソードとなり、マグネシウムがアノードとなる。供給テキストP149

供給 5－3　電気防食（1）

電気防食に関する説明で、誤っているものはいくつあるか。

a　外部電源法とは、導管よりも自然電位がマイナスの金属を接続することで、導管へ防食電流を流入させ、腐食を防止する方法で、他の埋設金属体に影響を及ぼさない。

b　流電陽極法とは、直流電源装置から電極へ強制的に電圧を加え、電極から土壌を経て、導管に防食電流を流入させ、腐食を防止する方法である。また外部電源法に比べて電源が小さいため導管の塗覆装の抵抗が小さい場合は適さない。

c　選択排流法とは、導管と電気鉄道のレールを接続したもので、導管を流れる電流をレールに帰流させる方法であり、電流が逆流しないように整流器が組み込まれている。

d　強制排流法とは、外部電源法と選択排流法を組み合わせたものである。

e　導管の防食は、塗覆装、電気防食、伸縮継手を組合せて行われる。

①　1　　②　2　　③　3　　④　4　　⑤　5

解答解説　解答③

a　は流電陽極法、b は外部電源法の説明である。e は、伸縮継手ではなく、絶縁継手である。

供給テキスト P159 ～ 161 を参照

5－4　電気防食（2）

選択排流法及び強制排流法に関する次の記述のうち、誤っているものはいくつあるか。

a　選択排流法は、導管と電気鉄道のレールを電気的に接続し、導管に流れる電流をレールに帰流させる方法である。

b　選択排流法は、電気鉄道が走行していない場合は電気防食の効果が得られない。

c　強制排流法は、外部電源法よりも安価に設置できる。

d　強制排流法は、常時防食が可能である。

e　強制排流法は、他の金属構造物への干渉及び過防食を考慮する必要があるが、選択排流法は考慮する必要はない。

①　1　　②　2　　③　3　　④　4　　⑤　5

解答解説　**解答①**

e　どちらも考慮する必要がある。

類題　令和元年度甲種問 14

供給テキスト P160、161 を参照

供給　5－5　防食管理（1）

防食管理における土壌等の環境調査、電位測定に関する説明で、誤っているものはいくつあるか。 ＊4R4

a　土壌環境調査では、酸性による水素発生型腐食の可能性があるか、pH を調査する。＊1R2

b　土壌比抵抗は、土壌の抵抗が高いと腐食電流が流れやすくなる。

c　鉄の自然電位は−500mV〜−700mVである。また防食電位は理論上−850mVであるが、安全を見て−1000mV程度にすること望ましい。

d　含水率が高いと腐食生成物の溶解、土壌比抵抗の低下、通気性不良等により、腐食速度を高める。

e　管対地電位とは、地表面の2地点間の電位差であり、電位勾配と地中の電流の方向がわかるので迷走電流の流出入を調査できる。*2R3 *3R4

①　1　　②　2　　③　3　　④　4　　⑤　5

解答解説　**解答②**

b　土壌比抵抗は、土壌の抵抗が低いと腐食電流が流れやすくなる。

e　管対地電位とは、土壌、コンクリート等の電解質に設置した照合電極に対する導管と電位との比であり、迷走電流の流出入を調査できる。地表面電位勾配とは、地表面の2地点間の電位差であり、電位勾配と地中の電流の方向がわかるので迷走電流の流出入を調査できる。

供給テキストP162〜164を参照

*1R2　管路調査では、管路における防食状況（塗覆、電気防食、絶縁）及びマクロセル腐食でカソード部となるコンクリート貫通部等を調査する。供給テキストP162

*2R3　導管の路線上の2点間で、管対地電位に大きな差があれば、マクロセルが形成されており、電位の低い方で腐食の可能性がある。供給テキストP163

*3R4　管対地電位の測定では、照合電極は通常、飽和硫酸銅電極が用いられ、散水で土壌等との接地抵抗を下げて測定する。供給テキストP163

*4R4　防食設備の点検は、雨期等の土壌の湿潤期や電気鉄道の運行等、防食状況の悪い時期や時間帯を選んで行うことが望ましい。供給テキストP167

供給 5－6　防食管理（2）

供内管の防食措置に関する説明で、誤っているものはどれか。

① 供内管は、導管の金属表面が水や土壌、コンクリート等との接触を避けるため、管の外面に塗料や塗覆装材を被覆する措置を講ずる。

② 防食措置としては、プラスチック被覆鋼管等の防食性のある材料を使用する、防食テープを管外面に施す、溶接の継手や接合部に熱収縮性ポリエチレンチューブや防食シートを施す方法などがある。

③ コンクリートは強いアルカリ性で、その中の鉄筋も土中の鉄に比べマイナス側の電位となり、鉄筋とガス管が接触すると、土中のガス管が短期間で腐食する。

④ 屋内配管に流入した電流が埋設部の配管に流れないようにするため、埋設配管近くの架空配管部に絶縁継手を設置する。

⑤ 建物内に絶縁継手を設置する場合は、壁貫通部において、鉄筋とガス管が接触しないように塗覆装などを施す。

解答解説　解答③

コンクリート内の鉄は、土中の鉄に比べてプラス側の電位（−200mmV）で、土中のガス管（電位−500 ～−700mmV）と鉄筋との間で電位差（300 ～ 500mmV）が生じ、土中のガス管が短期間で腐食する。

供給テキスト P168 ～ 169 を参照

供給 5－7　防食管理（3）

埋設された導管の腐食速度を速める一般的な要因に関する次の記述のうち、誤っているものはいくつあるか。

a　細粒分が少ない土質の場合

b　土壌比抵抗が高い場合

c　直流電気鉄道による迷走電流の発生がある場合

d　含水率が低い場合

①　0　　②　1　　③　2　　④　3　　⑤　4

解答解説　解答④

a　細粒分が多い粘土質では、腐食速度を高める。

b　土壌比抵抗が低いと腐食電流が流れやすくなる。

d　含水率が高い場合に腐食速度を高める。

類題　平成29年度甲種問14

供給テキストP162～163を参照

供給　6－1　導管の接合

導管の接合に関する記述で誤っているものはいくつあるか。

a　融着は融着性能に大きく影響する融着面の切削、エタノール等による清掃作業が重要である。

b　接合が終了すれば、EF接合では、接合面のビードの高さ、幅などを確認し、HF接合では、インジケーターにより融着状態を確認する。

c　ねじ接合は、主に小口径の低圧管の露出管、埋設に当たっては供内管・本支管取り出し部などに用いられる。

d　ねじ接合は、JISに規定された寸法になるように管径に適合した工具を用いて正しく切削し、油分等をふき取った後、シール剤を塗布して、ねじ込む。

e　活管工法は、ガスの供給停止、あるいは減圧することなく分岐取出しや遮断が可能な工法で、中圧以上の工事は、原則としてこの工法が用いられている。

①　1　　②　2　　③　3　　④　4　　⑤　5

解答解説　**解答②**

b　EF 接合と HF 接合の説明が逆になっている。

e　活管工法は、ガスの供給停止、あるいは減圧することなく分岐取出しや遮断が可能な工法で、主に、工事に伴うガスの供給停止や減圧が困難な場合に適用される。

供給テキスト P178 ～ 179、200 ～ 201 を参照

供給　6－2　耐圧気密試験・連絡工事

耐圧気密試験・連絡工事に関する説明で誤っているものはどれか。＊R3

①　耐圧試験の試験圧力は最高使用圧力の 1.5 倍以上とし、空気又は不活性ガスを用いて昇圧を行う。圧力は一気に試験圧力まで上げず、段階的に昇圧する。

②　気密試験の試験圧力は、最高使用圧力の 1.1 倍以上とする。ただし条件によっては、最高使用圧力以上や通ずるガスの圧力とする場合がある。

③　鋳鉄管、ポリエチレン管の遮断は、材料の復元性を生かして、スクイズオフ工具で、所定の位置まで管をしめつけ、ガス遮断を行うことができる。

④　気密試験の方法は、発砲液又は、ガス検知器又は圧力保持又は、水

素炎イオン化式ガス検知器もしくは半導体式ガス検知器による方法で行う。

⑤　導管工事の供給操作では、供給操作計画書を作成し、事前に、供給確保の方法や操作時間帯の選定、減圧方法などを検討する。

解答解説　解答③

③　ポリエチレン管の遮断は、材料の復元性を生かして、スクイズオフ工具で、所定の位置まで管をしめつけ、ガス遮断を行うことができる。

①　高圧では、水圧による試験を行うこともある。また試験に用いる圧力計は計量法に基づく検定に合格したものが必要である。

類題　平成29年度甲種問15

供給テキストP193～196を参照

*R3　エアパージ作業として、気密試験完了後に管内の空気又は不活性ガスを供給ガスに置換した。供給テキストP202

供給　6－3　導管工事の安全対策

導管工事の安全対策に関する次の記述のうち、誤っているものはいくつあるか。

a　湧水処理に伴う地下水の汲み上げにより地盤沈下のおそれがあったため、ウエルポイント工法を用いた。

b　埋戻し完了後、道路の使用に支障のないよう仮復旧を行い、路盤が安定した後、道路管理者との協議に基づいて本復旧を行った。

c　溶接で火気を使用するため、不活性ガスを用いて管内のガスを置換した。

d　ポリエチレン管の切断、連絡等において、静電気が発生するおそれがある場合は、作業前に散水する等、静電気の発生を防止する。

e　酸素欠乏の恐れのある場所では、酸素濃度計により空気中の酸素濃度が18%以上であることを確認したうえで作業を開始する。

① 0　② 1　③ 2　④ 3　⑤ 4

解答解説　解答②

a　ウエルポイント工法は、地盤沈下を起こすことがあるので注意を要する。地盤沈下対策としては薬液注入工法などがある。

類題　平成30年度甲種問15

供給テキストP176、192、198、202、204を参照。

供給 6－4　工事災害の防止

工事災害の防止の説明で、誤っているものはいくつあるか。

a　工事に伴うせん孔、遮断、切断、連絡配管等のガス漏えいの恐れのある作業などでは、可燃性ガスの濃度を測定し、爆発のおそれがないことを確認する。

b　アーク溶接の感電を防止するため、溶接機周辺の動電部は完全に絶縁被覆することやアース接続を完全にする等の対策がある。また、アーク光からは強烈な紫外線などが発生するため、正しい遮光保護具・遮光版を使用し、アークを直視しない。

c　溶接部の放射線透過試験において、放射線被爆による障害を防止するためエックス線作業主任者を選定しなければならない。

d　放射線被ばくによる障害を防止するため、線源から3m以内では標識などを用いて立ち入り禁止区域を明示する。

e　酸素欠乏危険場所では、酸素濃度が 16％以上であることを確認した上で作業を開始する。また測定結果は記録し 3 年間保存しなければならない。

①　0　　②　1　　③　2　　④　3　　⑤　4

解答解説　解答③

d　放射線被ばくによる障害を防止するため、線源から 5 m 以内では標識などを用いて立ち入り禁止区域を明示し、放射線業務従事者以外の第三者の立ち入りを禁止する。

e　酸素欠乏場所では、酸素濃度が 18％以上であることを確認した上で作業を開始する。

供給テキスト P203 ～ 205 を参照

供給　6－5　導管の工事全般（1）

導管の工事に関する次の記述のうち、誤っているものはいくつあるか。＊1R3　＊2R4　＊3R4

a　外径 80 ㎜以上の低圧本支管を道路に埋設するにあたっては、管の表面に概ね 3 m の間隔で占用物件の名称、管理者、埋設年、ガスの圧力をテープ等で明示する。

b　機械的接合は、主として鋳鉄管又は口径 80 ㎜以下の小口径の鋼管の接合に使用される。

c　埋設配管部の周囲温度は 50℃となる場所でポリエチレン管を設置した。

d　ガス濃度 0.4 ～ 100％で作動するガス検知器を用いて、通ずるガスの圧力により、既設管との連絡部の気密試験を実施した。

e　掘削工事において、他埋設部周辺では機械掘りを行うことで、作業効率を上げる。

①　1　　②　2　　③　3　　④　4　　⑤　5

解答解説　解答④

a　テープの明示は３ｍではなく、２ｍ以下の間隔。

c　常時40℃以上となる場所でポリエチレン管を設置してはならない。

d　ガス濃度0.2％以下で作動するガス検知器を用いる。

e　他埋設部周辺では、原則として手掘りで、他埋設物の損傷防止に努める。

類題　令和元年度甲種問 15

供給テキスト P178、179、185、194、174 を参照

*1R3　道路舗装の復旧範囲について、道路法施行規則に基づき、道路管理者と協議した。供給テキスト P202

*2R4　工事計画箇所に他埋設物がある場合、他埋設物管理者へ施工通知を行い、保安措置などについて協議を行う。供給テキスト P173

*3R4　一定規模以上の掘削工事で発生するアスファルト・コンクリート等について、事前届け出及び再資源化義務が課せられている。供給テキスト P175

供給　6－6　導管の工事全般（2）

導管の工事に関する次の記述のうち、誤っているものはいくつあるか。

a　低圧管のガスの遮断に際し、ノーブロー工法を用いて、作業時の管内圧力の急激な変化や漏出ガスによる臭気の発生を防止した。

b　中圧管の切断連絡に際し、バルブ操作により低圧の所定の圧力まで減圧したので、ガスバッグで遮断した箇所に放散管を設置しなかった。

c　電気防食を施した鋼管の切断にあたって、電気防食施設の電源を切っておき、さらに切断予定の両端を短絡させた。

d　地山の崩壊や土石の落下などにより、工事に従事する者に危険を及ぼすおそれがあったため、土砂崩壊防止措置を講じた。

e　バルブピット内の作業に際し、酸素欠乏による災害を防止するため、常時作業の状況を監視し、異常時には直ちに応急措置及び関係者への通報ができるよう作業を2名で行った。

①　0　　②　1　　③　2　　④　3　　⑤　4

解答解説　解答②

b　バルブからの越しガス対策のため、放散管を設置する。

類題　令和2年度甲種問15

供給テキストP168、195～196、204～205を参照

供給　7－1　溶接方法

溶接方法に関する次の記述のうち、誤っているものはいくつあるか。

a　溶接はその接合の機構により、融接、圧接、ろう接がある。

b　アーク溶接は、母材の一部を加熱し溶融させ接合する融接であり、ガス導管の溶接接合としてよく用いられている。

c　マグ溶接、ティグ溶接は、アーク溶接の一種である。＊R4

d　抵抗溶接は、接合部に機械的圧力を加えて接合する方法の圧接の一つである。

e　ろう接は、接合すべき母材を溶かさず、融点の低い金属を母材間に溶かし込んで接合する方法で、ろう付け、ハンダ付けが相当する。

① 0　　② 1　　③ 2　　④ 3　　⑤ 4

解答解説　解答①

全て正しい。

供給テキスト P209 を参照

*R4　電極を消耗させ溶接するマグ溶接とミグ溶接はアーク溶接の一種であり、非消耗のタングステン電極を用いるティグ溶接もアーク溶接の一種である。供給テキスト P213

供給　7－2　溶接の概要（1）

溶接に関する次の記述のうち、誤っているものはいくつあるか。

a　溶接金属とは、溶接部の一部で、溶接中に溶融凝固した金属（母材＋溶着金属）のことである。また熱影響部とは、溶接、切断等の熱で金属組織や機械的性質が変化を受けた溶融していない母材の部分である。

b　溶接継手の種類は、断面形状により突き合せ継手、重ね継手等に分類される。

c　導管の突合せ溶接部における開先形状は、V、U 形などがよく用いられる。

d　溶接棒は、十分に乾燥したものを現場で用いなければならない。また、心線の品質は被覆剤とともに溶接棒の性能を左右する重要な因子である。

e　被覆剤の効用は、アークを安定にし、溶接作業を容易にするとともに、溶接金属を大気から保護し、溶接金属の凝固・冷却を加速する等がある。 *R1

① 1　　② 2　　③ 3　　④ 4　　⑤ 5

解答解説　解答①

e　被覆剤の効用は、アークを安定にし、溶接作業を容易にするとともに、溶接金属を大気から保護し、溶接金属の凝固・冷却を緩やかにするなどがある。

供給テキスト P209 ～ 212 を参照

*R1　被覆アーク溶接棒の被覆剤には、効用の一つとして上向きその他種々の位置の溶接を容易にすることがあげられる。供給テキスト P212

供給 7－3　溶接の概要（2）

溶接に関する説明で、誤っているものはどれか。

① マグ溶接とは、溶加材を電極とし、母材との間にアークを発生させ、周囲をシールドガスで覆う。大口径の自動溶接に用いられ、シールドガスは、不活性ガスに炭酸ガスを混合する。

② ティグ溶接は、溶接ワイヤーに被覆剤を含まないため、スラグが発生しない。 *1R3

③ アーク溶接機は、現場で使用されることから、交流が用いられる。

④ 被覆アーク溶接棒は、大気中に放置すると、被覆剤が水分を吸収してブローホール発生等の原因となる。

⑤ 手溶接を行う溶接士は、技能確認試験により十分な技量を有すると確認された者、又は所定の資格を有し、これと同等以上の技能を有すると確認された者でなければならない。 *2R4

解答解説　解答③

アーク溶接機は、現場で使用されることから、直流が用いられる。

供給テキスト P212 ～ 215 を参照

*1R3　ティグ溶接は、非消耗のタングステンを電極とし、不活性ガスでアーク及び溶融池を完全にシールドしているため、不純物が混入せず、高品質な溶接が得られる。供給テキスト P213

*2R4　溶接施工法は、溶接事業所かつ溶接士ごとに確認を受けなければならない。供給テキスト P214

供給　7－4　溶接欠陥（1）

溶接管理、溶接欠陥に関する説明で、誤っているものはいくつあるか。

a　溶接の開始前に母材上でアークを飛ばすことをスパッタといい、高張力鋼ではこの部分が急冷されて硬化するため材質が変化する場合がある。

b　溶接中に飛散するスラグや金属粒をアークストライクといい、溶接後グラインダーなどで除去する。

c　溶接部の寸法不良には、余盛りの過不足、すみ肉脚長及びのど厚寸法不良などがあり、形状不良には、ビート形状の不良、オーバーラップ等がある。

d　パイプとは、溶接金属内に残留したガスのため空洞が生じた状態である。

e　スラグ巻き込みとは、スラグが溶接金属に残留したもので、タングステン巻き込みとは、ティグ溶接でタングステン電極の一部が溶け溶接金属内に残留したものである。

①　0　　②　1　　③　2　　④　3　　⑤　4

解答解説　解答④

ａは、アークストライク、ｂはスパッタの説明文である。ｄブローホールとは、溶接金属内に残留したガスのため空洞が生じた状態であり、パイプとは、ブローホールと同じであるが、細長く尾を引いている状態をいう。

供給テキスト P214 〜 216 を参照

供給　7－5　溶接欠陥（2）

溶接欠陥に関する次の記述のうち、正しいものはどれか。＊R3

① ブローホール：開先の一部がそのまま残った状態

② アンダーカット：溶接金属内に残留したガスのため空洞を生じた状態

③ 溶込み不良：表面における溶接金属と母材の境界の凹み

④ 融合不良：溶接金属と母材または溶接金属どうしが溶着していない状態

⑤ クレータ：溶接金属の止端が母材と融合せず、重なりあった状態

解答解説　解答④

①は、溶け込み不良（ＩＰ）の説明、②は、ブローホールの説明、③はアンダーカットの説明である。

⑤は、オーバラップの説明で、クレータとは、ビードが終端まで行き渡らず、くぼんだ状態。

供給テキスト P216 を参照

＊R3　溶接部の構造上の欠陥として、溶け込み不良、融合不良、ブローホール、アンダーカット等のきずがある。供給テキスト P215

供給 7－6　溶接欠陥（3）

溶接欠陥とその原因に関する次の記述のうち、誤った原因を含むものはどれか。＊R4

	溶接欠陥の種類	発生原因
①	溶込み不良	開先不良、過小電流等
②	融合不良	過小電流、下層の形状不良等
③	ブローホール	溶接棒の吸湿、アーク長が長い等
④	割れ	溶接部の急冷、開先不良等
⑤	アンダーカット	溶接棒選択不良、過小電流等

解答解説　解答⑤

⑤　アンダーカットの原因は、溶接棒選択不良、過大電流、運棒速度不良など

類題　平成30年度甲種問16

供給テキストP216　溶接欠陥を参照

*R4　開先不良は、溶け込み不良や割れ等の原因となる。供給テキスト216

供給 7－7　非破壊試験

非破壊試験の説明のうち、誤っているものはどれか。

①　浸透探傷試験は表面検査である。

②　放射線透過試験、超音波試験は、内部検査である。

③　放射線透過試験は、欠陥の形状は、フィルム上に投影された像として見えているため、わかりやすく、信頼されやすい。

④　超音波探傷試験は、われのような平面欠陥の検出に適しているが、

他の方法ではできないような厚さも検査できる。＊R3

⑤　浸透探傷試験は、表面付近の欠陥の発見方法は、放射線や超音波に比べて、非常に簡便。ただし、表面から数 mm 以上の内部欠陥は検知できず、強磁性体以外には使用できない。

解答解説　解答⑤

⑤は、磁粉探傷試験の記述。浸透探傷試験は、金属、非金属あらゆる材料の表面欠陥を調べることができ、検査費用も比較的安い。

供給テキスト P217 ～ 223 を参照

＊R3　超音波探傷試験は、超音波が物質の端面や違う物質に当たると反射する性質を利用し、内部のきずの存在や位置・大きさを検知する方法である。供給テキスト P220

供給　7－8　放射線透過試験

放射線透過試験の説明で、誤っているものはいくつあるか。＊R1

a　溶接部の試験に用いられる強い透過力を持っている放射線は、波長の短いX線、γ線などの電磁波である。

b　放射線フィルムを露光すると、欠陥部は健全部より濃度が薄くなり、試験体内部欠陥の大きさ、形状を知ることができる。

c　直接撮影法は、放射線透過像を直接放射線フィルムに撮影する方法で現在最も多く利用されている。

d　二重壁片面撮影法は、管の内部に放射線源又はフィルムを入れることができない場合に用い、主として人口径管に用いる。

e　キズには、第 1 種から第 4 種まであり、これを分類して、第 1 類から第 4 類に分類する。

① 1　　② 2　　③ 3　　④ 4　　⑤ 5

解答解説　解答②

b　放射線フィルムを露光すると、欠陥部は健全部より濃度が濃くなり、試験体内部欠陥の大きさ、形状を知ることができる。

d　二重壁片面撮影法は、主として小口径管に用いる。

供給テキスト P217 ～ 219 を参照

*R1　内部フィルム撮影法は、放射線源が管の外部にあり、管の内側のフィルムを取り付けて、全周を分割して撮影する方法である。供給テキスト P218

供給　7－9　溶接と非破壊試験

溶接と非破壊試験に関する次の記述のうち、誤っているものはいくつあるか。

a　被覆アーク溶接は、心線に被覆剤（フラックス）を塗った溶接棒自体を電極として、母材と溶接棒の間隙にアークを発生させ、溶接棒がアークの熱によって溶け、母材の一部と融合することで溶接する。

b　ティグ溶接は、電極と母材間でアークを発生させ、母材上の溶融池にワイヤを供給する溶接方法であり、溶融池の熱のみでワイヤを溶融させるため溶接速度が速い。

c　溶け込み不良とは、溶接金属と母材又は溶接金属同士が溶着していない状態をいう。

d　放射線透過写真によるきずの種別は第 1 種から第 4 種まで区別され、丸いブローホール及びこれに類するきずは第 4 種となる。

e　超音波探傷試験は、検査物の片側だけから検査できるが、きずまでの距離やきずの高さは測定できない。

① 0　② 1　③ 2　④ 3　⑤ 4

解答解説　解答⑤

b　ティグ溶接は、ワイヤーの供給が制限され、溶接速度が遅い。

c　設問文は融合不良である。

d　丸いブローホールは第1種である。

e　超音波探傷試験は、キズまでの距離や高さが測定できる。

類題　令和2年度甲種問16

供給テキストP211、213、216、219、221を参照

供給　8－1　漏えいの検知方式（1）

漏えいの検知方式の説明で、誤っているものはどれか。

- 接触燃焼式ガス検知器（識別型）……①（原理は、電気抵抗が温度に比例することを利用）したものである。また、メタンが他の可燃性ガスに比べて、着火温度が高く、最も接触燃焼させにくい性質をもっているため、②（これを利用して、湧出メタンと都市ガスを識別するタイプ）もある。
- 半導体式ガス検知器……③（半導体の電導度が雰囲気ガスの吸着によって変化する）ことを利用したもの。④（非常に低いガス濃度から非常に高いガス濃度まで検知が可能で、ガス濃度が高くなると感度が鋭くなる）ため、ガス濃度測定用としては不向きである。
- 水素炎イオン化式ガス検知器……水素炎中で炭化水素が炎の電気伝導度を検知する。検知は⑤（炭化水素に限られ、無機化合物には感知し

ない。）

解答解説　解答④

半導体式は、非常に低い濃度のガス検知が可能だが、ガス濃度が高くなると感度が鈍くなるため、ガス濃度測定用としては不向きである。

供給テキスト P232 ～ 234 を参照

供給 8－2　漏えい検知方式（2）

高濃度（50%程度）の炭化水素のみが検知できる検知器はどれか。

① サーミスタ式ガス検知器

② 半導体式ガス検知器

③ 水素炎イオン化式ガス検知器

④ 識別型ガス検知器

解答解説　解答③

各検知器の特徴は下表のとおり。

検知方式	検知器名	測定可能範囲	検知ガス
熱伝導式	サーミスタ式	100%～0.1%	空気と熱伝導度が異なるガス
半導体式	半導体式	1%～1 ppm	可燃性ガスに限定されない
水素炎イオン化式	水素炎イオン化式	100%～1 ppm	炭化水素
接触燃焼式	識別型	1%～100ppm	可燃性ガスを検知 メタン識別可能

道路の埋設部での漏えい検査の方法は、ボーリング、水素炎イオン化式ガス検知器、半導体式ガス検知器、圧力保持のいずれかで行う。

供給テキスト P227 ～ 229、232 ～ 234 を参照

供給 8－3　漏えい検査と点検

漏えい検査と点検に関する説明について、誤っているものはいくつあるか。

a　道路上の本支管の漏えい検査で、ボーリングを行う場合は、導管の路線を定められた深さ、間隔でボーリングを行い、ガス検知器又は臭気により漏えいの有無を検査する。

b　架管の点検は設置状況、設置環境、本支管の重要度を考慮し対象、頻度、項目及び方法を定めて行う。

c　バルブは、ガス供給の維持、導管工事や地震及び事故の際にガスを遮断するための装置で、バルブの設置位置を記入した導管系統図、バルブの設置場所付近見取り図等を整備し、日常の管理を十分注意して行う。

d　緊急ガス遮断装置の点検では、瞬時に閉動作が行われ、かつ確実に遮断されることを確認する。

e　昇圧供給装置は、ガス事業者が 14 月に 1 回以上の頻度で外観、性能、機能などの定期検査を行う。

①　0　　②　1　　③　2　　④　3　　⑤　4

解答解説　**解答①**

すべて正しい。

供給テキストP228、230～231を参照

供給 8－4　他工事管理

他工事の管理に関する説明について誤っているものはいくつあるか。＊R3

a　他工事による掘削で長期間ポリエチレン管が露出することになったが、ポリエチレン管は可とう性があるので防護措置をする必要はない。

b　工事中は、その工事方法、離隔距離、防護状況の確認のため立会をするのが望ましい。また、あらかじめ定めた適切な時期、頻度で巡回を行い、漏えいの有無、防護措置の異常の有無などについて点検するとともに、他工事の状況を把握する。

c　ガス管に近接して杭打ちが行われる際、他工事企業者の用意した施工図面とガス事業者の導管図面から推定したガス導管の位置に基づき、杭を打設させた。

d　巡回や立会業務に従事する者に対しては、防護基準類、保安規程などについての教育・訓練を実施し、事故防止に努める。

e　他工事企業者に対しても、講習会等を通じて、ガスの知識、導管の知識、適切な保安措置等について周知を図る。

①　0　　②　1　　③　2　　④　3　　⑤　4

解答解説　解答③

a　ポリエチレン管の露出は、衝撃や熱、直射日光の影響がある場合は、さや管等の防護措置をする。

c　杭打ち等の際は他工事企業者に対して、ガス管を露出させて目視に

よる確認を要請することが必要である。

供給テキスト P244 ～ 246 を参照

*R3　敷地内の他工事対策の１つとして、ガス設備の資産区分、解体、改装時の注意事項等を記載したチラシ等を配布し需要家への注意喚起を図る。供給テキスト P246

供給　8－5　供給支障

水たまりによる供給支障に関する次の記述のうち、誤っているものはいくつあるか。 *R3

a　水道管と十分な離隔を取ることができなかったため、ゴムシートを巻き、防護措置を施した。

b　管路内に水位センサーを挿入して、水道水か否かを判別した。

c　水たまりの位置や原因箇所を特定するために活管状態で管内カメラを使用した。

d　有水式ガスホルダーが原因で、凝縮水による水たまりが生じることがある。

e　水たまりの範囲に水取器がなかったので、本支管の適切な場所をせん孔し、そこから採水した。

①　0　　②　1　　③　2　　④　3　　⑤　4

解答解説　解答②

b　管路内の水の残留塩素の量を化学試薬を用いて判定する漏水判別器を用いて、採水された水が水道水か、比較的簡単に判別できる。

類題　平成 30 年度甲種問 17

供給テキスト P260 ～ 261 を参照。

*R3　地下水の浸水による供給支障は、低圧導管のみに発生する。供給テキストP260、261

供給　8－6　漏えい修理

漏えい修理に関する次の記述のうち、誤っているものはいくつあるか。

a　低圧導管の管体に亀裂が発生したので、恒久対策として金属テープによる外面シールで修理を行った。

b　地震時の漏えい予防として低圧導管に反転シール系の更生修理工法を適用した。

c　中圧導管の漏えい時の応急措置として、低圧に減圧後、せん孔してガスバッグ挿入によるガス遮断を行った。*1R2

d　低圧導管の管体に腐食孔が発生したので、恒久対策として樹脂ライニング系の更生修理工法により修理を行った。*2R1 *4R4

e　高圧導管が損傷し貫通に至ったので、恒久対策として溶接スリーブ工法により速やかに修理を行った。*3R3

①　0　　②　1　　③　2　　④　3　　⑤　4

解答解説　解答④

a　低圧導管管体亀裂の恒久対策としては、金属テープによる外面シールではなく、割スリーブ又は切断して取替になる。

d　樹脂ライニング系の更生修理工法ではなく、管体を切断して取替になる。

e　溶接スリーブではなく、割スリーブ又は管体を切断し、取り替える。

類題　平成27年度甲種問17

供給テキストP238、249～250、252を参照

＊1R2　中圧鋼管で腐食による漏えいが発生したため、緊急修理用バンドを用いて応急処置を行った。供給テキストP250

＊2R1　低圧導管の管体に亀裂が発生したので恒久修理として、割スリーブ、管を切断して取替等を行った。供給テキストP252

＊3R3　応急修理用スリーブは、高圧導管が損傷又は貫通に至った場合に、恒久的な修理を行う前の応急処置である。供給テキストP247

*4R4　スプレーシール工法は、ガス栓などからシール剤を噴射することで、ねじ接合部の漏れを修繕する工法である。供給テキストP259

供給　8－7　維持管理技術

導管の維持管理に用いられる技術の説明で、誤っているものはいくつあるか。＊R4

a　漏えい磁束ピグとは、高圧導管の腐食減肉や他工事等で発生した管体の損傷を検査するために用いられる装置である。

b　管内カメラは、本支管内を観察し、管内の水たまりや漏れの状況から水の浸入状況を調査する機器である。

c　経年管対策を効果的・効率的に行うには、リスクマネジメント手法に基づき、経年管のリスクを考慮して行うことが有効である。

d　パイプロケーターは、導管の埋設位置を間接的に検索するもので、一般的に用いられているのは、直接法を原理としている。

e　地中探査レーダーは、地中の埋設管を電波の反射により容易に探知する。

①　0　　②　1　　③　2　　④　3　　⑤　4

解答解説　解答②

d　パイプロケーターは、導管の埋設位置を間接的に検索するもので、一般的に用いられているのは、電磁誘導法を原理としている。露出した導管と電気的に接続可能な場合は、直接法の方が精度は優れている。

供給テキスト P234、236 ～ 237、242 ～ 243、261 を参照

*R4　支管供給管一括採水装置は、初期採水は強力なバキューム圧を発生するエジェクターを使用し、後期採水は管内流速を高めるエアー増幅型のエジェクターを使用する。供給テキスト P262

供給 9－1　設備対策（1）

新設導管への地震対策に関する説明で、誤っているものはどれか。

①　高圧導管の耐震性は、応答変位法により、管体に生ずる軸方向ひずみと許容ひずみと比較して耐震性を評価する。＊1R1

②　レベル2の地震動に対する許容ひずみは、直管部で 1.0％または 35t／D（t：管厚、D：平均直径など）のいずれか小さい方の値である。

③　液状化に対する許容ひずみは、導管の終局限界状態に対する変位である。

④　中・低圧導管の耐震性評価は、配管系の地盤変位吸収能力と設計地盤変位を比較することにより評価する。＊2R1

⑤　設計地盤変位とは、配管系のたわみ性を評価するために指標として用いる地盤変位量をいう。標準設計地盤変位量に管種と埋設条件の組み合わせによる補正係数と地域別の補正係数を掛けて求める。

解答解説　解答②

②　レベル1の地震動に対する許容ひずみは、直管部で 1.0％または 35t／D（t：管厚、D：平均直径など）のいずれか小さい方の値である。また、レベル2の許容ひずみは、3.0％である。

供給テキスト P272 ～ 273 を参照

＊1R1　高圧導管の液状化に対する耐震性評価において、終局限界状態とは、その限界を超えると導管の気密機能を失い、設計の目的とする耐震性能を確保できなくなる状態をいう。供給テキスト P272

＊2R1　地盤変位吸収能力を実験に求める場合、配管系に漏えいが生じる時の地盤変位がその値となる。供給テキスト P273

供給 9－2　設備対策（2）

既設導管への地震対策に関する用語の説明で誤っているものはいくつあるか。

① ガス導管の想定する地震動には、レベル１、レベル２の２クラスがある。

② 裏波溶接とは、溶融した金属が溶接した面の裏側まで溶け込んでいる現行の溶接方法で昭和 38 年以降に用いられている。

③ ねじ継手鋼管の耐震性向上対策として、社会的優先度の高い病院等に対してポリエチレン管への取り替えや予防効果のある更生修理を行っている。

④ 液状化とは、地表から浅い緩い砂層で地下水より深いところでは、通常は砂の粒子間は水で満たされている。地震により砂層が揺すられた場合、砂の粒子が浮遊した状態になり、通常は支持力のある地盤が液体状になる現象をいう。

⑤ ガス専焼発電設備とは、ガス製造設備の出口から自家発電設備までの導管の耐震性評価を行い、所定の評価委員会での認定を受けることにより、予備燃料の保有が不要となり、省コストや省スペースなどのメリットが得られる。

①　0　　②　1　　③　2　　④　3　　⑤　4

解答解説　解答①

全て正しい。

供給テキスト P272 ～ 275 を参照

供給　9－3　設備対策（3）

地震設備対策に関する用語の説明で誤っているものはいくつあるか。

a　レベル2地震動は、ガス導管の供用期間中に発生する確率は低いが、非常に強い地震動で内陸型地震と海洋型地震を想定する。

b　活断層は、断層の中で最近の地質時代に繰り返し活動し、将来も活動することが推定される断層を言い、地震の引き金となり得るものである。

c　SI 値は地震による一般的な建物（ビル）の揺れの大きさを評価する指標であり、加速度の単位ガル（cm/s^2）で表される。

d　架管・橋梁等における露出部の導管は、道路橋示方書に準拠して設計地震動を設定し、耐震性を評価する。

e　建物内のガス配管の耐震性は、ガス配管の支持固定が重要な要素となる。

①　0　　②　1　　③　2　　④　3　　⑤　4

解答解説　解答②

c　SI 値は地震による一般的な建物（ビル）の揺れの大きさを評価する

指標であり、速度の単位カイン（cm／s）で表される。

供給テキスト P272 ～ 274、277 を参照

供給 9－4　緊急措置の設備

緊急措置のための設備について、正しいものはいくつあるか。

a　需要家ごとの遮断装置には、マイコンメーター、メーターガス栓、引込管遮断装置、緊急ガス遮断装置等がある。

b　供給停止地区の極小化を図ることが重要であるため、統合ブロック（100km^{2}程度）や単位ブロック（20km^{2}程度）に分割しておく必要がある。 ＊R3

c　供給停止設備として、対象ブロック内の整圧器による方法、中圧ガス導管のバルブの閉止による方法、製造所やガスホルダーにおけるガスの送出遮断による方法等がある。

d　ガス防災支援システム（G-React）とは、大規模地震発生時に早期復旧を図るために、国、ガス事業者が被害情報、復旧活動に必要な情報の共有を図るためのシステムである。

e　ガス事業者は、ねじ接合鋼管と相関が高い SI 値の計測が可能な地震計をガス事業者所在地に 1 台以上設置する必要がある。

①　0　　②　1　　③　2　　④　3　　⑤　4

解答解説　解答④

b　供給停止地区の極小化を図ることが重要であるため、統合ブロック（200km^{2}程度）や単位ブロック（50km^{2}程度）に分割しておく必要がある。

e　ガス事業者は、ねじ接合鋼管と相関が高い SI 値の計測が可能な地震

計を統合ブロックに1台以上設置する必要がある。

供給テキスト P276 ～ 280 を参照

*R3　第1次緊急停止判断の供給停止判断基準値は、供給継続地区の想定被害数が緊急時対応能力の範囲内に収まるように、あらかじめ設定する。供給テキスト P278

供給 9－5　復旧対策

地震時の復旧対策について、正しいものはいくつあるか。 *3R4 *4R4

a　復旧基本計画で策定すべき事項は、復旧期間、復旧要員数、救援要員数、復旧組織及び各隊の担当地域、必要資機材、復旧基地、移動式ガス発生設備による臨時供給先の選定などである。

b　復旧計画において、中圧の復旧は、低圧の送出源となるラインを優先する。

c　低圧導管網の復旧作業フローは、閉栓→ブロック化→エアパージ→被害修理→開栓の順である。

d　需要家支援として、カセットコンロの提供、移動式ガス発生設備等による臨時供給、仮設住宅への対応などが挙げられる。

e　移動式ガス発生設備には、空気吸入式（PA式）、圧縮ガス式（CNG式）、液化ガス式（LNG式）の3タイプがある。 *1R1 *2R3

①　1　　②　2　　③　3　　④　4　　⑤　5

解答解説　解答④

c　低圧導管網の復旧作業フローは、閉栓→ブロック化→被害修理→エアパージ→開栓の順である。

供給テキスト P280 ～ 283 を参照

＊1R1　移動式ガス発生設備のうち、液化ガス式（LNG 式）は、低温容器に充てんされた熱量調整・付臭済みの液化天然ガスを気化して供給する方式である。供給テキスト P283

＊2R3　移動式ガス発生設備のうち、圧縮ガス式（CNG 式）は、ボンベに圧縮・充てんされた熱量調整・付臭済みの天然ガスを供給するものである。供給テキスト P283

*3R4　供給継続地区の需要家からのガス漏えい通報に対しては、供給停止地区に優先して迅速かつ適切に対応し、ガスによる二次災害の防止に必要な措置を講ずる。供給テキスト P279

*4R4　地震対策は基本的に、設備対策、緊急対策、復旧対策の三つで構成されている。このうち復旧対策は、安全かつ可能な限り速やかにガスの供給を再開することが基本である。供給テキスト P271

第5章

ガス技術科目　消費分野

消費 1－1　ガスの性質と燃焼（1）

ガスの性質と燃焼に関する説明で、誤っているものはどれか。 ＊R3

① ガスを完全に燃焼させるために必要な最小の空気量を理論空気量という。実際には、理論空気量だけではガスを完全燃焼させることができず、20 ～ 40％の過剰空気が必要である。

② 乾き燃焼排ガス量とは、湿り燃焼排ガス量から燃焼による水の生成物、空気中の水分を除いたものである。

③ 真発熱量とは、総発熱量から水蒸気の持っている顕熱を除いたものをいう。

④ 円形の孔のノズルから噴出するガス量は、エネルギー保存則から導かれ、ノズルの口径の 2 乗に比例し、ガス圧力の平方根に比例する。

⑤ 着火温度は、ガスが加熱されて酸化反応を起こした結果発生する熱量と放散する熱量との平衡によって決まる。またメタンの着火温度は空気中では 645℃で、酸素中でも同じである。

解答解説　解答③

③ 真発熱量とは、総発熱量から水蒸気の持っている潜熱を除いたものをいう。

日本ガス協会都市ガス工業概要消費機器編（以下、消費テキスト）P3 ～ 8 を参照

*R3　ガスが燃焼して発生した熱量のうち、目的以外の物質の加熱について使われたり、排気とともに大気中に逃げてしまった熱量を損失熱量という。消費テキストP15

消費　1－2　ガスの性質と燃焼（2）

ガスの性質と燃焼に関する説明で誤っているものはいくつあるか。

a　混合ガスの燃焼限界は、各可燃性ガスの限界と容積割合がわかれば、ルシャトリエの式の計算で求められる。 *R3

b　気体Aの容積%は80%、燃焼限界が8%、気体Bの容積%は20%、燃焼限界が2%の混合ガスの燃焼限界は5%である。

c　可燃性ガスは温度が一定であれば、圧力が上昇すると燃焼範囲は狭くなる。

d　燃焼限界に対する温度の影響は、温度が上昇すると反応速度が促進され、熱の発生速度が大きくなる。一方熱の放散速度は小さくなるので下限界は低くなり、上限界が高くなる。従って燃焼範囲は広くなる。

e　不活性ガスを可燃性ガスに混合していくと、燃焼限界は狭くなる。CO_2は比熱が大きいため、燃焼範囲を狭くする効果が小さい。

①　0　　②　1　　③　2　　④　3　　⑤　4

解答解説　**解答③**

cとeが誤り。

b　ルシャトリエの式＝100／（P_1／L_1＋P_2／L_2）

＝100／（80／8＋20／2）＝5（%）

c　可燃性ガスは温度が一定であれば、圧力が上昇すると燃焼範囲は広くなる。

e　不活性ガスを可燃性ガスに混合していくと、燃焼限界は狭くなる。

CO_2 は比熱が大きいため、燃焼範囲を狭くする効果が大きい。

消費テキスト P8 ～ 12 を参照

*R3　メタンと空気との混合ガスの燃焼範囲は、大気圧、室温の環境においてメタン濃度 5 ～ 15% である。消費テキスト P9

消費 1－3　ガスの性質と燃焼（3）

ガスの性質と燃焼に関する次の記述のうち、正しいものはいくつあるか。 *R3

a　都市ガスの理論空気量は、その都市ガスを構成する各ガス成分の含有率から算出できる。

b　ガス機器が単位時間に消費する熱量は、ノズルの口径が一定の場合、ガス圧力とウォッベ指数とに比例する。

c　空気中におけるメタンの着火温度は、プロパンの着火温度より低い。

d　燃焼速度はガスの成分、ガスと空気の混合割合、混合ガスの温度及び混合ガスの圧力等によって異なる。

e　真発熱量は総発熱量から潜熱を差し引いたものであり、供給ガスの発熱量は一般に真発熱量用いられる。

①　0　　②　1　　③　2　　④　3　　⑤　4

解答解説　解答③

a、dが正しい。

b　ガス圧力の平方根に比例する。

c　メタンの方が高い。

e　総発熱量が用いられる。

類題　令和２年度甲種問 19

消費テキスト P3、6 〜 7、12 を参照

*R3　燃焼過程において発生した熱は、放射や伝導等により周壁や受熱面に伝わって失われるため、理論火炎温度は実際の火炎温度より高い。消費テキスト P8

消費　1－4　伝熱

伝熱に関する説明で、誤っているものはいくつあるか。

a　熱が物体を伝わって高温側から低温側へ移る現象を熱の伝導という。物体を構成している分子と熱が移動する。

b　熱伝導率は物質の熱伝導のしやすさを表す数値で、個々の物質に固有の値を持つ。

c　熱伝導率は、金属＞ガラス≧空気＞水の順であり、断熱材は熱伝導率の小さいものが使用される。

d　熱せられた媒介物の移動によって熱が移っていく現象を熱の対流という。流体特有の現象で、流体の運動によって熱が移動する。

e　入射する熱放射線を全部吸収するようなものを黒体という。黒体面から放射される熱量は温度の２乗に比例する。

①　0　　②　1　　③　2　　④　3　　⑤　4

解答解説　**解答④**

a、c、e が誤り。

a　伝導は、物体を構成している分子自体は移動せず、熱のみが移動する。

c　熱伝導率は、金属＞ガラス≧水＞空気の順である。

e　入射する熱放射線を全部吸収するようなものを黒体という。黒体面から放射される熱量は温度の 4 乗に比例する。

消費テキスト P13 ～ 14 を参照

消費 2－1　燃焼方式（1）

燃焼方式の説明で、正しいものはいくつあるか。

a　赤火式……ガスをそのまま大気中に噴出して燃焼させる方式で、燃焼に必要な空気は、すべて周囲から拡散によって供給される。この炎が冷たい表面に接触すればススとなってその表面に付着する。

b　セミブンゼン式……一次空気率が約 10％以下の内炎と外炎の区別がはっきりできない燃焼方式。＊R2

c　ブンゼン式……ガスがノズルから一定の圧力で噴出し、その時の運動エネルギーで空気孔から燃焼に必要な空気の一部分を吸い込み、混合管内で混合する。残りの必要な空気は炎の周囲から拡散によって供給される。

d　全一次空気式……燃焼に必要な空気の全部が一次空気のみで、これをガスと混合して燃やす方式である。フラッシュバックしにくい燃焼方式。

①　0　　②　1　　③　2　　④　3　　⑤　4

解答解説　解答③

b　セミブンゼン式……一次空気率が約 40％以下の内炎と外炎の区別がはっきりできない燃焼方式。

d　全一次空気式……燃焼に必要な空気の全部が一次空気のみで、これをガスと混合して燃やす方式である。フラッシュバックしやすい燃焼方式。

消費テキスト P17 ～ 18 を参照

*R2　パイロットバーナーには、主にセミ・ブンゼン燃焼式が用いられる。消費テキスト P21

消費　2－2　燃焼方式（2）

燃焼方式の説明で、正しいものはどれか。

a　コンパクトな燃焼空間で、ガスと空気の混合気を瞬時に燃焼させ、その膨張圧力で排気ガスを排出した後、圧力差によって新しいガスと空気を吸引し、その混合気を再び燃焼させるというサイクルを繰り返す。加熱効率が高い。

b　可燃性ガスと酸素の反応を促進させる固体触媒を使用し燃焼させる方式である。NO_X を発生させることなく、遠赤外線に富む赤外線を高効率で発生させる。 *1R4

c　全一次空気式バーナーとブンゼンバーナーを交互に配置させた構造となっていて、低 NO_X 化と保炎性を両立する。 *2R4

d　燃焼用の空気をファンで強制的に送り込み、バーナー先端部でノズルから噴出されるガスと燃焼させる燃焼方法である。

①　a ―パルス燃焼　b ―濃淡燃焼　c ―触媒燃焼　d―ブラスト燃焼

②　a ―パルス燃焼　b ―触媒燃焼　c ―濃淡燃焼　d―ブラスト燃焼

③　a ―ブラスト燃焼　b ―触媒燃焼　c ―パルス燃焼　d ―濃淡燃焼

④　a ―ブラスト燃焼　b ―濃淡燃焼　c―パルス燃焼　d ―触媒燃焼

解答解説　解答②

c　NO_X 低減を目的とした濃淡燃焼では、ブンゼン炎（濃バーナー用）の混合空気比は 0.5 ～ 0.7 程度、全一次空気式（淡バーナー用）の混合空気比 1.5 ～ 2.0 程度である。

消費テキスト P19 ～ 20 を参照

＊1R4　高空気比の全一次空気燃焼式は、希薄予混合燃焼と呼ばれ、低 NO_X バーナーに用いられる。消費テキスト P20

＊2R4　都市ガス用触媒燃焼バーナーは、触媒マットを用いた全二次空気燃焼方式により、約 600℃以下で無炎燃焼する。消費テキスト P19

消費 2－3　ガス燃焼時の諸現象（1）

ガス燃焼時の諸現象について、誤っているものはいくつあるか。

a　十分な空気が供給されず、反応が最後まで完結しないで反応途中の中間生成物を発生している状態を不完全燃焼という。

b　炎が炎口をくぐり抜けてバーナーの混合管内に燃え戻る現象をフラッシュバックという。

c　炎がバーナーより浮き上がって、ある距離をへだてた空間で燃える現象をイエローチップという。

d　炎の先端が赤黄色になって燃えている現象をリフティングといい、燃焼反応が十分な速さで進んでいない。＊1R2 ＊2R1

e　燃焼騒音とは、火炎の乱れがない場合はほとんど発生せず、炎が乱れるとその乱れ強さの増加とともに大きくなる。

①　0　　②　1　　③　2　　④　3　　⑤　4

解答解説　解答③

c はリフティング、d はイエローチップである。

消費テキスト P22 ～ 24 を参照

*1R2　ガスの噴出速度に比べ、燃焼速度がバランス点以下に低下すると、炎のリフティングが生じる。消費テキスト P23

*2R1　バーナーの炎口が詰まってその有効面積が小さくなり、バーナーの内圧が上昇すると、リフティングが発生しやすくなる。消費テキスト P23

消費　2－4　ガス燃焼時の諸現象（2）

燃焼時の諸現象について誤っているものはいくつあるか。

a　ブンゼン式燃焼の炎は、赤火式燃焼やセミブンゼン式燃焼に比べ、長さは短く、温度は低い。

b　ブンゼン式燃焼では、フラッシュバックやリフティングの現象が見られることがある。

c　ブンゼン式燃焼では、消火音や燃焼音が発生することがない。

d　赤火式燃焼では、逆火することがある。

e　赤火式燃焼では、燃焼室の容積を小さくすると不完全燃焼を起こし易い。

①　0　　②　1　　③　2　　④　3　　⑤　4

解答解説　解答④

a　ブンゼン式燃焼の炎は、赤火式燃焼やセミブンゼン式燃焼に比べ、長さは短く、温度は 1,300℃と最も高い。

c　ブンゼン式燃焼では、消火音や燃焼音が発生することがある。

d　赤火式燃焼では、逆火することがない。

消費テキスト P17、21 を参照

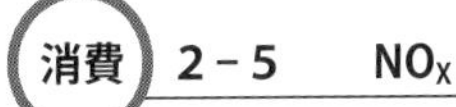

消費 2－5 NO_X

NO_X についての説明で、正しいものはどれか。

① NO_X は、その生成機構から、サーマル NO_X、プロンプト NO_X、フューエル NO_X に分類される。

② サーマル NO_X は、燃料中に含まれる窒素分が酸化されて NO_X となる。一般のガス燃料では燃料成分中に窒素分を含まないため、燃焼に伴い発生する NO_X としては、考慮する必要がない。

③ プロンプト NO_X 生成の特徴は、高温で、空気比 1 付近、滞在時間が長いほど増加する。

④ フューエル NO_X は、空気中の窒素と火炎中に存在する CH、CH_2 等との反応を経由して生成する。その分布はメタンの酸化が行われる火炎帯に限定される。

解答解説　解答①

② フューエル NO_X は、燃料中に含まれる窒素分が酸化されて NO_X となる。

③ サーマル NO_X 生成の特徴は、高温で、空気比 1 付近、滞在時間が長いほど増加する。

④ プロンプト NO_X は、空気中の窒素と火炎中に存在する CH、CH_2 等との反応を経由して生成する。その分布はメタンの酸化が行われる火炎帯に限定される。

消費テキスト P24 ～ 25 を参照

消費 2－6　バーナーの燃焼特性

バーナーの燃焼特性によるガスの互換性の説明で誤っているものはいくつあるか。

a　一次空気率が大きく、インプットが大きいものはリフティングの可能性がある。

b　一次空気率が大きく、インプットが小さいものはリフティングの可能性がある。

c　一次空気率が小さく、インプットが大きいものは不完全燃焼の可能性がある。

d　一次空気率が小さく、インプットが小さいものは不完全燃焼の可能性がある。

e　ＬＰガス用コンロを都市ガス 13 Ａで使用すると、空気過剰状態になり良好燃焼領域から外れる。

①　1　　②　2　　③　3　　④　4　　⑤　5

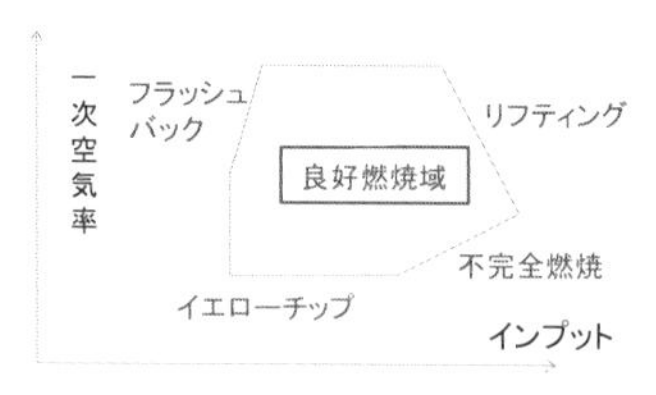

解答解説　解答②

b　フラッシュバックの可能性がある。

d　イエローチップの可能性がある。

消費テキスト P26 を参照

消費 2－7　ガスの燃焼とガス機器の適応

ガスの燃焼とガス機器の適応に関する次の記述のうち、正しいものはいくつあるか。

a　バーナーは、インプットの低い範囲で燃焼させた場合、一次空気率を上げるとフラッシュバックが起こり、一次空気率を下げるとイエローチップが発生するという燃焼特性を有する。

b　サーマルNO_Xの生成量は、燃焼ガスの温度と密接な関係にある空気比により変化し、空気比1付近で最大となる。

c　ガスの不完全燃焼により発生する中間生成物には、一酸化炭素、水素、アルデヒド、すす等がある。

d　ウォッベ指数（WI）と燃焼速度指数（MCP）による互換性図（右図）の中で、②の線は、リフティング限界を表しており、②の線より左側では、炎がバーナーより浮き上がって燃える現象が発生する。

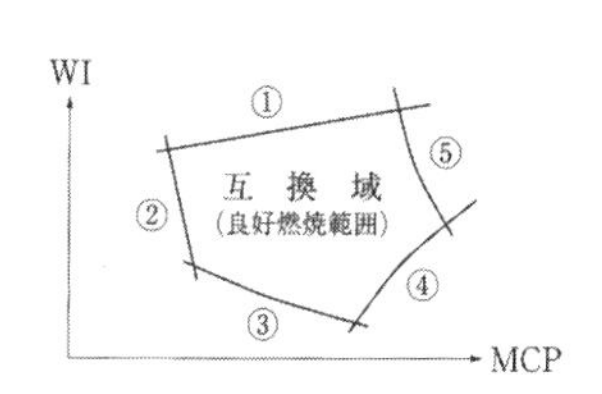

e　同様に右図において、④の線は、フラッシュバック限界を表しており、④の線より下側では、炎が混合管内に燃え戻る現象が発生する。

①　1　　②　2　　③　3　　④　4　　⑤　5

解答解説　**解答⑤**

全て正しい。

類題　令和4年度甲種問19

消費テキストP26、25、22、27　を参照

消費　2－8　ガスの燃焼と熱量調整

ガスの燃焼と熱量調整に関する次の記述のうち、正しいものはいくつあるか。

a　バーナーの炎口負荷は、インプットに比例し、バーナーの炎口面積に反比例する。

b　ユニバーサルバーナーは、燃焼速度の異なるガスに対応するために、炎口負荷の適正範囲が広く設計されている。

c　熱量調整前後においてインプットを一定にするためには、ウォッベ指数やガス圧力に応じてガス機器のノズル口径を変更する必要がある。

d　ブンゼンバーナーでは、ウォッベ指数が低下した場合、フラッシュバックしやすくなる。

e　現在は、国内すべての都市ガス事業において、一酸化炭素を含まないガスへの燃料転換が完了している。

①　1　　②　2　　③　3　　④　4　　⑤　5

解答解説　解答⑤

全て正しい。

消費テキスト P204 ～ 208 を参照

消費　3－1　家庭用厨房機器（1）

家庭用厨房機器の説明で誤っているものはどれか。 ＊1R2

①　Si センサーコンロは、標準搭載機能として、調理油過熱防止機能、立ち消え安全装置、消し忘れ消火機能、早切れ防止機能が搭載されて

いる。

② 油物調理時に温度センサーが鍋底の温度を見張り、油が発火する以前にガスを止め消火するのが調理油過熱防止装置である。 *2R4

③ 調理油過熱防止機能の温度センサーを利用して、油温度調節機能、炊飯機能等が実現している。

④ 焦げ付き消火機能とは、調理油過熱防止装置の温度センサーとマイコンを利用した調理自動判別機能により、煮物と判断した場合、鍋が焦げ付き始めると自動消火する。

⑤ ガスコンロにはトップランナー基準は導入されてはいないが、炎の広がりを抑える、鍋底と距離を近づける等の改良で、従来品より熱効率が上昇した。

解答解説 解答⑤

⑤ ガスコンロも2002年にトップランナー基準が導入された。基準導入後は、導入前と比較し、約10%効率アップとなっている。

② ガスコンロはガス用品の規制対象である。現在製造されている家庭用ビルトインコンロには、法規制として調理油過熱防止装置と立ち消え安全装置が搭載されている。

消費テキストP61、63、65を参照

*1R2 こんろに装備される中火点火機能は、着衣着火火災防止のために点火時に炎があふれないようにする機能である。消費テキストP62

*2R4 ガスこんろは、ガス用品の規制対象となっており、現在使用されている2口以上のこんろには、全口に調理油過熱防止装置が搭載されている。消費テキストP172

消費 3－2　家庭用厨房機器（2）

家庭用厨房機器の説明で誤っているものはどれか。

① コンロの内蔵グリルで、水無しグリルは、グリル皿の温度上昇を低減させ、過熱防止センサーの設置により、水を張る必要がなくなった。

② ガス炊飯器の自動消火装置で、フェライト式は、熱的に敏感な抵抗体であるフェライトの電気抵抗値の変化をマイコンで判定し、バルブを閉じて自動的に消火する。＊R3

③ 炊飯器に搭載されているバーナーは、ブンゼン燃焼式である。

④ コンビネーションレンジは、ガス高速オーブンに電子レンジ機能が内蔵されたものであり、自動加熱調理機能付きのマイコン式コンビネーションレンジもある。

⑤ コンビネーションレンジの赤外線センサーは、食品から出た赤外線をとらえ、赤外線の量に応じた微弱な電圧を発生させ、温度を検知する。

解答解説　解答②

② 説明文はサーミスタ式のもの。フェライト式はフェライトの磁性が温度によって無くなり、バルブを閉止し自動消火する。

消費テキスト P67 ～ 69、72 を参照

＊R3　温度制御に用いられるサーミスターは、温度変化に対して抵抗値が負の特性を持つ。消費テキスト P182

消費 3－3　家庭用機器、長期使用製品安全制度

家庭用ガス機器等に関する説明で誤っているものはいくつあるか。

a　Si センサーコンロの普及で、2015 年には、2007 年比でガスコンロ火災は約 2 割減少した。

b　ガスグリドルは、直火で加熱したプレートによって、放射熱で調理する機器である。 *R3

c　床暖房のガス給湯温水熱源機は、ガス用品ではない。

d　自己排気リサイクル検知機能とは、NO_X 対策のため、燃焼排ガスを再び燃焼用空気として使用することを検知する機能である。

e　長期使用製品安全制度は、特定保守製品の経年劣化によるリスクについて、注意喚起表示を推奨する制度である。

①　1　　②　2　　③　3　　④　4　　⑤　5

解答解説　**解答⑤**

全て誤り。

a　ガスコンロ火災は約 4 割減少した。

b　ガスグリドルは、伝導熱で調理する機器である。

c　床暖房のガス給湯温水熱源機は、ガス用品に含まれる。

d　自己排気リサイクル検知機能とは、波板等で囲われた空間で機器を使用した場合、酸欠状態を自動検知し、不完全燃焼を防止する機能である。設問の NO_X 対策は、自己ガス再循環のこと。

e　経年劣化によるリスクについて、注意喚起表示を義務化する制度である。

消費テキスト P42、61、67、76 を参照

*R3　オーブンでは、主に対流伝熱により調理が行われる。消費テキスト P71

3－4　ファンヒーター・赤外線ストーブ等

ファンヒーターに関する次の記述のうち、誤っているものはいくつあるか。＊1R3　＊2R3

a　ファンヒーターは開放式の暖房機であるが、不完全燃焼防止装置が搭載されているので、使用に際して換気をする必要がない。

b　ファンヒーターでは、フィルター等の詰まりにより機体が過熱状態になると、フィルターサインが点滅する。

c　ファンヒーターの室温調整機能には、温度センサーとして主に熱電対が使用されている。

d　赤外線ストーブには、8時間燃焼を継続すると自動的に運転を停止する機能が搭載されている。

e　金網ストーブでは、金網が経年劣化や外力により変形し、火炎に接触すると不完全燃焼を起こすことがある。

①　0　　②　1　　③　2　　④　3　　⑤　4

解答解説　解答④

a　ファンヒーターは、不完全燃焼防止装置が搭載されているものの、開放式であるため、換気は必要である。

c　ファンヒーターの室温調整機能には、温度センサーとしてサーミスタが使用されている。

d　8時間燃焼を継続すると自動的に運転を停止する機能は、ファンヒーターの機能である。

類題　令和2年度甲種問22

消費テキストP117～118、122を参照

＊1R3　ファンヒーターのメインバーナーには、主にブンゼン式が用いられている。

消費テキスト P117

*2R3　消し忘れ防止装置は、長時間使用による事故を未然に防止する効果があり、開放式小型湯沸器やコンロにも搭載されているが、ファンヒーターにも搭載されている機器もある。消費テキスト P172

消費 3－5　衣類乾燥機、FF暖房機、金網ストーブ

衣類乾燥機、FF暖房機、金網ストーブの説明で誤っているものはいくつあるか。

a　衣類乾燥機では、衣類に付着した油分が乾燥による熱で酸化し発熱することにより自然発火するおそれがあるため、油分の付着した衣類の乾燥を禁止している。 *1R3

b　現在販売されている衣類乾燥機には、油が付着したタオルや衣類が自然発火しないよう、冷却運転機能が装備されている。 *3R4

c　FF式暖房機は燃焼に必要な空気を室内から取り入れ、燃焼排ガスを屋外に排出する半密閉式の暖房機である。 *2R3

d　FF暖房機の排気筒外れ検知装置には、微小電流導通検知が用いられている。

e　FF式暖房機の給排気方式は密閉式だが、排気筒トップは屋外に突出しているため、耐風・耐雨水性が要求される。

①　0　　②　1　　③　2　　④　3　　⑤　4

解答解説　解答②

c　FF式暖房機は燃焼に必要な空気を屋外から取り入れ、燃焼排ガスを屋外に排出する密閉式の暖房機である。

類題　令和2年度甲種問22

消費テキスト 118、120、124 を参照

*1R3 回転ドラム式衣類乾燥機は、空気で希釈された燃焼排ガスにより、ドラムの中の洗濯物を直接乾燥させるものである。消費テキスト P123

*2R3 気密性が高い部屋で FF 暖房機を長時間使用しても、酸欠による事故は起きにくい。消費テキスト P118

*3R4 ガス衣類乾燥機では、排気温度等を測定し、設定値を超えた場合はインプット制御を行う。消費テキスト P124

消費 3－6 家庭用コージェネレーション（1）

家庭用コージェネについての説明で、正しいものはいくつあるか。

a 家庭用コージェネの運転制御は、エネルギー使用量を定期的に計測し、使用量を予測し、運転時間もそれに応じて更新することを自動で行う。 *1R3

b 家庭用コージェネは、ガスエンジンと燃料電池に大別されるが、発電効率、熱回収効率ともほぼ同じである。

c ガスエンジンの発電機電力は、交流であるが、コンバーターで一度直流電力に変換され、その後インバーターで商用電力と同じ電圧・周波数の交流電力に変換される。 *2R3

d ガスエンジンも燃料電池も排熱を回収する熱交換器が設置されている。

e 燃料電池の発電原理は、水の電気分解の逆反応である。メタンと空気中の酸素を電気化学的に反応させることにより発電する。

① 0 ② 1 ③ 2 ④ 3 ⑤ 4

解答解説 解答④

b と e が誤り。

b　ガスエンジン（エコウイル）は熱回収効率が高く、燃料電池（エネファーム）は発電効率が高い。

e　燃料電池の発電原理は、水の電気分解の逆反応である。水素と空気中の酸素を電気化学的に反応させることにより発電する。

c　ガスエンジンの発電電力の変換は本文の通り。燃料電池の発電電力は直流で、インバーターで交流に変換される。

消費テキスト P127 ～ 129、135 を参照

*1R3　回転ドラム式衣類乾燥機は、空気で希釈された燃焼排ガスにより、ドラムの中の洗濯物を直接乾燥させるものである。消費テキスト P123

*2R3　気密性が高い部屋で FF 暖房機を長時間使用しても、酸欠による事故は起きにくい。消費テキスト P118

消費　3－7　家庭用コージェネレーション（2）

家庭用コージェネレーションに関する説明で誤っているものはいくつあるか。

a　日本の家庭用エネルギーの消費量は 2015 年度で、1973 年度比 1.9 倍になっており、エネルギー消費を抑えることが重要である。

b　家庭用コージェネレーション PEFC の主な装置は、ガスエンジン＋発電機の組合せである。

c　SOFC は、発電効率が低く、熱の利用が必須であり、電力需要に合わせ、熱を余らせないように運転しながら、温水が必要量に達した時、発電を停止する。

d　SOFC は、PEFC と同様、CO 変成器や CO 選択酸化器を備えている。

e　集合住宅向けのエネファームは耐震性能や耐風性能が向上しており、パイプシャフトやバルコニーに設置されるのが一般的である。

① 1　　② 2　　③ 3　　④ 4　　⑤ 5

解答解説　解答③

b、c、d　が誤り。

b　PEFC の主な装置は、燃料処理装置＋燃料電池の組合せである。設問文はエコウイルである。

c　説明文は、PEFC である。

d　SOFC は、作動温度が高温で、CO も発電に利用できるため、CO 変成器などは備えていない。

a　日本のエネルギー消費は、90 年代までは一貫して増え続け、04 年度がピーク。産業部門が 15 年度は 73 年度比 0.8 倍と減少。家庭部門が 1.9 倍、業務他部門が 2.4 倍と大きく増加。今後は、家庭用・業務他部門の省エネが重要。

消費テキスト P 126、127、132、134 を参照

消費　3－8　家庭用燃料電池

家庭用燃料電池コージェネレーションシステムに関する次の記述のうち、誤っているものはいくつあるか。

a　固体高分子形の作動温度は 700 ～ 1,000℃、固体酸化物形は 60 ～ 100℃である。*R2

b　水蒸気改質反応は発熱反応であるため、燃焼などによる外部からの熱の供給は不要である。

c　家庭におけるエネルギー需要は家庭ごとに異なり予想ができないため、需要予測を前提とした運転制御を組み込んだ機種は存在しない。

d　単電池（セル）の発生電圧は約0.7Vであるが、単電池（セル）を電気的に並列接続することにより必要な電圧が得られる。

e　水蒸気改質によって生成した改質ガス中の水素は、すべてメタン（CH_4）に含まれていたものである。

①　1　　②　2　　③　3　　④　4　　⑤　5

解答解説　**解答⑤**

a　固体高分子形の作動温度は60～100℃、固体酸化物形は700～1,000℃である。*R2

b　水蒸気改質反応は吸熱反応で、反応に必要な熱量は燃焼などにより外部から加えられる。

c　家庭燃料電池コジェネは、需要予測を行って運転制御している。

d　電池（セル）は、電気的に直列接続することにより必要な電圧が得られる。

e　水蒸気改質によって生成した水素は、メタンと水蒸気に含まれていたものである。

$CH_4 + 2H_2O \rightarrow CO_2 + 4H_2$　（基礎テキストP74）

消費テキストP128～129、306を参照

*R2　固体酸化物形燃料電池は、作動温度が約700℃であり、起動・停止に対する耐久性が比較的低く、電主熱従運転となるため原則として連続運転になる。消費テキストP127

消費　4－1　エコジョーズ

エコジョーズに関する説明で、誤っているものはいくつあるか。

a　従来の熱交換器の上部にもう一つの熱交換器を組み込み、潜熱を有

効に回収したため、200℃の排気が40～50℃に低下した。

b　従来型の給湯器の熱効率は80％程度であったが、潜熱回収型では熱効率は95％となった。

c　潜熱回収により発生する凝縮水が燃焼排ガスのNO_X等に溶け込み、強酸性となり、腐食が進むため、材質をチタンやステンレスに変更し、耐久性を向上させた。

d　潜熱回収型給湯器には、凝縮水のpHを5～9に改善できる中和器が組み込まれている。

e　下水道法では、事業場等、家庭における排水をpH5～9にするように規定されている。このため、潜熱回収型給湯器は、下水道法を満たす水質に改善している。

①　0　　②　1　　③　2　　④　3　　⑤　4

解答解説　解答②

e　下水道法では、事業場等における排水をpH5～9にするように規定されている。一般家庭では規定はないが、潜熱回収型給湯器は、下水道法を満たす水質に改善している。

消費テキストP76～77を参照

消費　4－2　温水機器の最新・制御技術（1）

温水機器の最新技術、制御技術について、誤っているものはどれか。

①　高温出湯防止装置の熱湯遮断弁は、形状記憶合金のばね等でお湯の回路を遮断する形状となっている。

② 淡燃焼バーナーの両脇に濃燃焼バーナーを配置し、NO_X 濃度が低く、かつCOや未燃ガスの発生が少ない安定した火炎を形成するバーナーを濃淡燃焼バーナーという。

③ 給湯器の経年劣化により燃焼状態が悪化してきた時、その状態を機器自体が診断し、レベルに応じた安全動作と利用者への報知を行う機能を自己診断機能と呼ぶ。

④ 負荷に応じてガス比例弁によりガス量を、燃焼ファンにより空気量を制御し、最適な燃焼になるように、制御することを空気比制御という。

⑤ 冷水サンドイッチ現象を解消するのがQ機能である。

解答解説 解答④

④ 負荷に応じてガス比例弁によりガス量を、燃焼ファンにより空気量を制御し、最適な燃焼になるように、制御することを空燃比制御という。空気比とは、実際の燃焼に供給される必要空気量と理論空気量の比をいう。

消費テキストP78～79、81～82、158を参照

消費 4－3 温水機器の最新・制御技術（2）

温水機器の最新技術・制御技術で、誤っているものはどれか。

① 温水機器のフィードフォワード制御は、リモコン等で設定した給湯温度、水量センサーからの流量、入水サーミスタからの水温から、最適なガス量とファン回転数をマイコンが演算し、ガス量制御装置・ファン回転数を最適な運転条件にする。

② 温水機器のフィードバック制御は、出湯サーミスタの出湯温度情報

から、リモコン設定温度と比べて温度差がないかマイコンが比較し、差がある場合に補正する。

③　温水機器は、フィードバック制御又はフィードフォワード制御を選択して使用するのが一般的である。

④　湯量制御で、水位で設定するのは水位センサー、湯量で設定するのは水量センサーである。 *R4

⑤　消費エネルギー量表示機能付きリモコンとは、現在のエネルギー消費量を金額で知らせるとともに、使用者自身が決めた省エネルギー目標を超えるとお知らせし、使用者自身がどのような省エネをするか判断させる機能が搭載されたリモコンである。

解答解説　解答③

温水機器は、フィードバック（ＦＦ）制御とフィードフォワード（ＦＢ）制御を組み合わせて使用するのが一般的である。ＦＦ制御のみでは湯温がばらつき、ＦＢ制御のみでは出力補正に時間がかかるため、組合わせている。

消費テキスト P81、83、85 を参照

*R4　水位センサーを内蔵したふろ給湯器では、浴槽循環口から水面までの水頭圧を計測することで、浴槽の大きさや形状にかかわらず、水位監視が可能である。消費テキスト P82

消費　4－4　湯沸器

湯沸器の説明で、誤っているものはいくつあるか。 *R4

a　先止め式は、湯を使用する場所に設置するもので、元止め式は、複数の水栓に給湯できる。

b　先止め式には、水圧が異常に高くなることを防ぐため、安全機能が

搭載されている。

c　自己診断機能は、全ての温水機器に搭載するよう法令で義務付けられている。

d　水温 5℃の場合、24 号の瞬間湯沸器は 40℃のお湯を最大毎分 24 ℓ供給することができる。

e　大型瞬間湯沸器に用いられる多段式バーナーでは、燃焼しているバーナー本数が少ないときに熱効率が低下する傾向にある。

①　0　　②　1　　③　2　　④　3　　⑤　4

解答解説　解答④

a　元止め式は、湯を使用する場所に設置するもので、先止め式は、複数の水栓に給湯できる。

c　自己診断機能は、全ての温水機器に搭載するよう法令で義務付けられてはいない。

d　給湯能力で 1 号とは、水温から 25℃上昇させたお湯を 1 分間に 1 ℓ出せる能力をいう。従って問題文では、40 −5 ＝ 35℃の温度差のため 24 ℓより少なくなる。

消費テキスト P77、79、86 ～ 87 を参照

＊R4　瞬間湯沸器の点火・消火機構の役割は、単に点火・消火のみの目的だけではなく、空だき防止等の安全装置として、流水感知の役割も果たしている。消費テキスト P90

消費　4－5　風呂がま

風呂がまの説明で、誤っているものはいくつあるか。

a　BF 式風呂がまの給排気のバランスを崩すと不完全燃焼や立ち消え

の原因となるので、給排気トップの周囲に障害物があってはならない。

b　CF 式風呂がまを BF—DP 式風呂がまに取り替える場合、CF 式風呂がまの排気筒壁貫通穴を利用して給排気筒トップを取り付けることができる。

c　壁貫通式ふろ給湯器は、BF—DP 式風呂がまの取り替え時に浴槽を大型化したいニーズに対応しており、浴槽を 30cm 大きくでき、シャワー・給湯使用時に追いだきが可能である。

d　風呂給湯器の設置方式には、浴室隣接設置形と設置フリー形があり、設置フリー形は自吸式ポンプを使用しているため、ポンプの揚程範囲内で自由に設置位置を選択することができる。

e　風呂給湯器は、水位センサーを用いて自動的に足し湯を行う機能がある。

①　0　　②　1　　③　2　　④　3　　⑤　4

解答解説　解答②

c　壁貫通式ふろ給湯器は、BF 式風呂がまの取り替え時に浴槽を大型化したいニーズに対応しており、屋外設置式である。

消費テキスト P96 ～ 99 を参照

消費　4－6　給湯暖房熱源機

給湯暖房用熱源機に関する説明で、誤っているものはどれか。

①　２缶３水とは、熱交換器が２つ、回路が給湯、ふろ、暖房の３つで構成される機器のことで、暖房循環水との熱交換で風呂の追い焚きを行う。 ＊1R2　＊2R3

② 暖房温水循環回路で冬季に湯温は高温になり、膨張し、圧力が増す。この膨張を吸収するのが、シスターンである。また、温水循環水の漏水は空だきになる恐れがあるため、シスターンの水位を監視し、漏えいを判断している。これを漏水検知機能という。

③ 熱動弁は、動作のための電源を必要とし、また弁を急激に開閉すると、ウォーターハンマー等の恐れがあり、注意を要する。

④ セントラルヒーティングでは、低温度と高温度を混合して２種類の温度の温水を同時に利用できる機能を二温度コントロールという。

⑤ ハイブリッド給湯器とは、電気ヒートポンプと潜熱回収型ガス給湯器で必要なお湯の量に合わせて効率的に運転を行うシステムである。

解答解説 解答③

③ 熱動弁は、弁の動きは緩やかで、ウォーターハンマー等は生じない。

消費テキスト P100 ～ 104 を参照

*1R2 給湯暖房用熱源機には、機器の状態確認、ふろの湯張り及び床暖房運転等を遠隔で行うことが できるものがある。消費テキスト P86

*2R3 2缶3水の給湯暖房用熱源機には、燃焼により加熱される2つの熱交換器のほかに、温水により加熱される熱交換器が備わっている。消費テキスト P101

消費 4－7 給湯暖房システム

給湯暖房システムに関する説明で、誤っているものはいくつあるか。

a 温度制御方式のE－CON 方式とは、熱源機と各端末機器の間をE－CON と呼ぶ接点回路で接続し、端末機器側でE－CON 回路を ON－OFF すると、熱源機が温水供給を発停する。

b ガス温水床暖房は、足元から暖かく、ヒートショックがない一様な室温が得られる。

c　浴室暖房乾燥機のミストサウナは、浴室内に温風供給する浴室暖房を行いながら、温水を微細噴霧することで浴室内をミストサウナ空間にする機能である。

d　浴室は法改正により新築・増改築時には、24時間機械換気設備の設置が義務付けられた。また、機械換気方式は第3種として位置付けられることが多い。

e　放熱器には、ファンによる強制対流のファンコンベクターと、輻射・自然対流のパネル形又はパイプ形の温水ラジエーターがある。

①　0　　②　1　　③　2　　④　3　　⑤　4

解答解説　解答①

全て正しい。

浴室暖房乾燥機は、生活シーンに合わせて暖房、乾燥、涼風、換気の4つの機能を備えている。加えて、24時間換気の機能を搭載したものもラインナップされている。

消費テキストP109～110、112～113を参照

消費　4－8　家庭用温水機器（1）

家庭用ガス温水機器に関する次の記述のうち、正しいものはいくつあるか。

a　給湯能力が20号の瞬間湯沸器では、10℃の水を40℃に上昇させたお湯を毎分20L供給できる。

b　開放式瞬間湯沸器は、AC100V電源を利用した瞬間湯沸器に比べ安全機能が少ない。

c　給湯暖房用熱源機の暖房回路にはシスターンが搭載されており、循環水の膨張に伴う圧力上昇を吸収している。

d　給湯暖房用熱源機には、暖房回路に漏水検知機能が組み込まれている。

e　浴室暖房乾燥機は低温暖房端末であり、60℃程度の温水を利用している。*R2

①　1　　②　2　　③　3　　④　4　　⑤　5

解答解説　解答③

a　給湯能力が20号の瞬間湯沸器では、10℃の水を40℃に上昇させたお湯を毎分20L供給はできない。給湯能力1号は、水温から25℃上昇させたお湯を1分間に1L出せる能力をいう。

e　2温度コントロール方式で、浴室暖房乾燥機は高温暖房端末であり、80℃程度の温水を利用している。

類題　平成30年度甲種問22

消費テキストP87、109を参照

*R2　給湯暖房システムにおける暖房用温水の温度制御では、2温度コントロール方式が主流である。消費テキストP108

消費　4－9　家庭用温水機器（2）

家庭用ガス温水機器に関する次の記述のうち、正しいものはいくつあるか。

a　現在販売されている開放式瞬間湯沸器には、ブンゼンバーナーが用いられている。

b　瞬間湯沸器には元止め式と先止め式とがあり、ＲＦ式瞬間湯沸器は先止めである。

c　現在販売されているＢＦ式ふろがまには電源がないため、タイムスタンプ機能を搭載したものはない。

d　多段式バーナーでは、燃焼しているバーナー本数が少ない時に熱効率が低くなる傾向にある。

e　給湯暖房用熱源機では、熱効率向上策の一つとして給湯側で間欠燃焼させている。

①　1　　②　2　　③　3　　④　4　　⑤　5

解答解説　解答③

c　現在販売されているＢＦ式ふろがまには、電池を電源とした電子回路を装備することで、タイムスタンプ機能を搭載したものがある。

e　給湯暖房用熱源機では、熱効率向上策の一つとして暖房側で間欠燃焼させている。

類題　令和元年度甲種問 21

消費テキスト P89、86、75、77 を参照

消費　5－1　立ち消え安全装置

立ち消え安全装置に関する説明で、正しいものはどれか。

①　省令で、湯沸器、ふろがま、ストーブ、コンロ等のガス用品には、立ち消え安全装置が推奨されている。

②　フレームロッド式とは、異なった２種類の金属を接合させて加熱すると、熱起電力が発生し電流が流れる。この金属の組み合わせをサー

モカップルといい、その起電力を利用して炎の検知を行う方式である。

③　熱電対式とは、炎の導電性と整流性を利用して、炎の検知を行う方式である。

④　フレームロッド式は、熱電対に比べ、応答速度が速く、炎の誤検知もない。

⑤　立ち消え安全装置はFF暖房機は熱電対、ファンヒーターはフレームロッドが採用されている。

解答解説　解答④

①　省令で、湯沸器、ふろがま、ストーブ、コンロ等のガス用品には、立ち消え安全装置が義務付けされている。

②　熱電対式とは、異なった２種類の金属を接合させて加熱すると、熱起電力が発生し電流が流れる。この金属の組み合わせを（サーモカップル）といい、その起電力を利用して炎の検知を行う方式である。

③　フレームロッド式とは、炎の導電性と整流性を利用して、炎の検知を行う方式である。

⑤　FF暖房機はフレームロッド、ファンヒーターは熱電対である。

消費テキストP117、120、150～152を参照

消費　5－2　過熱防止装置

過熱防止装置等の説明で、誤っているものはどれか。

①　過熱防止装置とは、ふろがま、湯沸器の熱交換器及び機器本体が異常に高温になった場合、ガス通路を閉じてガス機器の作動を停止させる働きをする。

②　過熱防止装置のバイメタル式は、リミットスイッチといわれ、器体

または熱交換器等に取り付けられている。異常温度を感知しバイメタルの反転を利用して回路を遮断する。

③　過熱防止装置の温度ヒューズ式は、炎あふれ等により、温度ヒューズ取り付け部分の雰囲気温度が異常に高くなった場合にヒューズが溶断し、回路を遮断する。

④　空焚き安全装置とは、温水機器やふろがま内に水がない場合、バーナーのガス通路を開けずに空焚きにならないようにする安全装置である。 *R3

⑤　低温作動弁は、外気温で作動するもので交流電源を必要としないことから、自動凍結予防装置として比較的古くから用いられてきた方式である。

解答解説　解答④

④　空焚き安全装置とは、温水機器やふろがま等が空焚きした場合、温水機器やふろがまが損傷する以前に自動的にバーナーへのガス通路を閉ざす安全装置である。問題文は、空焚き防止装置の説明である。

消費テキスト P152 ～ 156、159 を参照

*R3　給湯器の空焚き防止装置は、水量センサーで給湯器の最低作動水量を検知して、ガス電磁弁を開閉するものである。消費テキスト P156

消費　5－3　不完全燃焼防止装置（1）

不完全燃焼防止装置に関する説明で、誤っているものはいくつあるか。 *R4

a　不完全燃焼防止装置とは、室内の酸素濃度の低下や機器内の熱交換器のフィン詰まり等による酸素不足でバーナーが不完全燃焼する前

に、バーナーへのガス通路を閉じて不完全燃焼によるCO中毒事故を予防する安全装置である。

b　開放式湯沸器の不完全燃焼防止装置の酸欠時の作動は、2つの熱電対により一定の酸素濃度以下で合成起電力が電磁弁の保持電圧以下になり、メインバーナーからCOが発生する前に電磁弁を閉止しガスを遮断する。

c　開放式湯沸器のフィン詰まりは、ガス消費量の少ないパイロットバーナーの燃焼にほとんど影響しないため、逆バイアス熱電対の発生起電力を増大させ、電磁弁にかかる電圧を低下させてガスを遮断させる。

d　CF式ふろがまは、居室の換気扇等の使用により、浴室内の圧力が外気圧より低くなると、浴室内に設置されているふろがまの燃焼排ガスが逆風止めから浴室内に逆流する。その結果、ふろがまが不完全燃焼し、COが浴室内に充満することによってCO中毒が発生する。これを防止するための機能がCF式ふろがまの不完全燃焼防止装置である。

e　全てのビルトインコンロには、調理油過熱防止装置と不完全燃焼防止装置が組み込まれている。

①　0　　②　1　　③　2　　④　3　　⑤　4

解答解説　解答②

e　コンロには不完全燃焼防止装置は組み込まれていない。

消費テキストP66、161、163～164を参照

*R4　屋内に設置されているCF式機器、FE式機器は、不完全燃焼防止装置の搭載は法制化されている。消費テキストP161、165

消費 5－4　不完全燃焼防止装置（2）

不完全燃焼防止装置の説明で誤っているものはいくつあるか。

a　法令で不完全燃焼防止装置は、開放式瞬間湯沸器は、排ガス中の体積CO％が0.3％以下（実測値）、ストーブは0.5％以下でガス通路を閉ざすことになっている。

b　ファンヒーターでは熱電対式とフレームロッド式があるが主流はフレームロッド式で、赤外線ストーブでは熱電対式のみである。

c　開放式湯沸器の熱電対式では、フィン詰まり時には炎の伸びが長くなる変化に着目し、酸欠時には内胴圧力の変化に着目している。

d　CF式ふろがまでは、熱電対式（雰囲気検知式）とサーミスタ式（排気逆流検知式）があり、2個のサーミスタの排気温度の変化で逆流を検知するのは、サーミスタ式である。

e　FE式、FF式給湯器では、COセンサーを使用するが、COセンサーには接触燃焼式、半導体式、固体電解質式の3種類がある。

①　1　　②　2　　③　3　　④　4　　⑤　5

解答解説　解答③

a、b、cが誤り。

a　法令で、開放式瞬間湯沸器は、排ガス中の体積CO％が0.03％以下（実測値）、ストーブは0.05％以下でガス通路を閉ざすことになっている。

b　ファンヒーターでは熱電対式とフレームロッド式があるが主流は熱電対式で、赤外線ストーブでは熱電対式のみである。

c　開放式湯沸器の熱電対式では、酸欠時には炎の伸びが長くなる変化に着目し、フィン詰まり時には内胴圧力の変化に着目している。

消費テキスト P161 ～ 167 を参照

消費 5－5　ガス機器の安全装置（1）

ガス機器の安全装置についての説明のうち、誤っているものはどれか。＊1R1 ＊2R1 ＊3R4

① 再点火防止装置とは、不完全燃焼防止装置が起動するまでの時間の繰り返し使用により、装置が故障するなどの現象を防止するため、不完全燃焼防止装置が一度でも作動した際に、機器の再点火を防止するものである。

② 転倒時安全装置とは、ファンヒーターでは、傾斜を鋼球の移動で検出してガス回路を遮断するものである。

③ 調理油過熱防止装置とは、サーミスタにより鍋底の温度を検知してガス回路を遮断する。

④ てんぷら油の自然発火温度は約 370℃であり、調理油過熱防止装置の設定は温度は約 250℃である。

⑤ 現在製造されている家庭用温水機器には、失火を検知してガスの漏えいを防ぐ安全機能が搭載されている。

解答解説　解答①

① 再点火防止装置とは、不完全燃焼防止装置が起動するまでの時間の繰り返し使用により、装置が故障するなどの現象を防止するため、不完全燃焼防止装置が複数回作動した際に、機器の再点火を防止するものである。

消費テキスト P150、168、172 を参照

＊1R1　コンロの消し忘れ防止装置には、一般にタイマー式が採用されている。消

費テキスト P172

*2R1　コンロのグリル過熱防止装置には、バイメタル式とサーミスタ式とがある。消費テキスト P172

*3R4　凍結予防装置には、一般に「手動排水」「低温作動弁」「ポンプ運転」「電気ヒーター」「バーナー燃焼」のいずれかの手法を用いる。消費テキスト P159

消費　5－6　ガス機器の安全装置（2）

家庭用ガス機器に組み込まれている安全装置及び機能に関する次の記述のうち、正しいものはいくつあるか。

a　立ち消え安全装置には、熱電対式とフレームロッド式とがある。

b　温水機器の空だき防止装置には、水位スイッチ式、水流スイッチ式及び水量センサー式がある。

c　現在発売されている開放式瞬間湯沸器には、タイムスタンプ機能が組み込まれており、使用回数が 10 万回を超えると使用できなくなる。

d　開放式ストーブの不完全燃焼防止装置には、CO センサー式、熱電対式及びフレームロッド式がある。

e　CF 式ふろがまの不完全燃焼防止装置には、雰囲気検知方式と排気逆流検知方式とがある。

①　1　　②　2　　③　3　　④　4　　⑤　5

解答解説　解答③

c　現在発売されている開放式瞬間湯沸器には、タイムスタンプ機能が組み込まれており、使用回数が 10 万回を超えるとお知らせする機能である。

d　開放式ストーブの不完全燃焼防止装置には、熱電対式、フレームロッド式の２種類である。

類題　平成 30 年度甲種問 26

消費テキスト P76、161 を参照

消費　5－7　ガス機器の安全装置（3）

ガス機器と安全装置に関する次の記述のうち、誤っているものはいくつあるか。

a　ファンヒーターの不完全燃焼防止装置には、立ち消え安全装置と兼用でサーミスタが用いられている。

b　誘導雷保護装置とは、雷サージ電流を接地線側にバイパスし、機器に加わる電圧を低く制限することにより機器を保護するものである。

c　現在販売されているＢＦ式ふろがまに搭載されている冠水検知装置には、電極式とサーミスタ式とがある。

d　過圧防止安全装置は、瞬間湯沸器や貯湯湯沸器の缶体内の水圧が一定値以上に上昇した場合に、ガスの供給を遮断するものである。

e　熱電対式立ち消え安全装置の電磁弁に適正な起電力を送るための熱電対の加熱温度は、約 600 ～ 700℃である。

①　0　　②　1　　③　2　　④　3　　⑤　4

解答解説　解答④

a　熱電対が用いられている。　　c　電極式とフロート式とがある。

d　ガス供給を遮断するのではなく。異常圧力を逃がすもの。

類題　令和２年度甲種問 26

消費テキスト P117、150、158、173 を参照

消費　5－8　点火時安全装置

点火時安全装置に関する説明で、誤っているものはどれか。

① 点火時安全装置とは、燃焼室を持つガス機器の残留未燃ガスによる爆発点火を防止するためのものである。

② 点火時安全装置は、センサーの種類によって風量を検知する方式とファン回転数を検知する方式の２種類がある。

③ ファン回転検知方式のうちホールＩＣ式とは、燃焼用ファン軸に取り付けたマグネットの磁界によりホールＩＣを動作させ、回転数を検出する。

④ ファン回転検知方式のうちフォトインタラプタ式とは、回転板に取り付けたスリットでフォトインタラプタの発光側の光を継続的に受光側に与えることにより回転を検出するものである。

解答解説　解答②

② 点火時安全装置は、センサーの種類によって風量を検知する方式と風圧を検知する方式、ファン回転数を検知する方式の３種類がある。

消費テキスト P169 ～ 171 を参照

消費　5－9　制御装置

制御装置の説明で、誤っているものはいくつあるか。

a　ガス量制御では、多段式には、バーナー切り替えとガス量切り替えがあり、比例制御式には、コイルを固定、可動するタイプがある。

b　空気量制御では、段階切り替え、連続制御の方式がある。

c　水量制御のワックス式サーモエレメントとは、エレメント内にワックスサーモを封入して、温度変化によるワックスの膨張、収縮を利用して水量を制御するものである。＊R3

d　圧力制御には、ガス圧を一定に保つガスガバナーと水圧を一定に保つ水ガバナーがある。

e　温度制御には、温度変化を電気的に出力するサーミスタ式とダイヤフラム、ベローズ、バイメタルを使う機械式がある。

①　0　　②　1　　③　2　　④　3　　⑤　4

解答解説　解答①

全て正しい。

消費テキスト P178 ～ 182 を参照

＊R3　水量制御装置には、機械的に水量を制御するものと、電気的に水量を制御するものとがある。消費テキスト P180

消費　5－10　点火装置及び制御装置

家庭用ガス機器の点火装置及び制御装置に関する次の記述のうち、正しいものはいくつあるか。

a　点火装置には、圧電式と連続スパーク式とがある。

b　瞬間点火装置（クイック点火）は、こんろや開放式瞬間湯沸器に搭載されている。

c　緩点火装置 (スローイグニッション）は、主に先止め式瞬間湯沸器に搭載されている。

d　ガス量を制御する方式には、段階的にガス量を制御する方式と連続的にガス量を制御する方式とがある。

e　給湯器の水量制御装置は、出湯量が多い等、設定温度を維持できない場合に水量を制御する。

①　1　　②　2　　③　3　　④　4　　⑤　5

解答解説　解答⑤

全て正しい。

類題　令和元年度問 26

消費テキスト P174、176 ～ 178、180 を参照

消費　6－1　業務用厨房

業務用厨房に関する次の記述のうち、正しいものはいくつあるか。

a　調理作業が涼しく快適に行えるだけでなく、機器表面温度を抑えて食材や油などの焦げ付きをなくし、火傷の心配も少ない機器を低輻射熱機器という。

b　業務用厨房の置換換気システムの代表例として、換気、グリスフィルター、照明などの各種機能を一体化させた「換気天井システム」がある。

c　パルス燃焼式フライヤーは、熱交換器部分の熱伝達率が従来の浸管式に比べ高く、昇温時間を短縮できる。

d　スチームコンベクションオーブンは、オーブン機能に加え蒸気を使った自在な温度制御により、「焼く」「蒸す」「煮る」の調理が可能であ

る。

e　蒸し器は、蒸気を直接食品に接触させて調理する機器であり、食品の型崩れや栄養分等の流出が少ない。

①　1　　②　2　　③　3　　④　4　　⑤　5

解答解説　解答⑤

全て正しい。

業務用厨房の最近の出題では、立体炊飯器（一度に大量の炊飯を行うもので、低輻射熱機器が開発されている）が出題されている。

消費テキストP211～212、219～220、225～226を参照

消費　6－2　蒸気ボイラー

蒸気ボイラーに関する説明で、正しいものはどれか。

①　蒸気は、加圧状態で蒸気を発生させることで温水では不可能な100℃以上の高い温度の熱の運搬が可能となり、温水に比べて一度に大量の熱を運ぶことができる。

②　貫流ボイラーとは、大口径のドラムの内側に燃焼室を有し、燃焼ガスがこれらの中を流れドラムに満たされた水が加熱される。立ち上がりに時間を要する。

③　炉筒煙管ボイラーとは、上部に気水ドラム、下部に水ドラムを有し、その間を多数の水管で結んだもので、主として水管により熱伝達を行う。

④　水管ボイラーとは、上部管寄せと下部管寄せの間を複数の垂直な水管で結んだ構造である。下部管寄せから給水し、垂直な水管を加熱す

ることで、水が水管を上昇する間に気水混合状態にし、蒸気と水を分離して、蒸気を得る。

解答解説　解答①

② 炉筒煙管ボイラーとは、大口径のドラムの内側に燃焼室を有し、燃焼ガスがこれらの中を流れドラムに満たされた水が加熱される。立ち上がりに時間を要する。

③ 水管ボイラーとは、上部に気水ドラム、下部に水ドラムを有し、その間を多数の水管で結んだもので、主として水管により熱伝達を行う。

④ 貫流ボイラーとは、上部管寄せと下部管寄せの間を複数の垂直な水管で結んだ構造である。下部管寄せから給水し、垂直な水管を加熱することで、水が水管を上昇する間に気水混合状態にし、蒸気と水を分離して蒸気を得る。

消費テキスト P241 ～ 244 を参照

消費　6－3　業務用ガス機器（1）

業務用ガス機器に関する次の記述のうち、正しいものはいくつあるか。

a　複数台の瞬間湯沸器で構成され、給湯量に応じて台数制御を行うマルチ温水機を運転するためには、小型ボイラーの取扱い資格が必要である。

b　ガス燈の構造は、ガスを燃焼させた裸火に発光剤を吸収させた網袋（マントル）を被せることによって化学反応が起こり光を発する。

c　業務用厨房に用いられる排気フード接続型給湯器には、排気フードに排気筒が接続されているため CO センサーは不要である。

d　業務用厨房に使われている排気ダクト接続型給湯器には、排気トップ部に排気温度センサーと排気あふれセンサーが装備されている。

e　クリーニング店で使用される衣類乾燥機は、石油系溶剤で洗ったものを乾燥する場合の引火性の問題から、ボイラーで作られたスチームを利用し熱交換器で暖められた空気により乾燥させるしくみである。

①　1　　②　2　　③　3　　④　4　　⑤　5

解答解説　**解答③**

a　マルチ温水器は、簡易ボイラーのため、取扱い資格者は不要である。

c　排気フード接続型給湯器には、排気フードに排気筒が接続されていても、常に CO 濃度をチェックし、異常燃焼時に燃焼を停止させるため、CO センサーは必要である。

業務用の最近の出題では、業務用タンブラー式衣類乾燥機（ブンゼンバーナーの燃焼排ガスを空気で希釈した熱風で衣類を乾燥）が出題されている。

消費テキスト P235 ～ 237、246 ～ 247 を参照

消費　6－4　業務用ガス機器（2）

家庭用ガス機器及び設備に関する次の記述のうち、正しいものはいくつあるか。

a　貯蔵湯沸器は、給湯配管を通して離れた場所へ給湯することができる。

b　半密閉式瞬間湯沸器は、業務用厨房の排気ダクトに燃焼排ガスを排出できるものがある。

c　マルチ温水器は、構成する複数台の給湯器のうち 1 台が故障しても、

他の正常な給湯器で継続して給湯できる。

d　ガススチームコンベクションオーブンでは、「焼く」、「蒸す」、「煮る」、「炊く」「茹でる」等の調理が可能である。

e　換気天井システムでは、厨房内の調理機器から発生する熱や燃焼排ガスを空調処理された外気と置換することで、効率よく換気を行っている。

①　1　　②　2　　③　3　　④　4　　⑤　5

解答解説　解答④

a　貯蔵湯沸器は、水圧がかからないため、湯沸器設置場所でしか湯を沸かすことができない。給湯配管を通して離れた場所へ給湯することができるのは、貯湯湯沸器である。

類題　令和元年度甲種問23

消費テキストP232、235、233、219、213を参照

消費　6－5　吸収式の特徴

吸収冷温水機・吸収冷凍機の特徴で、誤っているものはいくつあるか。

a　フロンを使用せず、低NO_Xで、地球環境にやさしい。

b　ガスエンジンやガスタービンの排熱を熱源として利用できるため、システム全体のエネルギー効率を向上できる。

c　吸収冷凍サイクルは、蒸発、吸収、再生、凝縮の各行程からなり、再生行程の加熱用に都市ガスが使われる。＊1R3

d　冷房においては、省エネルギー化が推進され、三重効用まで実用化されている。＊2R2

e　冷凍機の運転性能を表すには、成績係数が用いられ、冷凍機の入力に対する冷凍出力の比によって示される。

①　0　　②　1　　③　2　　④　　③　　⑤　4

解答解説　解答①

全て正しい。

二重効用型は、再生器が２つあり、高温再生器から低温再生器を経て濃縮される。成績係数COPは、単効用型に比べて約２倍向上する。

消費テキストP255、257～258、260を参照

＊1R3　吸収冷凍機の再生器では、冷媒を吸収して薄くなった吸収溶液を加熱して冷媒を蒸発させている。消費テキストP255

＊2R2　吸収冷凍機における二重効用吸収冷凍サイクルでは、単効用吸収冷凍サイクルに比べ、冷却水に捨てられる熱の比率は小さい。消費テキストP256

消費　6－6　　GHP（1）

GHPの主要構成について、誤っているものはどれか。

①　凝縮器は、冷媒を蒸発させ冷風・冷水を作り、蒸発器は、冷媒蒸気を液化して温風や温水を作る。

②　圧縮器は、冷媒蒸気が液化しやすいように圧縮され、この行程でガスエンジンが使用される。

③　膨張弁は、冷媒液が蒸発しやすいように減圧する。

④　四方弁は、冷房・暖房の冷媒流路の切り替えをする。

⑤　レシーバータンクは、凝縮器で液化した冷媒を一時貯蔵する容器で、常に液を確保し装置の円滑運転を図る。

解答解説　解答①

① 蒸発器は、冷媒を蒸発させ冷風・冷水を作り、凝縮器は、冷媒蒸気を液化して温風や温水を作る。

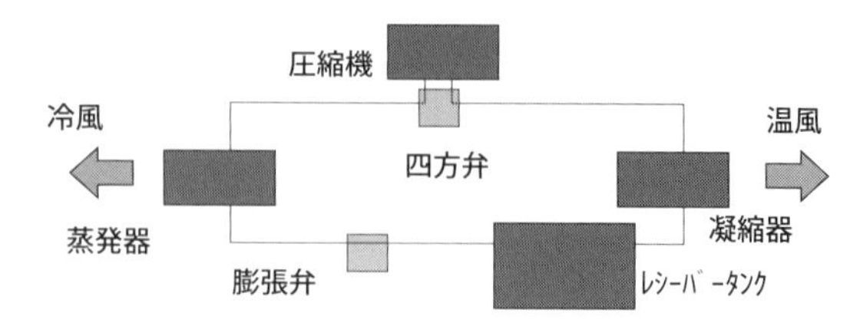

消費テキスト P264 ～ 265 を参照

消費 6－7　GHP（2）

GHP に関する説明で誤っているものはいくつあるか。

a　発電機付き GHP にバッテリーを搭載し、停電時に搭載したバッテリーでエンジンを起動し、停電時にも発電した電力で空調や照明等を使用することができるもの電源自立型 GHP という。

b　GHP に水熱交換ユニットを組合わせ、冷温水を供給することができるものを GHP チラーという。

c　GHP と電気ヒートポンプを同一冷媒配管に接続できるものや GHP 内に電動コンプレッサーを内蔵してあるものをハイブリッド GHP という。

d　GHP 遠隔監視システムでは、過剰な温度設定を適正な温度に変更、消し忘れを防止、室温に応じて自動的に省エネ運転に切り替える等の制御が可能になる。

e　最近のガス冷房総容量（吸収式＋ GHP）の推移は、GHP より吸収式の方が伸びは大きい。

① 0　　② 1　　③ 2　　④ 3　　⑤ 4

解答解説　解答②

eが誤り。

e　最近のガス冷房総容量（吸収式＋GHP）の推移は、吸収式よりGHPの方が伸びは大きい。

消費テキストP251を参照

消費 6－8　コージェネレーション（1）

コージェネレーションのガスエンジン、ガスタービンに関する説明について、正しいものはいくつあるか。

a　ガスエンジン式は、天然ガスは圧縮比を高く取れ、熱効率が良い。

b　ガスエンジン式は、非常用兼用機を使用すれば、常用と非常用に切り替えが可能なため、設備費の低減と供給信頼性の向上が図られる。

c　ガスエンジンの温水回収タイプは、家庭用ではエコウイル、業務用ではジェネライトとして導入されている。

d　ガスタービン式は、空冷式のため冷却水が不要である。

e　ガスタービン式は、ホテル・病院など民生用分野に広く適している。

① 1　　② 2　　③ 3　　④ 4　　⑤ 5

解答解説　解答④

e　ガスタービン式は、地域冷暖房や工場など大規模分野に適している。

消費テキストP283～284を参照

6－9　コージェネレーション（2）

次のガスタービン式バリエーションの記述のうち、誤っているものはどれか。

① シンプルサイクルは、ジャケット冷却水系と燃焼排ガス系から温水を回収し、暖房、冷房、給湯などの熱需要に対応できる。

② 排気助熱サイクルは、ガスタービンの排ガスを追い炊きすることにより、排熱ボイラから多量の蒸気を取り出すことができる。

③ コンバインドサイクルは、排熱ボイラから回収した高圧蒸気をスチームタービンに導き発電を行うシステムで、高い発電効率が得られる。

④ チェンサイクルは、電力ピーク時に過熱蒸気をタービンに供給し、電力出力の向上が図れるサイクルである。余剰蒸気を放出することなく、電力量と熱負荷のバランスを取ることができる。

⑤ コージェネから排出される NO_X の低減は、燃焼改善で NO_X を減少する方法と排ガス処理により NO_X を除去する方法がある。

解答解説　解答①

① シンプルサイクルは、ガスタービン式のバリエーションの一つで、燃焼排ガス系から高圧蒸気を回収し、高圧蒸気は各種加熱系への活用が可能である。問題文は、ガスエンジンの温水回収タイプの説明である。

②～④はいずれもガスタービン式のバリエーションである。

消費テキストP284、286、298を参照

消費 6-10　コージェネレーションの設計

コージェネレーションの設計に関する説明について、誤っているものはどれか。＊R3

① コージェネレーションは年間を通じて安定した電力負荷、熱負荷で、それぞれの時刻別発生パターンが類似した建物が、導入に適している。

② コージェネレーションは熱電比の高い建物に適している。

③ 熱主電従運転は、電力の負荷に合わせて発電し、排熱は利用できるだけ利用して、もし余れば放熱する方法である。

④ ピークカット運転とは、電主熱従運転で、ピークカットにより契約電力を下げることにより、基本料金を安くし、また受電設備も低減できる方法である。

⑤ 発電電力と商用電力系統を連携させて使うのが系統連系で、一定の条件を満たせば電力を電力会社に売電（逆潮流）することが可能である。

解答解説　解答③

③ 電主熱従運転は、電力の負荷に合わせて発電し、排熱は利用できるだけ利用して、もし余れば放熱する方法である。

④ 電主熱従運転のもう一つのタイプは、ベースロード運転である。これは発電機を定格負荷に近い状態で保ち、長時間運転する方法である。

消費テキスト P289 ～ 290 を参照

＊R3　コージェネレーション設備では、一定の出力以下で要件を満たせば電気主任技術者の選任や保安規程の届け出が不要であり、点検を委託することができる。消費テキスト P295

6－11　ガス冷暖房とコージェネレーション

ガス冷暖房とコージェネレーションシステムに関する次の記述のうち、誤っているものはいくつあるか。

a　GHPの性能を表す数値として、近年では通年エネルギー消費効率（APFp）が用いられている。

b　GHPの中には、1台の室外機で冷房と暖房とを同時に行うことができるものがある。

c　固体高分子型燃料電池は、酸素イオンが電解質の中を移動し、水素と反応することによって発電を行う。

d　1冷凍トンとは、0℃の水1トンを1時間で0℃の氷にする冷凍能力である。

e　吸収式冷温水機は、冷媒に水を用いるノンフロン空調機である。

①　1　　②　2　　③　3　　④　4　　⑤　5

解答解説　解答②

c　固体高分子型燃料電池は、水素イオンが電解質の中を移動し、酸素と反応することによって発電を行う。

d　1冷凍トンとは、0℃の水1トンを24時間で0℃の氷にする冷凍能力である。

類題　平成30年度甲種問23

消費テキスト　P257、260、273、278、301～302を参照

 6－12　燃料電池の特徴

燃料電池の特徴について、誤っているのはどれか。

① 固体高分子形……100℃以下の低温で作動するため、起動停止が容易。出力密度が大きく取れるため、コンパクト化しやすい。

② リン酸形……熱回収も蒸気回収や温水回収が可能で、最も早く技術確立され、既に実用化されているタイプである。

③ 固体酸化物形……作動温度が700℃以上と高いため触媒が不要で、一酸化炭素も発電に利用できるため、燃料処理装置を簡易化することができる。＊R3

④ 溶融炭酸塩形……ガスタービン、蒸気タービンと組み合わせた高効率発電システムの構築が可能。コンパクト化しやすい。

解答解説　解答④

④ 溶融炭酸塩形は、ガスタービン、蒸気タービンと組み合わせた高効率発電システムの構築が可能。大容量化しやすい。

消費テキストP301～305を参照

＊R3　固体酸化物形燃料電池（SOFC）、は、電解質にセラミックスの一種である安定化ジルコニア等を使用し、作動温度600～1,000℃と高いため触媒が不要である。消費テキストP304

消費 6－13　コージェネ・業務用ほか

コージェネレーションシステム、業務用ガス機器及びガス冷暖房に関する次の記述のうち、正しいものはいくつあるか。

a 家庭用の固体高分子形燃料電池（ＰＥＦＣ）は、発電効率が系統電力より高い性能を有し、原則として毎日起動・停止する運転となって

いる。

b　熱電比（熱需要 / 電気需要）が比較的高い建物は、コージェネレーションシステムの導入に向いている。

c　麺ゆで器の丸釜式には、ダウンドラフト方式により、省エネルギー性を高めたタイプがある。

d　ガススチームコンベクションオーブンの加熱部には、庫内を加熱する庫内用バーナー部と庫内空気を強制対流させるファンが搭載されている。

e　ガスエンジンヒートポンプ（GHP）に用いられる4サイクルエンジンの爆発行程では、ピストンが上死点に近づいたときに点火プラグで火花を飛ばす。

①　1　　②　2　　③　3　　④　4　　⑤　5

解答解説　解答④

aが誤り。

a　家庭用の固体高分子形燃料電池（ＰＥＦＣ）は、発電効率が系統電力より低い性能を有し、原則として毎日起動・停止する運転となっている。

類題　令和4年度甲種問23

消費テキストP127、189、224、220、268　を参照

消費　7－1　機械換気

機械換気についての説明で、誤っているものはいくつあるか。

a　2つの送風機で給気口から空気を送り込んで排気口から空気を送出

する方法、一般に窓がない機械室などで使われる方式を第２種換気という。

b　送風機で空気を送り込んで排気口から空気を押し出す方法で、ガス機器を設置する部屋の換気には適さない。この方法を第３種換気という。

c　室内の適当な位置に給気口を設け、室内空気を送風機によって屋外に排出し、外気を給気口より室内へ自然に流入をさせる方式で、住宅の換気はほとんどこのタイプである方式は、第１種換気という。

d　換気扇の取り付けられている部屋全体の空気を入れ替えることにより、汚れた空気も同時に排出する方式を全体換気方式といい、汚染空気の発生場所を局所的に換気する方式を局所換気方式と呼ぶ。

e　１箇所で排気と給気を同時に行う場合を同時給排換気方式と言いショートサーキットに注意する。

①　1　　②　2　　③　3　　④　4　　⑤　5

解答解説　解答③

a　このタイプは、第１種換気という。

b　このタイプは、第２種換気という。

c　このタイプは、第３種換気という。３種換気では室内は負圧になる。

消費テキスト P31 ～ 32 を参照

消費　7－2　必要換気量

必要換気量に関する説明で、誤っているものはどれか。*R2

①　自然換気回数Ｎは、換気量Ｑを部屋の容積Ｖで除したもので、Ｎ＝

Q／Vで表される。

② 換気量の計算方法は、建築基準法による方法と、部屋の必要換気回数から求める方法がある。

③ 建築基準法による方法で、調理室の場合、必要換気量V＝定数×理論排気ガス量×燃料消費量で表され、定数は換気方法によって異なり、理論排ガスに対する換気量で、2～4倍である。

④ 建築基準法による方法で、居室の場合、居室の床面積と一人当たりの占有面積から必要換気量Vが計算され、V＝20×居室の床面積／一人当たり占有面積で表される。

⑤ 部屋の必要換気回数から求める方法は、必要換気量V＝必要換気回数×部屋の容積で求められる。

解答解説 解答③

③ 建築基準法による方法で、調理室の場合、必要換気量V＝定数×理論排気ガス量×燃料消費量で表され、定数は換気方法によって異なり、理論排ガスに対する換気量で、20～40倍である。

消費テキストP33～34を参照

*R2 必要換気量とは、室内の酸素濃度をある限界に保つための最小の換気量のことである。消費テキストP34

消費 7－3 必要換気量の計算

排気フードⅠ型の下で燃焼消費量が5kWのガスコンロを使用する時、部屋の必要換気量(m^3／h) として最も近い値はどれか。ただし、燃焼の単位発熱量当たりの理論排ガス量は、0.93m^3／kWhとする。 *R4

①　5　　②　45　　③　90　　④　140　　⑤　190

解答解説　解答④

必要換気量V＝排気フードⅠ型の定数×理論排ガス量K×燃料消費量Q

$$= 30 \times 0.93\,(\mathrm{m^3/kWh}) \times 5\,(\mathrm{kW}) = 139.5\,(\mathrm{m^3/h}) \fallingdotseq 140$$

類題　令和3年度甲種問24

消費テキストP34を参照

*R4　調理室の必要換気量は、ガス機器の場合、機器の合計ガス消費量とレンジフードの形状により決まる。消費テキストP36

消費　7－4　換気

換気に関する次の記述のうち、正しいものはいくつあるか。*R2

a　第1種換気は、1台の送風機で室内に空気を送り込み、排気口から空気を押し出す換気方法である。

b　局所換気方式は、燃焼排ガスや調理に伴う油煙等、汚れの源が限定されている場合に効果的な換気方式である。

c　ガス機器を使用する部屋には、必ず機械換気設備を設けなければならない。

d　ガスこんろ上部のレンジフードは、こんろ上面から1000mm以下に設置されなければならない。

e　近年の高気密住宅では、自然換気回数は1.0回／h程度といわれている。

①　1　　②　2　　③　3　　④　4　　⑤　5

解答解説　解答②

a　第1種換気は、2つの送風機で、給気口から空気を送り込んで、排気口から空気を送出す方法であり、設問文は、第2種換気の説明である。

c　ガス機器を使用する部屋には、必ず換気設備を設けなければならない。

e　近年の高気密住宅では、自然換気回数は0.1回／h程度といわれている。

類題　平成30年度甲種問24

消費テキスト　P31、33、45を参照

*R2　自然換気における空気の流れを起こす力の種類には、風圧を利用したものと、空気の温度差によって生じる浮力を利用したものがある。消費テキストP30

消費　7－5　換気扇

換気扇に関する説明で、正しいものはどれか。

①　軸流ファンには、ターボファン、シロッコファンがあり、他に遠心力ファン（プロペラファン）、貫流ファン、斜流ファン（クロスフローファン）がある。

②　レンジフードの高さは、コンロ上面から1.2m以下が望ましいとされている。

③　排気フードII型の理論排ガスに対する換気量は、40倍である。

④　住宅の高密度化を考慮したレンジフードでは、同時給排気タイプや、高補集率タイプのレンジフードが有効である。

解答解説　解答④

① 遠心力ファンには、ターボファン、シロッコファンがあり、他に軸流ファン（プロペラファン）、斜流ファン、貫流ファン（クロスフローファン）がある。

② レンジフードの高さは、コンロ上面から1.0m以下が望ましいとされている。

③ 排気フードII型の理論排ガスに対する換気量は、20倍である。なお、排気フードI型は30倍、排気フードなしは40倍である。

消費テキストP35～37を参照

消費　7－6　一酸化炭素中毒

一酸化炭素中毒に関する下記の記述で誤っているものはいくつあるか。

a　一酸化炭素は、無色、無味でわずかに臭いがあり、空気中に拡散した場合でも気がつく。

b　肺から取り込まれた一酸化炭素は、ヘモグロビンと結合するが、酸素の200～300倍ヘモグロビンに対する結合力が強く、体内の酸素が欠乏する。

c　一酸化炭素中毒は、CO濃度と暴露時間により症状が変化する。

d　空気中の一酸化炭素と吸入時間による中毒症状の表からは、0.32%では、2～3時間で前頭部に軽度の頭痛となる。＊R4

e　濃度0.1%は、100ppmである。

①　0　　②　1　　③　2　　④　3　　⑤　4

解答解説　解答④

a　一酸化炭素は、無色、無味、無臭の気体で、空気中に拡散した場合でも気がつきにくい。

d　都市ガス工業概要（消費機器編）の一酸化炭素の中毒症状表によると、0.32％では、「5 ～ 10 分間で頭痛・めまい、30 分間で死亡する」とされている。

e　ppm は百万分率のため 0.1％は 1,000ppm である。

消費テキスト P38 ～ 40 を参照

＊R4　CO 中毒の症状は、空気中における CO 濃度と吸入時間により異なり、CO 濃度が 0.02% 程度であっても、２～３時間で前頭部に軽度の頭痛を起こす。消費テキスト P40

消費　8 – 1　給排気の区分

給排気の区分とその特徴について誤っているものはどれか。

①　開放式は、燃焼用空気を屋内からとり、燃焼排ガスを屋内に排出する方式で、調理室以外で合計インプットが 6kW 以下の開放式ガス機器を設置する場合は自然換気にできる。＊1R2

②　半密閉式は、燃焼用空気を屋外からとって、燃焼排ガスを排気筒や送風機を用いて屋外に排出する方式で、自然排気式（CF）と強制排気式（FE 式）がある。

③　密閉式とは、燃焼室は設置される部屋からは遮断されており、給排気筒を屋外やチャンバー、ダクトなどに接続して、自然通気力（BF）、または強制給排気力（FF）によって給排気を行う方式で、燃焼室は設置される部屋から遮断されており、機器内圧力は外気と等しい。＊2R4

④　屋外式（RF）とは、機器本体を屋外に設置し、燃焼用空気を屋外からとり、燃焼ガスをそのまま屋外へ排出する方式で、給排気設備が不要で、屋内空気を汚さない。

解答解説 解答②

② 半密閉式は、燃焼用空気を屋内からとって、燃焼排ガスを排気筒や送風機を用いて屋外に排出する方式である。

消費テキスト P45、49 ～ 50、54、59 を参照

*1R2 合計インプットが 6kW を超える開放式機器を調理室以外での部屋に設置する場合、機械式換気が必要である。消費テキスト P49

*2R4 BF-C 式機器のチャンバーは、外気に開放された廊下で、給排気口が風による渦流や風圧等により、逆流の生じない位置及び構造とする。消費テキスト P55

消費 8－2 給排気設備

給排気に関する記述で（ ）内に入るもののうち、正しいものはどれか。 *R4

- 自然排気式（CF 式）は、燃焼排気の上昇力（ドラフト）を利用して排気を排出するため、以下の式で算出された排気筒の高さが必要である。
- CF 式の排気筒トップの位置は、下図のような場合、風圧帯を避け、屋

$$h = \frac{0.5+0.4n+0.1\ell}{\left(\dfrac{\boxed{(イ)}}{5.16\times\boxed{(ロ)}}\right)^2}$$

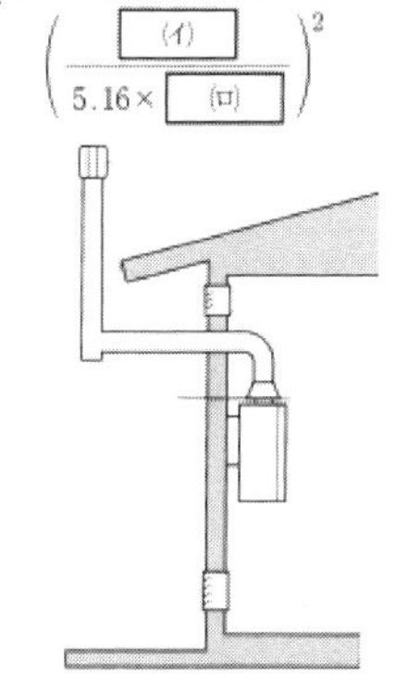

h ：排気筒の高さ(m)

Av：排気筒の有効断面積(cm^2)

H ：ガス消費量(kW)

n ：排気筒の曲がりの数

ℓ ：逆風止め開口部の下端から排気筒の先端の開口部までの排気筒の長さ(m)

根面から（ハ）cm 以上上方とする必要がある。

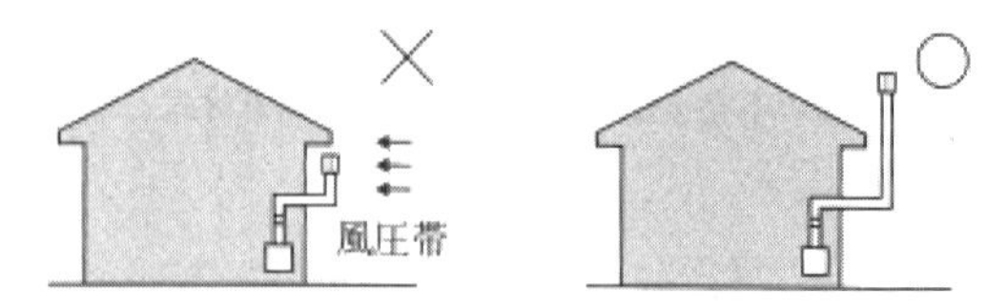

- 排気筒の高さは、（ニ）m を超える部分は、排気温度が下がり、ドラフト効果がないため、（ニ）m を超える部分はカウントしない。

	イ	ロ	ハ	ニ
①	Av	H	6 0	8
②	Av	H	3 0	8
③	H	Av	6 0	4
④	H	Av	6 0	4
⑤	H	Av	3 0	8

解答解説　解答①

消費テキスト P51 ～ 53 を参照

＊R4　FE 式機器では、排気筒の横引き長さと高さとの関係に関する法令上の規定はない。消費テキスト P54

消費　8－3　半密閉式（CF 式）

半密閉式で自然排気式（CF 式）の給排気に関する説明で、誤っているものはどれか。

① 燃焼排気の上昇はドラフトというが、圧力は数 Pa にも及ばない微弱なものである。

② 逆風止めは排気筒から屋外の風が逆進入してきたときは、排気はガス機器外（ガス機器設置室内）に誘導されて、燃焼が持続される。＊R3

③ 二次排気筒とは、排気筒の壁貫通部から排気筒トップまでの部分を

いう。

この口径は、ガス機器の種類及びガス消費量に応じて規定される。

④　排気筒トップは、二次排気筒の頂部に取り付けられ、排気の流出抵抗が小さく、鳥や雨風の侵入しにくい構造のものが使用される。

⑤　ガス機器を設けた室には、ガス機器の排気筒断面積以上の有効開口面積の給気口が必要となる。

解答解説　解答③

③　二次排気筒とは、逆風止めから排気筒トップまでの部分をいう。この口径は、ガス機器の種類及びガス消費量に応じて規定される。

消費テキスト P50 ～ 51 を参照

*R3　自然排気式のバフラーには、ドラフトを生じさせる役割はなく、逆風止めの役割がある。消費テキスト 50

消費　8－4　各種給排気方式の特徴（1）

給排気方式ごとの特徴や一般的な注意事項について、誤っているものはいくつあるか。

a　CF 式湯沸器の排気筒トップに用いられる材料は、難燃性、耐熱、耐食性を有するものでなければならない。

b　半密閉式の強制排気式（FE 式）では、排気筒トップの位置は、風圧帯を避け、あらゆる風が吹き抜ける位置とする。

c　CF 式と BF 式は、専用の給気口、換気口を設置する。

d　中高層住宅では共用給排気ダクトが採用されている。共用ダクトは、U ダクト、SE ダクトがあり、SE ダクトには垂直ダクト、水平ダクトがある。BF 式ガス機器は水平ダクトに接続してはならない。*1R3 *2R4 e　屋外式（RF 式）は、給排気設備が不要で、設備費が安く、美観上好ましく、省スペースである。

①　0　　②　1　　③　2　　④　3　　⑤　4

解答解説　解答④

a、b、c が誤り。

a　CF 式湯沸器の排気筒トップに用いられる材料は、不燃性、耐熱、耐食性を有するものでなければならない。

b　強制排気式では、排気筒トップは風圧帯の中に入れることができる。

c　CF 式は専用の給気口、換気口が必要であるが、BF 式は必要ない。BF 式は給気口と排気口が同一場所にあるため風圧がトップ部分にかかっても給気と排気はバランスを保ち安定した燃焼が得られる。

消費テキスト P51、54、56、59 を参照

*1R3　共用給排気ダクトに機器を設置する場合には、低酸素濃度下での燃焼検査に合格した密閉式機器を用いる。消費テキスト P56

*2R4　BF-D 式機器の U ダクト式では、機器の排気口をダクト内へ 40 ～ 50mm 突き出す必要がある。消費テキスト P56

消費　8－5　各種給排気方式の特徴（2）

給排気方式に関する説明で誤っているものはいくつあるか。 *R3

a　FF-W 方式は、給排気筒を外気に接する壁を貫通、屋外に出し、送風機で強制的に給排気する方式である。

b　FF-C 方式は、給排気筒を共用給排気ダクトに接続し、送風機で強制的に給排気する方式である。

c　新築の住宅、浴室の増築・改築は、自然排気式のふろがまを浴室内

に設置しないことが望ましいとされている。

d　RF式は、給排気を全て屋外で行い、屋内空気を汚さないため、保安上最も優れており、広く普及している。

e　RF式の留意点として、美観上、機器の周囲を波板等で囲うこととされている。

①　0　　②　1　　③　2　　④　3　　⑤　4

解答解説　解答③

b、eが誤り。

b　FF-C方式は、給排気設備をチャンバー内に設置、送風機で強制的に開放廊下に給排気する方式である。bはFF-D方式の説明である。

e　RF式の留意点として、機器の周囲を波板等で囲わないこととされている。

c　消費テキストP51では望ましいとなっているが、平成29年度甲種27問に「CF式ふろがまは新規に浴室内に設置することはできない」（ガス機器検査協会ガス機器の設置基準及び実務指針P389）が出題されている。

消費テキストP51、57～59を参照

*R3　強制給排気式機器は、給排気筒を延長できるため、機器本体は外壁に面して設置する必要がない。消費テキストP57

消費　8－6　各種給排気方式の特徴（3）

家庭用温水機器の給排気方式に関する説明で誤っているものはいくつあるか。

a　自然排気式機器の排気筒の横引き部分は、なるべく短くし先下がり勾配とする。

b　自然給排気式機器には、給排気部を共用給排気ダクトに接続できるものがある。

c　強制排気式機器を設置する室には、専用の給気口は不要である。

d　強制給排気式の給排気筒が壁を貫通する箇所には、燃焼排ガスが屋内に流れ込む隙間があってはならない。

e　屋外式機器には、集合住宅の開放廊下に面しているパイプシャフトの内部（壁面等）に設置できるものがある。*R2

①　0　　②　1　　③　2　　④　3　　⑤　4

解答解説　**解答④**

a、c、e　が誤り。

a　自然排気式（CF 式）は先下がり勾配としない。自然給排気式は BF 式。

c　強制排気式 (FE 式）は、専用の給気口が必要である。強制給排気式は FF 式。

e　屋外式機器（RF 式）には、集合住宅の開放廊下に面しているパイプシャフトの扉部に設置できるものがある。PS の内部（壁面等）に設置する場合は、FF 式を用い、給排気を PS 外で行う措置を講ずる。

類題　令和元年度甲種問 24

消費テキスト P 51、54 ～ 57、59 を参照

*R2　屋外式機器には、自然給排気式機器の給排気筒トップが取り付けられていた壁貫通部に設置できるものがある。消費テキスト P59

消費 9－1　ガス機器の接続

ガス機器の接続に関する説明で、誤っているものはどれか。*R2

① 接続具は、ゴム管から、強化ガスホース、金属可とう管、ガスコード、ガスソフトコードへと安全向上策が図られている。

② 接続具の安全性は、お客様がガス接続するもの、ガス接続にかかわらないものを合わせて、脱着が容易な迅速継手を使うこととしている。

③ ガスコードとは、呼び径 9.5mm 未満の鋼線で補強されたゴム製ホースの両端に、迅速継手または継手のついた定尺の接続具である。

④ 強化ガスホースとは、ゴム管の可とう性を活かし、耐切断性能、耐候性等に優れた接続具である。

⑤ ガスコンセントは、コンセント継手を接続するだけで、栓が自動的に開き、外すと閉じる構造となっており、万一接続具が外れても、ガス流出の心配がない。

解答解説　解答②

② 接続具の安全性は、お客様がガス接続するものは、脱着が容易な迅速継手、お客様がガス接続にかかわらないものは、ねじ接続及び抜け防止接続をという考え方としている。

消費テキスト P186 ～ 187、193 を参照

*R2　ガス栓用プラグは、ホースエンド口に取り付けることでコンセント口化する先端弁付迅速継手である。消費テキスト P187

消費 9－2　ガス接続具

ガス機器とガス栓を結ぶ接続具の基本的な使用例について、a～eに当

てはまる語句の組み合わせとして最も適切なものはどれか。

使用例	ガス機器	接続具	ガス栓
A	テーブルコンロ	ゴム管+ゴム管止め	(a)
B	ファンヒーター	(b)	コンセントガス栓他
C	開放式湯沸器	(c)	可とう管ガス栓
D	ビルトインコンロ	(d)	(e)

	a	b	c	d	e
①	ねじガス栓	ゴム管+ゴム管止め	金属可とう管	強化ガスホース	ねじガス栓
②	ねじガス栓	ガスコード	ガスコード	強化ガスホース	ねじガス栓
③	ホースガス栓	ゴム管+ゴム管止め	強化ガスホース	金属可とう管	ホースガス栓
④	ホースガス栓	ガスコード	金属可とう管	強化ガスホース	ホースガス栓
⑤	ホースガス栓	ガスコード	強化ガスホース	金属可とう管	ねじガス栓

解答解説　解答⑤

類題 平成29年度乙種問26

消費テキストP188を参照

消費 9-3　ヒューズ機構とガスコンセント

ガス栓のヒューズ機構とガスコンセントに関する説明で、誤っているものはどれか。

① ヒューズボールがガスを遮断するときの流量は、ヒューズボールの大きさ、質量、シリンダーの隙間、スリットの大きさ等によって決まる。

② つまみの開閉位置に関わらず、内部の栓が常に全開、または全閉の状態を維持し、ヒューズ機構を補完する機構をオンオフ機構という。

③　つまみが半開状態の時、ガス流量が少ないことによりヒューズ機構は作動せず、オンオフ弁も遮断されない。

④　ガスコンセントは、つまみ操作がなく迅速継手を接続するだけで栓が自動的に開き、外すと閉じる構造になっており、万一接続具が外れてもガス流出の心配がない。

⑤　ガスコンセントは、迅速継手が不完全に接続された状態やガス用ゴム管を誤接続した場合などではバルブと栓が押し込まれず、ガスは流れない。

解答解説　解答③

③　つまみが半開状態の時、ガス流量が少ないことによりヒューズ機構は作動せず、オンオフ弁によりガス通路は遮断される。ヒューズ機構の作動に必要なガス流量を通過するつまみ開度においてのみオンオフ弁は開になりガスを流すことができる。

消費テキスト P191 ～ 193 を参照

消費　9－4　都市ガス警報器（1）

都市ガス警報器に関する説明で、誤っているものはどれか。

①　現在では、「ガス漏れ・不完全燃焼複合型警報器」やさらに火災警報機能も兼ね備えた「住宅用火災・ガス漏れ複合型警報器」が主流である。

②　接触燃焼式は、白金線にアルミナを焼結させ、表面に酸化触媒を保持させて高温にしておく。可燃性ガスが表面で接触燃焼して白金の温度が上昇し、電気抵抗が変化することでガスを検知する。

③　半導体式は、白金線のコイルに酸化スズなどを塗布し焼結させる。これを高温にしておき、可燃性ガスが化学吸着して、電気伝導度が上昇し、抵抗値の低下でガスを検知する。

④　半導体式と熱線半導体式は、濃度の薄いガスに対し、比較的敏感で、ガス濃度が上昇するに伴い、出力上昇は緩やかになる。接触燃焼式は、ガス濃度と出力が比例する。

⑤　接触燃焼式では、雰囲気温度の変化によるゼロ点の移動を防ぐため、ブリッジ回路が使われている。

解答解説　**解答③**

③　の説明は熱線半導体式である。半導体式は、酸化スズや酸化鉄の焼結体を昇温させて、可燃性ガスが触れるとその表面に化学吸着して半導体の電気伝導度が清浄空気中より上昇する。この性質を利用してガスを検知する。消費テキスト P194 ～ 196 を参照

消費　9－5　都市ガス警報器（2）

都市ガス警報器の特徴について、誤っているものはいくつあるか。

a　警報器の自主検査規定では、警報器は都市ガスの爆発下限界の 1／4 以下の濃度で警報を発し始めるように定めている。

b　点火ミス等のわずかな漏れで警報が頻発しないように、爆発下限界の 1／10 以下では発報しないように定めている。

c　空気より軽いガスを検知する場合は、床面より 30cm 以内に設置し、水平距離はガス機器から 4m 以内でガス機器の設置してある部屋と同一の室内に設置しなければならない。

d　空気より軽い都市ガスを対象とした警報器は、調理の蒸気、特にアルコールの影響を受けやすく、自主検査規定では、0.1％のアルコールで警報を発しないように定めている。

e　都市ガス警報器には、戸外でも警報を発する戸外警報タイプや 1 か

所に集めて監視する集中管理システムなどがある。

① 1　② 2　③ 3　④ 4　⑤ 5

解答解説　解答②

b　爆発下限界の1／200以下では発報しないように定めている。

c　空気より軽いガスを検知する場合は、天井より30cm以内、水平距離は8m以内でガス機器の設置してある部屋と同一の室内に設置しなければならない。問題文は、空気より重い都市ガスの場合である。

消費テキストP196～198を参照

消費 9－6　各種警報器

各種警報器の特徴について、誤っているものはいくつあるか。

a　実際のガス警報器は、メタン濃度が0.2～0.5％程度で鳴り始めるよう調整されているものが多い。

b　空気より軽い都市ガス用の警報器には、一般に雑ガスを除去するフィルターがセンサー部に取り付けられている。

c　CO警報器には、浴室に設置可能な防湿対策品はない。

d　業務用換気警報器は、天井から30cm以内に設置する。

e　火災警報器の検知方式は、熱式と煙式がある。

① 1　② 2　③ 3　④ 4　⑤ 5

解答解説　解答②

c　CO警報器には、浴室に設置可能な防湿構造品がある。

d　業務用換気警報器は、人が吸う空気の高さ（床面より 170cm ± 20cm）に設置する。

類題　令和元年度甲種問 27

消費テキスト P196 ～ 198、201 を参照

消費　9－7　各種接続具と警報器

各種接続具と警報器に関する次の記述のうち、正しいものはいくつあるか。

a　ガスコードでは、一般にガス機器側のソケットが自在になっている。

b　ガスソフトコードは、ガスコンセントに接続して用いられる。＊1R4 ＊2R4

c　金属可とう管には、屋内用のものと屋内及び屋外兼用のものとがある。

d　ガス警報器は、メタン濃度が爆発下限界の 1／2 に相当する 2.5% 程度で鳴り始めるように調整されている。

e　業務用換気警報器は、血中一酸化炭素ヘモグロビン濃度の推定演算を行い、その値が設定値に達したときに警報を発報する。

①　1　　②　2　　③　3　　④　4　　⑤　5

解答解説　**解答②**

a　ガスコードでは、一般にガス栓側のソケットが自在になっている。

b　ガスソフトコードは、ホースエンド口のガス栓に接続して用いられる。

d　ガス警報器は、メタン濃度が爆発下限界の 1／25 ～ 1／10 に相当する 0.2 ～ 0.5% 程度で鳴り始めるように調整されている。（ただしガス事業法の告示では 1／4 以上のとき確実に作動することが規定され

ている。

類題 令和3年度甲種問27

消費テキストP187、196､200を参照

*1R4 ゴム管用ソケットは、ガスソフトコードに取り付けて使用し、コンセント口のガス栓又はガス栓用プラグと接続する迅速継手である。消費テキストP187

*2R4 ガスソフトコードは、ホースエンド口のガス栓及びガス機器に使用する接続具である。消費テキストP187

第6章

法令科目

第6章法令科目本文中、法令は以下のように略して表記してあります。

- ガス事業法：法
- ガス事業法施行令：施行令又は令
- ガス事業法施行規則：規則又は規
- ガス関係報告規則：報告規則
- ガス用品の技術上の基準等に関する省令：用省令
- ガス工作物の技術上の基準を定める省令：技省令
- 特定ガス消費機器の設置工事の監督に関する法律：特監法

法令 1－1　ガス事業法の目的

ガス事業法の目的に関する条文で、正しいものはどれか。＊R4

この法律は、ガス事業の運営を調整することによって、ガスの使用者の①生命、身体及び財産を保護し、及びガス事業の②健全な発達を図るとともに、ガス工作物の工事、維持、運用並びにガス用品の製造及び販売を③調整することによって④公共の福祉を確保し、あわせて⑤災害の予防を図ることを目的とする。

解答解説　解答②

正しい条文は、以下の通り。

この法律は、ガス事業の運営を調整することによって、ガスの使用者の①利益を保護し、及びガス事業の②健全な発達を図るとともに、ガス工作物の工事、維持、運用並びにガス用品の製造及び販売を③規制することによって、④公共の安全を確保し、あわせて⑤公害の防止を図ることを目的とする。

ガス事業法の目的は全面自由化後も変更はない。

法 1 条を参照

*R4　高圧ガス保安法　中高圧ガスの製造又は販売の事業及び高圧ガスの製造又は販売のための施設に関する規定は、ガス事業及びガス工作物については適用しない。法 175 条

法令 1－2　用語の定義（1）

法令で規定されている用語の定義に関する次の記述のうち、誤っているものはいくつあるか。

a　小売供給とは、一般の需要に応じ導管によりガスを供給すること（特定ガス発生設備においてガスを発生させ、導管により供給するものにあっては、一の団地内におけるガスの供給地点の数が 70 以上のものに限る）をいう。

b　一般ガス導管事業者には、最終保障供給を行う事業（ガス製造事業に該当する部分を除く。）を含む。

c　特定ガス導管事業とは、自らが維持し、及び運用する導管により特定の供給地点において託送供給を行う事業（ガス製造事業に該当する部分及び経済産業省令で定める要件に該当する導管により供給するものを除く。）をいう。

d　ガス製造事業とは、自らが維持し、及び運用する液化ガス貯蔵設備等を用いてガスを製造する事業であって、その事業の用に供する液化ガス貯蔵設備が経済産業省令で定める要件に該当するものをいう。

e　ガス事業とは、小売供給、一般ガス導管事業、特定ガス導管事業及びガス製造事業をいう。

①　1　　②　2　　③　3　　④　4　　⑤　5

解答解説　解答①

e　小売供給ではなく、ガス小売事業が正しい。

各ガス事業、各ガス事業者の定義は、法改正以前からの頻出事項、しっかり学習したい。

法２条を参照

法令　1－3　用語の定義（2）

法２条の一に定める託送供給の定義として下線部が誤っているものはどれか。

ガスを供給する①事業を営む他の者から②導管によりガスを受け入れた者が、同時に、③その受け入れた場所において、当該他の者のガスを供給する事業の用に供するための④ガスの量の変動であって、⑤省令で定める範囲内のものに応じて、当該他の者に対して、導管によりガスの供給を行うことをいう。

解答解説　解答③

正しくは、以下の通りである。

ガスを供給する①事業を営む他の者から②導管によりガスを受け入れた者が、同時に、③その受け入れた場所以外の場所において、当該他の者のガスを供給する事業の用に供するための④ガスの量の変動であって、⑤省令で定める範囲内のものに応じて、当該他の者に対して、導管によりガスの供給を行うことをいう。

法2条を参照

法令 1－4 用語の定義（3）

法令で規定する用語のうち、正しいものはいくつあるか。

a ガス工作物とは、ガス供給のために施設するガス発生設備、ガスホルダー、ガス精製設備、排送機、圧送機、整圧器、導管、受電設備その他の工作物及び消費機器であって、ガス事業の用に供するものをいう。

b 中圧とは、ガスによる圧力であって、0.1MPa以上1 MPa未満の圧力をいう。

c 熱量とは、標準状態の乾燥したガス1 m^3 中で測定される総熱量をいう。

d 液化ガスとは、常用の温度において圧力が0.2MPa以上となる液化ガスであって、現にその圧力が0.2MPa以上であるもの又は圧力が0.2MPaとなる場合の温度が35度以下である液化ガスをいう。

① 0　② 1　③ 2　④ 3　⑤ 4

解答解説　解答④

a　ガス工作物とは、ガス供給のために施設するガス発生設備、ガスホルダー、ガス精製設備、排送機、圧送機、整圧器、導管、受電設備その他の工作物及びこれらの附属設備であって、ガス事業の用に供するものをいう。

従って消費機器は含まれない。なおガス工作物の末端はガス栓である。

法2条規1条を参照

法令 1－5　移動式ガス発生設備の定義

移動式ガス発生設備は、導管等の工事時、災害その他非常時に、すでに供給している使用者に対してガスを一時的に供給するための移動可能なガス発生設備であって、その貯蔵能力が液化ガスの場合（a）、圧縮ガスの場合（b）である。また大容量移動式ガス発生設備とは、保有能力が液化ガスの場合（c）、圧縮ガスの場合（d）のものをいう。

（　）内に入るもので誤りはどれか。

① a　0kgを超え1万kg未満

② b　$0m^3$を超え1万m^3未満

③ c　100kg超

④ d　$100m^3$超

解答解説　解答④

dは、圧縮ガス$30m^3$超が正しい。なお、①②は2016年2月に改正されている。

規1条を参照

法令 1－6　輸送導管の定義

法令で規定する輸送導管に該当しないものはどれか。

① 製造所又は他の者から導管によりガスの供給を受ける事業場からガスを輸送する導管で、その内径及びガスの圧力が始点におけるものと同一である範囲のもの。

② 内径が300mm、圧力が2MPaの導管

③ 内径が400mm、圧力が1 MPaの導管

④ 内径が500mm、圧力が1 MPaの導管

⑤ 内径が600mm、圧力が2MPaの導管

解答解説　解答③

輸送導管は、下記のいずれかに該当する導管をいう。

1）製造所又は他の者から導管によりガスの供給を受ける事業場からガスを輸送する導管で、その内径及びガスの圧力が始点におけるものと同一である範囲のもの。

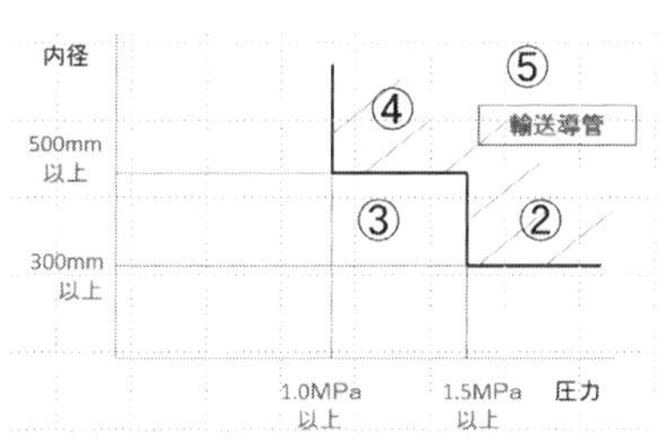

2）内径300mm以上、圧力1.5MPa以上のもの。

3）内径500mm以上、圧力1.0MPa以上1.5MPa未満のもの。

規52条を参照

法令 1－7　特定導管の定義

法令に定める特定導管の定義で、正しいものはどれか。

メタンを主成分とするガスグループ１２Ａ又は１３Ａのガスを供給する導管で次のいずれかに該当するものをいう。

ａ　内径が 200mm 以上で、かつガスの圧力が 0.5MPa 以上の導管であって、製造所または他の者から導管によるガスの供給を受ける事業場の構外における延長が 15km を超えるもの。

ｂ　内径 200mm 未満であり、かつガスの圧力が 5MPa 以上の導管であって、製造所等の構外における総延長が 15km を越えるもの。

ｃ　内径が 200mm 未満であり、かつガスの圧力が 0.5MPa 以上 5MPa 未満の導管であって、製造所等の構外における総延長が 15km を超えるもの。

ｄ　一般ガス導管事業者がその供給区域外の地域において設置する導管であって、当該供給区域内における一般ガス導管事業の用に供する導管と接続するもの（ａ～ｃを除く）

①　ａ、ｂ　　②　ｂ、ｃ　　③　ｂ、ｄ　　④　ａ、ｃ　　⑤　ｃ、ｄ

解答解説　**解答⑤**

特定導管の定義は４つあり、設問では、ｃとｄが正しい。ｃ、ｄ以外に、

ａ　内径が 200mm 以上で、かつガスの圧力が 0.5MPa 以上の導管であって、製造所または他の者から導管によるガスの供給を受ける事業場の構外における延長が 2km を超えるもの。

ｂ　内径 200mm 未満であり、かつガスの圧力が 5MPa 以上の導管であって、製造所等の構外における総延長が 2km を越えるもの。

がある。

規１条を参照

2－1　ガス事業と業務（1）

各ガス事業の業務に関して誤っているものの組み合わせはどれか。

a　ガス小売事業者は、正当な理由がある場合を除き、その小売供給の相手方のガスの需要に応じるために必要な供給能力を確保しなければならない。

b　ガス小売事業者は、小売供給を受けようとする者に対し、小売供給に係る料金その他の供給条件について、説明しなければならない。

c　一般ガス導管事業者は、いかなる場合も、その供給区域における託送供給を拒んではならない。 *R4

d　一般ガス導管事業者は、託送供給約款を定め、経済産業大臣に届け出をしなければならない。

e　一般ガス導管事業者は、託送供給約款を営業所、事務所に添え置くとともに、インターネットを利用することにより行う。（インターネットを利用することが著しく困難な場合を除く）

①　a、b　　②　a、c　　③　a、e　　④　b、d　　⑤　c、d

解答解説　解答⑤

c　一般ガス導管事業者は、正当な理由がなければ、その供給区域における託送供給を拒んではならない。

d　一般ガス導管事業者は、託送供給約款を定め、経済産業大臣の認可を受けなければならない。

法 47 ～ 48 条を参照

*R4　一般ガス導管事業を営もうとする者は、経済産業大臣の許可を受けなければならない。法 35 条

法令 2－2　ガス事業と業務（2）

法令で規定されている一般ガス導管事業者及びガス製造事業者の業務に関する次の記述のうち、誤っているものはいくつあるか。

a　一般ガス導管事業者が定める託送供給約款においては、託送供給を行うことができるガスの熱量の範囲、組成その他のガスの受け入れ条件に関する事項を定めなければならない。

b　一般ガス導管事業者は、正当な理由がなければ、最終保障供給を拒んではならない。

c　ガス製造事業者は、毎年度、ガスの製造並びにガス工作物の設置及び運用について供給計画を作成し、当該年度の開始前に、経済産業大臣に届け出なければならない。＊R4

d　ガス製造事業者は、その製造するガスの圧力にあっては、常時、製造所の出口及び経済産業大臣に指定する場所において、圧力値を自動的に記録する圧力計を使用して測定しなければならない。

e　ガス製造事業を営もうとする者は、経済産業省令で定めるところにより、ガス発生設備及びガスホルダーにあっては、これらの設置の場所、種類及び能力別の数を、経済産業大臣に届け出なければならない。

①　0　　②　1　　③　2　　④　3　　⑤　4

解答解説　解答③

c　ガス製造事業者は、毎年度、ガスの製造並びにガス工作物の設置及び運用について製造計画を作成し、当該年度の開始前に、経済産業大臣に届け出なければならない。

d　ガス製造事業者は、その製造するガスの圧力にあっては、常時、ガスホルダーの出口及び経済産業大臣に指定する場所において、圧力値を自動的に記録する圧力計を使用して測定しなければならない。

類題 令和３年度乙種問２

法86条1、規64条2，法47条2，法93条1、規144条1 を参照

＊R4 ガス小売事業者は、経済産業省令で定めるところにより、毎年度、当該年度以降経済産業省令で定める期間におけるガスの供給並びにガス工作物の設置及び運用についての計画を作成し、当該年度の開始前に（ガス小売事業者となった日を含む年度にあっては、ガス小売事業者となった後遅滞なく）経済産業大臣に届け出なければならない。法19条の1

法令 2－3 供給条件の説明

ガス小売事業者は、小売供給を受けようとする者に対し、小売供給に係る料金その他の供給条件について、説明しなければならないが、保安に関する説明事項について（ ）に当てはまる組合わせで正しいものはどれか。＊R1

- 供給するガスの（a）の最低値及び標準値その他のガスの成分に関する事項
- ガス栓の出口におけるガスの（b）の最高値及び最低値
- 供給するガスの（c）並びに当該小売供給を受けようとする者からの求めがある場合にあっては、（d）及び（e）

	（a）	（b）	（c）	（d）	（e）
①	熱量	圧力	使用に伴う危険性	所有区分	保安上の責任
②	圧力	熱量	使用に伴う危険性	燃焼速度	ウォッベ指数
③	熱量	圧力	属するｶﾞｽｸﾞﾙｰﾌﾟ	燃焼速度	ウォッベ指数
④	圧力	熱量	属するｶﾞｽｸﾞﾙｰﾌﾟ	燃焼速度	ウォッベ指数
⑤	熱量	圧力	属するｶﾞｽｸﾞﾙｰﾌﾟ	所有区分	保安上の責任

解答解説　解答③

法 14 条規 13 条の 1 の 13 ～ 16、25 を参照

＊R1　令和元年度甲種乙種問 1 の同じ設問で、導管、器具、機械その他の設備に関する一般ガス導管事業者、特定ガス導管事業者、当該ガス小売事業者及び当該小売供給の相手方の保安上の責任に関する事項　が出題された。

 2－4　ガス事業と保安規制

保安規制のうち、ガス製造事業者に課せられていない保安規制はどれか。

① 熱量測定義務 ＊1R2 ＊2R2

② 技術基準適合維持義務

③ ガス成分検査義務

④ 保安規程作成、届出義務

⑤ 工事計画届出義務

解答解説　解答③

③ ガス成分検査義務は、ガス製造事業者には課せられていない。

保安規制	小売事業	一般導管	特定導管	製造事業
熱量測定義務	法 14 条	法 52 条	法 78 条	法 91 条
技術基準適合維持義務	法 21 条	法 61 条	法 61 条	法 96 条
ガス成分検査義務	法 23 条	法 63 条		
保安規程作成、届出義務	法 24 条	法 64 条	法 54 条	法 97 条
工事計画届出義務	法 32 条	法 68 条	法 68 条	法 101 条

＊1R2　ガス小売事業者は経済産業省令で定めることにより、その供給するガスの熱量、圧力及び燃焼性を測定し、その結果を記録し、これを保存しなければならな

い。法 18 条

*2R2　特定ガス発生設備に係る場合にあっては、供給するガスの燃焼性を測定することを要しない。規則 17 条1

法令 2－5　技術基準適合維持義務

ガス事業者に課せられるガス工作物の技術基準への適合維持義務等で、誤りが含まれているものはどれか。

a　ガス事業者は、ガス事業の用に供するガス工作物を省令で定める技術上の基準に適合するように維持しなければならない。

b　経済産業大臣は、技術上の基準に適合しないと認めるときは、ガス事業者に対し、その技術上の基準に適合するように、ガス工作物内におけるガスを廃棄すべきことを命ずることができる。

c　経済産業大臣は、公共の安全の維持または災害の発生の防止のため緊急の必要があると認められるときは、ガス事業者に対し、技術上の基準に適合するように、ガス工作物を修理し、改造すべきことを命じることができる。

①　a　　②　a、b　　③　b　　④　b、c　　⑤　c

解答解説　解答④

b　経済産業大臣は、技術上の基準に適合しないと認めるきは、ガス事業者に対し、その技術上の基準に適合するようにガス工作物を修理し、改造し、もしくは移転し、もしくはその使用を一時停止すべきことを命じ、またはその使用を制限することができる。

c　経済産業大臣は、公共の安全の維持または災害の発生の防止のため緊急の必要があると認められるときは、ガス事業者に対し、そのガス工作物を移転し、もしくはその使用を一時停止すべきことを命じ、もしくはその使用を制限し、またはそのガス工作物内におけるガスを廃棄すべきことを命ずることができる。

法21条ほかを参照

 2－6　ガス工作物の所有者又は占有者の責務

ガス工作物の所有者又は占有者の責務について、誤っているものはいくつあるか。

a　小売・導管事業の用に供するガス工作物のうち、小売・導管事業者以外が所有し、又は占有するガス工作物は、技術基準に適合するように維持するため必要な措置を講じようとするときは、ガス工作物の所有者又は占有者はその措置に協力するよう努める。

b　ガス工作物の所有者又は占有者は、小売・導管事業者が命令又は処分を受けてとる措置の実施に協力しなければならない。

c　経済産業大臣は、ガス工作物の所有者又は占有者に対し、bの当該措置の実施に協力するように命令できる。

d　ガス工作物の所有者又は占有者の責務の規定はガス製造事業者が必要な措置を講じようとするときもaの規定は準用される。

①　0　　②　1　　③　2　　④　3　　⑤　4

解答解説　**解答③**

c　経済産業大臣は、ガス工作物の所有者又は占有者に対し、bの当該措置の実施に協力するように勧告できる。

d　ガス工作物の所有者又は占有者の責務の規定はガス製造事業者には規定がない。

法 22 条ほかを参照

 2－7　成分検査

ガスの成分検査に関して誤っているものはいくつあるか。

a　小売・一般ガス導管事業者は、供給するガスの成分（メタン等一定のものを除く）のうち、人体に危害を及ぼし、または物件に損害を与えるおそれのあるものの量が省令で定める数量を超えていないかどうかを検査し、その量を記録し、これを保存しなければならない。

b　ガスの使用者に対し、専用の導管により大口供給を行う場合にあっては、検査することを要しない。

c　天然ガスまたは、プロパン、ブタン、プロピレン、もしくはブチレンを主成分とするガス及び、これらを原料として製造されたガス、並びにこれらのガスに空気を混入したガスは、成分検査は不要である。

d　硫黄全量の超えてはならない値は、0.2g／m^3、硫化水素は、0.5g／m^3、アンモニアは、0.02g／m^3 である。

e　毎週 1 回、硫黄全量、硫化水素、アンモニアを製造所の出口及び他の者から導管によりガスの供給を受ける事業場の出口において測定・記録し、その記録の保存期間は 1 年間である。

①　0　　②　1　　③　2　　④　3　　⑤　4

解答解説　解答②

d　が誤り。硫黄全量の超えてはならない値は、0.5g／m^3、硫化水素は、0.02g／m^3、アンモニアは、0.2g／m^3である。

法23条規22条ほかを参照

2－8　保安規程（1）

ガス事業者に課せられる保安規程に関する説明で、誤っているものはいくつあるか。

a　ガス事業者は、ガス事業の用に供するガス工作物の工事、維持、運用に関する保安を確保するため、省令に定めるところにより、保安規程を定め、事業の開始前に経済産業大臣の許可を受けなければならない。

b　ガス事業者は、保安規程を変更したときは、遅滞なく、変更した事項を経済産業大臣に届け出なければならない。

c　経済産業大臣は、ガス事業の用に供するガス工作物の工事、維持、運用に関する保安を確保するため、必要があると認めるときは、ガス事業者に対し、保安規程を変更すべきことを命ずることができる。

d　ガス事業者及びその使用者は、保安規程を守らなければならない。

①　0　　②　1　　③　2　　④　3　　⑤　4

解答解説　解答③

a　ガス事業者は、ガス事業の用に供するガス工作物の工事、維持、運用に関する保安を確保するため、省令に定めることにより、保安規程を定め、事業の開始前に経済産業大臣に届け出なければならない。

d　ガス事業者及びその従業者は、保安規程を守らなければならない。

法 24 条ほかを参照

 2－9　保安規程（2）

保安規程に定めるべき事項に関することで、誤っているものはどれか。

① ガス主任技術者の職務の代行者を定める必要がある。

② ガス工作物の工事、維持又は運用に従事する者に対する保安教育を定める必要がある。

③ サイバーセキュリティ対策の確保を定める必要がある。

④ 消費機器業務に従事する者に対する保安教育を定める必要がある。

⑤ 保安規程には、「ガス事業者の連携協力に関すこと」を定める規定はない。

解答解説　解答④

④ 消費機器業務に従事する者に対する保安教育は、定める必要はない。

規 24 条ほかを参照

法令 2－10　ガス主任技術者（1）

ガス主任技術者資格の交付、返納、解任に関する内容で、誤っているものはどれか。

① ガス事業者は、ガス主任技術者試験の合格者であって、省令で定める実務の経験を有するもののうちから、ガス主任技術者を選任し、ガス事業の用に供するガス工作物の工事、維持、運用に関する保安の監督をさせなければならない。

② 経済産業大臣は、ガス主任技術者免状の返納を命ぜられ、その日から２年を経過しないものに、ガス主任技術者免状の交付を行わないことができる。

③ 経済産業大臣は、ガス主任技術者免状の交付を受けている者がこの法律、命令、処分に違反したときは、そのガス主任技術者免状の返納を命ずることができる。

④ ガス工作物の工事、維持、運用に従事する者は、ガス主任技術者が保安のためにする指示に従わなければならない。

⑤ 経済産業大臣は、ガス主任技術者がこの法律、命令、処分に違反したとき、ガス事業者に対しガス主任技術者の解任を命ずることができる。

解答解説 解答②

② ガス主任技術者免状の返納を命ぜられ、その日から１年を経過しないものに、ガス主任技術者免状の交付を行わないことができる。

２年は、ガス事業法等に基づく命令・処分に違反し、罰金以上の刑に処せられ、その執行を終わり、又は受けることがなくなった日から２年を経過しない者である。

法 25、27、30 ～ 31 条ほかを参照

法令 2－11　ガス主任技術者（2）

法令で規定されているガス主任技術者に関する次の記述のうち、いずれも誤っているものはどれか。

a ガス工作物の設置の工事であって、経済産業省令で定める工事に従事する者は、ガス主任技術者でなければならない。

b　一般ガス導管事業者は、ガス主任技術者を選任するときは、事前にその旨を経済産業大臣に届け出なければならない。これを解任するときも同様とする。

c　ガス主任技術者試験は、ガス工作物の工事、維持及び運用に関する保安に関して必要な知識及び技能について行う。

d　ガス主任技術者は、誠実にその職務を行わなければならない。

e　経済産業大臣の免状返納命令はガス主任技術者となりうる資格をはく奪するものに対し、解任命令の効果は一般的に資格まではく奪するものではない。

①　a、b　②　a、c　③　b、d　④　c、d　⑤　d、e

解答解説　解答①

a　ガス工作物の工事、維持、運用に従事する者は、ガス主任技術者がその保安のためにする指示に従わなければならない。

b　一般ガス導管事業者は、ガス主任技術者を選任したときは、遅滞なく、その旨を経済産業大臣に届け出なければならない。これを解任したときも同様とする。

法30条2ほか、法65条2、法29条1，法30条1ほか、法67条、法令テキストP19ほか を参照

法令 2－12　ガス主任技術者（3）

ガス主任技術者免状による監督の範囲について、誤っているものはいくつあるか。

a　甲種ガス主任技術者免状での保安の監督の範囲は、ガス工作物の工

事、維持、運用である。

b　乙種ガス主任技術者免状では、最高使用圧力が中圧及び低圧のガス工作物の工事、維持、運用は保安の監督範囲である。

c　乙種ガス主任技術者免状では、高圧の移動式ガス発生設備の工事、維持、運用は、保安の監督範囲外である。

d　乙種ガス主任技術者の選任に際しては、乙種ガス主任技術者免状の交付を受けている者にあっては、実務の経験は1年以上である。

e　丙種ガス主任技術者免状では、特定ガス工作物の工事、維持、運用は監督の範囲である。

①　0　　②　1　　③　2　　④　3　　⑤　4

解答解説　解答③

c　乙種ガス主任技術者免状では、高圧の移動式ガス発生設備の工事、維持、運用は、保安の監督範囲である。

d　乙種ガス主任技術者の選任に際しては、乙種ガス主任技術者免状の交付を受けている者にあっては、実務の経験を要しない。

法26条、規30条ほかを参照

法令　3－1　事故報告（1）

次のガス事故のうち、経済産業大臣に事故報告することが法令で規定されているものの組合せはどれか。ただし、自然災害又は火災による広範囲の地域にわたるガス工作物の損壊事故、製造支障事故又は供給支障事故であって、経済産業大臣が指定するものを除く。

a　ガス栓の欠陥により人が酸素欠乏症となった事故

b　供給支障戸数が500の供給支障事故

c　工事中のガス工作物（ガス栓を除く）の欠陥により人が死亡した事故

d　消費機器から漏えいしたガスに引火することにより、発生した物損事故 *R1

e　ガス発生設備の運転を停止した時間が12時間の製造支障事故

①　a、b　　②　a、c　　③　b、c　　④　c、e　　⑤　d、e

解答解説　**解答③**

a、d、eは所轄の産業保安監督部長である。eは、24時間以上が大臣報告である。

報告規則4条を参照

*R1　消費機器の使用に伴い人が死亡した事故の報告は、産業保安監督部長のみである。

法令 3－2　事故報告（2）

次のガス事故のうち、ガス事故速報を報告することが法令で規定されているものはいくつあるか。

a　ガス栓の欠陥によりガス栓から漏えいしたガスに引火することにより、発生した負傷事故

b　ガス栓の欠陥により人が中毒した事故

c　ガス工作物（ガス栓を除く。）を操作することにより人が酸素欠乏症となった事故

d　低圧の主要なガス工作物の損壊事故

e　消費機器から漏えいしたガスに引火することにより、発生した物損事故（消費機器が損壊した事故であって、人が死亡せず、又は負傷しないものに限る。）

①　1　　②　2　　③　3　　④　4　　⑤　5

解答解説　解答③

ｄ、ｅが速報の対象外。

ｄは高圧・中圧の主要なガス工作物の損壊事故（製造所に設置されたものは除く）は速報対象である。ｅは法改正で除外されている。

報告規則4条を参照

法令 3－3　ガス事故報告（3）

次のガス事故のうち、ガス事故速報を報告することが法令で規定されている事故に、いずれも該当しないものの組合せはどれか。

ただし、自然災害又は火災による広範囲の地域にわたるもので、経済産業大臣が指定するものは除く。

a　ガス工作物（ガス栓を除く）の損傷により人が負傷した事故

b　製造支障事故であって、製造支障時間が24時間のもの

c　供給支障事故であって、供給支障戸数が50戸のもの

d　最高使用圧力が低圧の主要なガス工作物（ガス栓を除く）の損壊事故

e　ガス栓の損壊によりガス栓から漏えいしたガスに引火することにより、発生した負傷事故

① a、b　② a、c　③ b、d　④ c、d　⑤ d、e

解答解説　解答④

c　供給支障事故であって、供給支障戸数が 100 戸以上のもの

d　最高使用圧力が高圧・中圧の主要なガス工作物（ガス栓を除く）の損壊事故は規定されているが、高圧・中圧の製造所設置及び低圧は規定されていない。

報告規則 4 条を参照

法令 3－4　事故報告（4）

規則に定める事故速報の報告期限で、正しいものはいくつあるか。

a　500 戸以上の供給支障事故……事故発生時から 24 時間以内可能な限り速やかに

b　100 戸以上 500 戸未満の供給支障事故（保安閉栓を除く）……事故発生時から 24 時間以内可能な限り速やかに

c　自然災害又は火災による広範囲の地域にわたるガス工作物の損壊、製造支障、供給支障事故で経済産業大臣が指定するもの……経済産業大臣が指定する期限

d　ガス工作物の欠陥・損傷・破壊又はガス工作物の操作により、一般公衆に対し、避難、家屋の損壊、交通の困難等を招来した事故……事故発生時から 24 時間以内可能な限り速やかに

e　消費機器又はガス栓の使用に伴う死亡・中毒・酸欠事故……事故発生時から 24 時間以内可能な限り速やかに

① 1　　② 2　　③ 3　　④ 4　　⑤ 5

解答解説　解答③

d　ガス工作物の欠陥・損傷・破壊又はガス工作物の操作により、一般公衆に対し、避難、家屋の損壊、交通の困難等を招来した事故……速報は不要。

e　消費機器又はガス栓の使用に伴う死亡・中毒・酸欠事故……事故発生を知った時から24時間以内可能な限り速やかに報告。

報告規則4条を参照

3－5　事故報告（5）

一般ガス導管事業者が託送供給するガスに係る事故に関する次の説明のうち、法令に基づき一般ガス導管事業者が事故報告をしなければならないものはいくつあるか。

a　ガス栓の欠陥によりガス栓から漏えいしたガスに引火することにより発生した負傷事故

b　ガス栓の使用に伴い人が酸素欠乏症となった事故

c　一般ガス導管事業者又はガス小売事業者のいずれに係るものであるか特定できない事故

d　消費機器の使用に伴い人が中毒となった事故

e　消費機器から漏えいしたガスに引火することにより発生した物損事故

① 1　　② 2　　③ 3　　④ 4　　⑤ 5

解答解説　解答②

原則、a，cは、一般ガス導管事業者。b，d，eは、ガス小売事業者。bはガス小売事業者であることに注意。

報告規則4条を参照

法令 4－1　工事計画（1）

一般ガス導管事業者の工事計画に関する説明で誤っているものはいくつあるか。＊R1

a　工事計画の事前届出の対象は、一般ガス導管事業の用に供するガス工作物の設置又は変更の工事であって、省令で定めるもの。ただしガス工作物が滅失・損壊した場合又は災害その他非常の場合においてやむを得ない一時的な工事としてするときは、この限りではない。

b　一般ガス導管事業者は、届出した工事計画を変更しようとする時も届け出なければならない。

c　届出されてから30日経過後でなければ工事を開始してはならない。

d　大臣が、1）省令で定める技術基準に適合、2）ガスの円滑な供給を確保するため技術上適切なものであること、と認める場合は、cの期間を短縮できる。

e　大臣はd1）2）に適合しないと認めるときは、一定の期間内に限り、その工事の計画を変更し、または廃止すべきことを命ずることができる。

①　0　　②　1　　③　2　　④　3　　⑤　4

解答解説　解答②

cが誤り。

c　届出が受理されてから30日経過後でなければ工事を開始してはならない。

法68条ほかを参照

＊R1　ガス事業者は、そのガス事業の用に供するため、道路、橋、溝、河川、堤防その他公共の用に供せられる土地の地上又は地中に導管を設置する必要があるときは、その効用を妨げない限度において、その管理者の許可を受けて、これを使用することができる。法166条の1

法令 4－2　工事計画（2）

規則39条に定める工事計画の届け出に該当するものはいくつあるか。＊R3

a　改造であって、20％以上の能力の変更を伴うガス発生器（変更後の最高圧力が高圧となるものに限る）。

b　最高使用圧力が高圧の増熱器の位置の変更。

c　ガスホルダーの改造であって、型式の変更を伴い、変更後の圧力が高圧のもの。

d　導管の工事で、最高使用圧力が高圧の500m以上の取替設置。

e　配管の設置で、最高使用圧力が高圧のもの又は液化ガス用のものであって、内径が150mm以上のものに限る。

①　1　　②　2　　③　3　　④　4　　⑤　5

解答解説　解答⑤

全て該当する。問題文は代表的なものを挙げたが、過去問の出題（届け出内容）は、限定されている。

規 39 条ほか別表第 1 を参照

*R3 供給所の変更の工事のうち、最高使用圧力の変更を伴う整圧器の改造工事であって、変更後の最高使用圧力が高圧となるものは、工事計画を経済産業大臣に届け出なければならない。規則 97 条 1 別表第 1 五 3(1)

法令 4－3 使用前検査

ガス事業法に定める使用前検査に関する説明で誤っているものはどれか。

① 工事計画の届出をして設置または変更の工事をするガス工作物であって、省令で定めるものが対象で、自主検査を行い、その結果について登録ガス工作物検査機関が行う検査を受け、合格した後でなければ使用してはならない。ただし、試験のために使用する場合等の例外がある。 *1R2

② 各部の損傷、変形等の状況並びに機能及び作動の状況について合格条件に適合していることを確認するために十分な方法で行う。

③ 自主検査の記録を作成し、3 年間保存しなければならない。また、電磁的方法により作成し、保存することができる。この場合、直ちに表示されることができるようにしておかなければならない。 *2R1

④ 登録ガス工作物検査機関は、ガス製造事業者又は一般ガス導管事業者の使用前検査を行った場合において、やむを得ない場合、期間・使用方法を定めて仮合格とすることができる。この場合、経済産業大臣の承認を受けなければならない。

解答解説 解答③

記録の保存期間は 5 年間である。

法 33 条ほかを参照

*1R2　ガス工作物を試験のために使用する場合（そのガス工作物に係るガスを使用者に供給する場合にあっては、当該ガス工作物の使用の方法を変更するごとにガスの熱量等を測定して供給する場合に限る）は、この限りでない。規 159 条一

*2R1　経済産業省令で定める使用前自主検査の記録に記載すべき事項に、使用前検査を実施した者の氏名は含まれる。規 46 条の 1

法令 4－4　定期自主検査

ガス事業法に定める定期自主検査について、誤っているものはいくつあるか。

a　高圧のガスホルダー、導管、整圧器、移動式ガス発生設備は、定期自主検査の対象である。

b　検査の時期は、ガスホルダーは 25 月、導管・整圧器は 37 月である。

c　検査の方法は、開放、分解その他各部の損傷、変形及び異常の発生状況を確認するための十分な方法、または、試運転その他の機能及び作動の状況を確認するために十分な方法で検査する。

d　検査記録を作成し、これを 5 年間保存しなければならない。

①　0　　②　1　　③　2　　④　3　　⑤　4

解答解説　**解答③**

a　高圧のガスホルダー、導管、整圧器は、定期自主検査の対象であるが、移動式ガス発生設備は、対象外である。

b　検査の時期は、ガスホルダー・導管は 25 月、整圧器は 37 月である。

法 34 条規 48 ～ 49 条ほかを参照

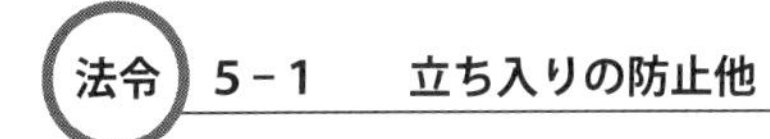

法令 5－1　立ち入りの防止他

立ち入り、保安通信設備、ガスの滞留防止の技術基準に関する説明で、誤っているものはどれか。＊R4

① 製造所及び供給所には構内にみだりに立ち入らないよう、適切な措置を講じなければならない。ただし周囲の状況により公衆が立ち入る恐れがない場合は、この限りでない。移動式ガス発生設備、整圧器（一の使用者に供給するものを除く）は、公衆がみだりに操作しないよう、適切な措置を講じなければならない。

② 製造所（特定製造所を除く）、供給所及び導管を管理する事業場には、緊急時に迅速な通信を確保するため、適切な通信設備を設けなければならない。

③ 製造所もしくは供給所に設置するガスもしくは液化ガスを通ずるガス工作物又は大容量移動式ガス発生設備には、その規模に応じて、適切な防消火設備を適切な箇所に設けなければならない。

④ ガス又は液化ガスを通ずるガス工作物を設置する室（製造所及び供給所に存するものに限る。）は、これらのガス又は液化ガスが漏えいしたとき滞留しない構造でなければならない。

⑤ 製造所には、ガス又は液化ガスを通ずるガス工作物から漏えいしたガスが滞留するおそれのある製造所内の適当な場所に、当該ガスの漏えいを適切に検知し、かつ、遮断する設備を設けなければならない。

解答解説　解答⑤

⑤ ～ガスの漏えいを適切に検知し、かつ、警報する設備を設けなければならない。

技省令４～５、８～９条を参照

＊R4　特定事業所における高圧のガス又は液化ガスをを通ずるガス工作物（配管及

び導管を除く。）は、ガス又は液化ガスが漏えいした場合の災害の発生を防止するために、設備の種類及び規模に応じ、保安上適切な区画に区分して設置しなければならない。技省令７条

法令 5－2　離隔距離（1）

技術基準に定める最低の離隔距離（設備の外面から事業場境界までの距離）について、誤っているものはどれか。ただし、いずれも特定事業所ではなく、周辺に保安物件はなく、境界線は海などに接していない。また、記述がないものは境界線上には告示で定める隔壁もない。 ＊1R2 ＊2R4

a　最高使用圧力が高圧のガス発生器（移動式ガス発生設備を除く）の事業場境界線までの距離を 15m 取った。

b　最高使用圧力が中圧のガスホルダーの事業場境界線までの距離を 10m 取った。

c　b のガスホルダーで、事業場の境界線上に高さ 2m、厚さ 9cm の鉄筋コンクリート製隔壁が設置されている場合、事業場の境界線までの距離を 5m 取った。

d　最高使用圧力が低圧のガス発生器（移動式ガス発生設備を除く）の事業場から境界線までの距離を 3m 取った。

e　大容量移動式ガス発生設備（保有能力が液化ガス 100kg、圧縮ガス 30m^3 を超えるもの）は、他の移動式ガス発生設備に対し、保安上必要な距離を有するものでなければならない。

①　a、b　　②　a、d　　③　b、c　　④　c、d　　⑤　d、e

解答解説　解答②

a　最高使用圧力が高圧のガス発生器（移動式ガス発生設備を除く）の

事業場境界線までの距離は 20m 以上である。

d　最高使用圧力が低圧のガス発生器（移動式ガス発生設備を除く）の事業場から境界線までの距離は 5m 以上である。

技省令 6 条 8、告示 2 条を参照

*1R2　ガスの種類、ガス工作物の状況、周囲の状況等の理由により経済産業大臣の認可を受けた場合は、告示で定める距離を有しないでガス工作物を施設することができる。技省令 6 条 4

*2R4　液化ガス用貯槽（不活性の液化ガス用のもの、貯蔵能力が 3 t 未満のもの及び地盤面下に全部埋設されたものを除く。）とガスホルダー（最高使用圧力が高圧のものに限る。）との相互間は、ガス又は液化ガスが漏えいした場合の災害の発生を防止するために、保安上必要な距離を有しなければならない。技省令 6 条 7

法令 5－3　離隔距離（2）

技術基準に定める離隔距離の保安物件の告示で定める第 1 種保安物件に該当しないものはどれか。但し、事業場の存する敷地と同一内にあるものを除く。

① 学校教育法に定める小学校

② 医療法に定める病院

③ 収容定員 200 人以上の劇場

④ 老人福祉法に定める定員 20 人以上の有料老人ホーム

解答解説　解答③

③は、収容定員 300 人以上のものが該当する。

第 1 種保安物件とはおおむね、下記を指す。

（1）小・中・高校・高専、ろう学校、養護学校、幼稚園

（2）病院（3）劇場、映画館、演芸場、公会堂で収容定員 300 人以上

（4）児童福祉施設、有料老人ホーム等で収容定員 20 人以上

(5) 重要文化財等の建築物 (6) 博物館 (7) 1日2万人以上が昇降する駅

(8) 1000m^{2}以上の百貨店・スーパー・公衆浴場・ホテル旅館等

技省令6条告示3条を参照

法令 5－4　ガス工作物の解釈例

ガス工作物に関する次の行為のうち，技術基準に適合していないものはいくつあるか。

a　製造所において、構内に公衆が立ち入るおそれがあるため、さくの設置とガス工作物への接近禁止措置表示を行った。

b　導管を管理する事業場において、緊急時に迅速な通信を確保するため、加入電話設備を設置したが、衛星電話は設置しなかった。

c　移動式ガス発生設備以外の高圧のガス発生器の外部から事業場の境界線までの離隔距離を 20 m以上確保したが、移動式ガス発生設備については 20 m以上確保しなかった。

d　製造所において、ガス工作物から漏えいした 13A ガスが滞留するおそれのある製造所内の適当な場所に、当該ガスの漏えいを適切に検知する設備を設けたが、警報する設備は設けなかった。

e　液化ガスを通ずるガス工作物に生ずる静電気によりガスに引火するおそれがあったため、静電気を除去する措置として接地棒を設置した。

① 1　② 2　③ 3　⑤ 4　⑤ 5

解答解説　解答①

d　～当該ガスの漏えいを適切に検知し、警報する設備を設ける。

技省令4、5、6、9、12条を参照

ａ、ｂ、ｅは技術基準の解釈例である。技術基準の解釈例が設問になったのは筆者の知る限り初めてである。

法令 5－5　ベントスタック他

技術基準に関する説明で、誤っているものはどれか。＊R2

① 製造所もしくは供給所に設置するガスもしくは液化ガスを通ずる工作物又は移動式ガス発生設備の付近に設置する電気設備は、その設備場所の状況及び当該ガス又は液化ガスの種類に応じた防爆性能を有するものでなければならない。

② 液化ガスを通ずるガス工作物には、当該ガス工作物に生ずる静電気を除去する措置を講じなければならない。ただし、当該静電気によりガスに引火する恐れがない場合にあっては、この限りでない。

③ ガス発生設備、ガス精製設備、排送機、圧送機、ガスホルダー及び付帯設備であって、製造設備に属するもののガス又は液化ガスを通ずる部分（不活性のガス又は液化ガスのみを通ずるものを除く。）は、ガス又は液化ガスを安全に置換できる構造でなければならない。

④ ベントスタックには、放出したガスの輻射熱が周囲に障害を与えるおそれがないように適切な措置を講じなければならない。

⑤ 毒性ガスを冷媒とする冷凍設備にあっては、冷媒ガスを廃棄する際にそのガスが危険又は損害を他に及ぼすおそれのないように廃棄される構造のものでなければならない。

解答解説　解答④

④ ベントスタックには、放出したガスが周囲に障害を与えるおそれがないように適切な措置を講じなければならない。

フレアースタックには、当該フレアースタックにおいて発生する輻射熱が周囲に障害を与えないよう適切な措置を講じ、かつ、ガスを安全に放出するための適切な措置を講じなければならない。

技省令 10 ～ 13 条を参照

＊R2　ガス発生設備及び附帯設備であって製造設備に属するものの液化ガスを通ずる部分は、液化ガスを安全に置換できる構造でなければならない。技省令 13 条1

法令 5－6　主要材料

ガス工作物の主要材料は、最高使用温度及び最低使用温度において材料に及ぼす化学的及び物理的影響に対し、設備の種類、規模に応じて安全な機械的性質を有するものでなければならないとされている。これに該当する材料はいくつあるか。

a　ガス発生設備の内面に 0Pa を超える圧力を受ける部分（石炭を原料とするものを除く）

b　ガスホルダーのガスを貯蔵する部分

c　付帯設備（製造設備）の液化ガス用貯槽

d　導管及びガス栓

e　整圧器に取り付けるガス加温装置でガスを通ずる配管

①　1　　②　2　　③　3　　④　4　　⑤　5

解答解説　解答⑤

全て該当する。材料の対象は 13 項目あり、可能な限り学習されたい。

技省令 14 条を参照

法令 5－7　構造

次のガス工作物のうち、ガス工作物の構造は、供用中の荷重並びに最高使用温度及び最低使用温度における最高使用圧力に対し、設備の種類、規模に応じて適切な構造でなければならない、とされている。これに該当するものはいくつあるか。＊R1

a　ガス発生設備及びガス精製設備に属する容器及び管のうち、ガスを通ずるものであって内面に 0.1MPa 以上の圧力を受ける部分

b　ガスホルダー

c　附帯設備であって製造設備に属する液化ガス用貯槽

d　附帯設備であって製造設備に属し、かつ、冷凍設備に属する容器及び管のうち、冷媒ガスを通ずる部分

e　附帯設備であって製造設備に属する配管（冷凍設備に属するものを除く。）のうち、不活性のガスを通ずるものであって内面に 0.2MPa の圧力を受ける部分

①　1　　②　2　　③　3　　④　4　　⑤　5

解答解説　解答③

a、eが誤り。aは 0.2MPa 以上、eは 1MPa 以上が該当する。構造の対象は 14 項目あり、可能な限り学習されたい。

技省令 15 条の 1 を参照

＊R1　該当するものとして出題された項目
・ガス栓　・整圧器に取り付ける加温装置のガスを通ずる配管

法令 6－1　耐圧試験

技術基準に定める耐圧試験が不要なもので、誤っているものはどれか。

① 溶接により接合された導管（海底導管は除く）であって、非破壊試験を行ってこれに合格したもの。

② 延長が 20m 未満の最高使用圧力が高圧の導管及びその附属設備並びに中圧の導管及びその附属設備で、それらの継手と同一材料、同一寸法及び同一施工方法で接合された試験のための管について最高使用圧力の 1.1 倍以上の試験圧力で試験を行った時にこれに耐えるもの。

③ 排送機、圧送機、圧縮機、送風機、液化ガス用ポンプ、昇圧供給装置。

④ 整圧器及び、特定ガス発生設備に属する調整装置。

解答解説　解答②

② 延長が 15m 未満の最高使用圧力が高圧の導管及びその附属設備並びに中圧の導管及びその附属設備で、それらの継手と同一材料、同一寸法及び同一施工方法で接合された試験ための管について最高使用圧力の 1.5 倍以上の試験圧力で試験を行った時にこれに耐えるもの。

技省令 15 条の 2 を参照

法令 6－2　気密試験

技術基準に定める気密試験が不要なもので、誤っているものはどれか。

① ガス発生設備で石炭を原料とするもの

② 排送機、圧送機、圧縮機、送風機、液化ガス用ポンプ、昇圧供給装置

③　整圧器及び特定ガス発生設備に属する調整装置

④　最高使用圧力が 0Pa 以下のもの

⑤　常時大気に開放されているもの

解答解説　解答③

③は耐圧試験が不要なもの。

技省令 15 条の 3 を参照

法令 6－3　溶接部分

ガス又は液化ガスによる圧力を受ける部分を溶接する場合は、適切な機械試験等により適切な溶接施工方法等であることをあらかじめ確認したものによらなければならない、とされているが、該当するガス工作物で誤っているものはどれか。

①　容器であって、0.2MPa 以上のガスを通ずるもので、内容積が $0.04m^3$ 以上又は内径が 200mm 以上で、長さが 1000mm 以上のもの。

②　配管であって（内径が 150mm 以上のものに限る）、最高使用圧力が高圧のガスを通ずるもの。

③　配管であって（内径が 150mm 以上のものに限る）、液化ガスを通ずるもの。

④　導管であって、最高使用圧力が高圧のガスを通ずるもの。

⑤　導管であって、最高使用圧力が、中圧のガスを通ずるものであって、内径が 150mm 以上のもの。

解答解説　解答⑤

⑤　導管であって、最高使用圧力が 0.3MPa 以上の中圧のガスを通ずる

ものであって、内径が150mm以上のもの。

問題文に加えて、該当するものには、容器であって、液化ガスを通ずるもの（最高使用圧力をMPaで表した数値と内容積をm^3で表した数値との積が0.004以下のものを除く）がある。

技省令16条を参照

 6－4　安全弁他

技術基準に関する記述のうち、誤っているものはどれか。

① ガス工作物のガスまたは液化ガスを通ずる部分であって、内面に零パスカルを超える圧力を受ける部分の溶接された部分は溶け込みが十分で、溶接による割れ等で有害な欠陥がなく、かつ、設計上要求される強度以上の強度でなければならない。

② ガス発生設備、ガス精製設備、ガスホルダー及び付帯設備（一定のものを除く）であって、最高使用圧力が高圧のものもしくは中圧のもの又は液化ガスを通ずるもののうち、過圧が生ずるおそれのあるものは、その圧力を逃がすために適切な安全弁を設けなければならない。この場合において、当該安全弁は、その作動時に安全弁から吹き出されるガスによる障害が生じないよう施設しなければならない。

③ ガス発生設備（移動式ガス発生設備を除く）、ガス精製設備、ガスホルダー、排送機、圧送機及び付帯設備であって、製造設備に属するものは、ガス又は液化ガスを通ずる設備の損傷を防止するため使用の状態を計測又は確認できる適切な装置を設けなければならない。

④ 移動式ガス発生設備には、設備の損傷を防止するため使用の状態を計測又は確認できる適切な措置が講じられていなければならない。

⑤ ガス発生設備（移動式ガス発生設備を除く）、ガス精製設備、ガスホ

ルダー、排送機、圧送機、附帯設備にあって製造設備に属するものには、ガス又は液化ガスを通ずる設備の損傷に至るおそれのある状態を検知し、ガスを遮断する適切な装置を設けなければならない。

解答解説　解答⑤

⑤　ガス発生設備（移動式ガス発生設備を除く）、ガス精製設備、ガスホルダー、排送機、圧送機、付帯設備にあって製造設備の属するものには、ガス又は液化ガスを通ずる設備の損傷に至るおそれのある状態を検知し、警報する適切な装置を設けなければならない。

技省令16～19条を参照

法令　6－5　インターロック他

技術基準に関する記述のうち、誤っているものはいくつあるか。

a　製造所、供給所又は移動式ガス発生設備に設置できる遮断装置には、誤操作を防止し、かつ、確実に操作することができるインターロック機構を設けなければならない。

b　特定事業所に設置する高圧のガスもしくは液化ガスを通ずるガス工作物又は当該ガス工作物に係る計装回路には、当該設備の態様に応じ、保安上重要な箇所に、適切な誤操作防止機構を設けなければならない。

c　外部強制潤滑油装置を有する排送機又は圧送機には、当該装置の潤滑油圧が異常に低下した場合に、自動的に他の潤滑油装置を作動させ、又は自動的に排送機もしくは圧送機を停止させる装置を設けなければならない。

d　製造設備を安全に停止させるのに必要な装置その他の製造所及び供給所の保安上重要な設備には、停電等により当該設備の機能が失われることのないよう適切な措置を講じなければならない。

e　特定事業所に設置する計器室は、緊急時においても当該ガス工作物を安全に制御できるものでなければならない。

①　0　　②　1　　③　2　　④　3　　⑤　4

解答解説　**解答③**

a　製造所、供給所又は移動式ガス発生設備に設置できる遮断装置には、誤操作を防止し、かつ、確実に操作することができる措置を講じなければならない。

b　特定事業所に設置する高圧のガスもしくは液化ガスを通ずるガス工作物又は当該ガス工作物に係る計装回路には、当該設備の態様に応じ、保安上重要な箇所に、適切なインターロック機構を設けなければならない。

技省令 20 ～ 21、23 条を参照

法令 6－6　付臭措置

技術基準に定める付臭措置の必要がないものは、いくつあるか。

a　中圧以上のガス圧力により行う大口供給の用に供するもの。

b　準用事業者がその事業の用に供するもの。

c　適切な漏えい検知装置が適切な方法により設置されているもの（低圧により行う大口供給の用に供するもの及びガスを供給する事業を営む他の者に供給するものに限る。）

d　ガスの空気中の混合容積比率が 1／1000 である場合に臭気の有無が感知できるもの。

e　12A 及び 13A 以外のガスグループに属するガスを供給する事業の用に供するもの。

① 0　② 1　③ 2　④ 3　⑤ 4

解答解説　**解答⑤**

e は誤り、除外されてはいない。

b　準用事業者は除外されている。

技省令 22 条、法 105 条を参照

法令 7－1　ガス発生設備（1）

技術基準で定めるガス発生設備等で、誤っているものはいくつあるか。

a　ガス発生設備（最高使用圧力が低圧のものに限り、特定ガス発生設備並びに移動式ガス発生設備及び液化ガスを通ずるものを除く）で、過圧を生じるおそれのあるものには、その圧力を逃がすために適切な圧力上昇防止装置を設けなければならない。

b　製造設備（ガスホルダー、液化ガス用貯槽及び特定ガス発生設備を除く）には、使用中に生じた異常による災害の発生を防止するため、その異常が発生した場合にガス又は液化ガスの流出及び流入を速やかに遮断することができる適切な装置を適切な箇所に設けなければならない。

c　ガス（不活性のガスを除く）を発生させる設備（特定ガス発生設備及び移動式ガス発生設備を除く）は、使用中に生じた異常による災害の発生を防止するため、その異常が発生した場合に迅速かつ安全にガスの発生を停止し、又は迅速かつ安全にガスを処理することができるものでなければならない。

d　移動式ガス発生設備には、使用中に生じた異常による災害の発生を防止するため、その異常が発生した場合に迅速かつ安全にガスの発生を停止し、又は迅速かつ安全にガスを処理することができるものでなければならない。

e　移動式ガス発生設備は、ガス又は液化ガス（不活性のものを除く）が漏えいした場合の火災等の発生を防止するため、適切な場所に設置し、容易に移動又は転倒しないように適切な措置が講じられていなければならない。

①　0　　②　1　　③　2　　④　3　　⑤　4

解答解説　解答②

d　移動式ガス発生設備には、使用中に生じた異常による災害の発生を防止するため、その異常が発生した場合に迅速かつ安全にガスの発生を停止することができる装置を設けなければならない。

技省令 25 ～ 28 条を参照

法令 7－2　ガス発生設備（2）

技術基準に関する記述のうち、誤っているものはいくつあるか。

a　冷凍設備のうち冷媒ガスの通ずる部分であって過圧が生ずるおそれのあるものには、その圧力を逃すために適切な圧力上昇防止装置を設けなければならない。

b　ガスの通ずる部分に直接液体又は気体を送入する装置を有する製造設備（移動式ガス発生設備を除く）は、送入部分を通じてガスが逆流することによる設備の損傷又はガスの大気への放出を防止するため逆流が生じない構造のものでなければならない。

c　液化ガス（不活性のものを除く）を気化する装置は、直火で加熱する構造のものであってはならない。

d　温水で加熱する構造の気化装置にあって、加熱部の温水が沸騰するおそれのあるものには、これを防止する措置を講じなければならない。

e　気化装置又はそれに接続される配管等には、気化装置から液化ガスの流出を防止する措置を講じなければならない。ただし、気化装置からの液化ガスの流出を考慮した構造である場合は、この限りでない。

①　0　　②　1　　③　2　　④　3　　⑤　4

解答解説　**解答④**

b、d、eが誤り。

b　ガスの通ずる部分に直接液体又は気体を送入する装置を有する製造設備（移動式ガス発生設備を含む）は、送入部分を通じてガスが逆流することによる設備の損傷又はガスの大気への放出を防止するため逆流が生じない構造のものでなければならない。

d　温水で加熱する構造の気化装置にあって、加熱部の温水が凍結するおそれのあるものには、これを防止する措置を講じなければならない。

e　気化装置又はそれに接続される配管等には、気化装置から液化ガスの流出を防止する措置を講じなければならない。ただし、気化装置からの液化ガスの流出を考慮した設計である場合は、この限りでない。

技省令 29 ～ 31 条を参照

法令 7－3　移動式ガス発生設備

移動式ガス発生設備の技術基準に関する記述のうち、正しいものはいくつあるか。

a　大容量移動式ガス発生設備（保有能力が液化ガス 100kg、圧縮ガス $30m^3$ を超えるもの）は、他の移動式ガス発生設備に対し、保安上必要な距離を有するものでなければならない。

b　移動式ガス発生設備には、使用中に生じた異常による災害の発生を防止するため、その異常が発生した場合に迅速かつ安全にガスの発生を停止することができる装置を設けなければならない。

c　移動式ガス発生設備は、ガス又は液化ガス（不活性のものを除く）が漏えいした場合の火災等の発生を防止するため、適切な場所に設置し、容易に移動又は転倒しないように適切な措置が講じられていなければならない。 *R1

d　ガスの通ずる部分に直接液体又は気体を送入する装置を有する製造設備（移動式ガス発生設備を含む）は、送入部分を通じてガスが逆流することによる設備の損傷又はガスの大気への放出を防止するため逆流が生じない構造のものでなければならない。

①　0　　②　1　　③　2　　④　3　　⑤　4

解答解説　**解答⑤**

全て正しい。移動式の記述は、他に技術基準の 4 条、10 ～ 11 条、18 条、20 条等がある。

技省令 6 の 8、27 ～ 28、30 条を参照

*R1　容器又は容器の設置場所には、容器内の圧力が異常に上昇しないよう適切な温度に維持できる適切な措置を講じなければならない。技省令 28 条 3

7－4　特定ガス発生設備

次の特定ガス発生設備に関する次の記述のうち、誤っているものはどれか。

① 特定製造所とは、特定ガス工作物に係る製造所をいう。

② 特定ガス工作物とは、ガス工作物のうち特定ガス発生設備及び経済産業省令で定めるその附属設備（調整装置・特定ガス発生設備の設置場の屋根及び障壁）をいう。

③ 容器に付属する気化装置内において、ガスを発生させる特定ガス発生設備であって当該気化装置を電源によって操作するものは、自家発電機その他の操作用電源が停止した際にガスの供給を速やかに停止するための装置を設けなければならない。

④ 特定ガス発生設備には、容器の腐食及び転倒並びに容器のバルブの損傷を防止する適切な措置を講じなければならない。

⑤ 容器又は容器の設置場所には、容器内の圧力が異常に上昇しないよう適切な温度に維持できる適切な措置を講じなければならない。

解答解説　解答③

③容器に付属する気化装置内において、ガスを発生させる特定ガス発生設備であって当該気化装置を電源によって操作するものは、自家発電機その他の操作用電源が停止した際にガスの供給を維持するための装置を設けなければならない。

規則26条、187条、法123条、技省令42条、43条を参照

法令 8－1　ガスホルダー・貯槽（1）

ガスホルダー等の技術基準で、誤っているものはどれか。

a　ガスホルダーであって、凝縮液により機能の低下又は損傷のおそれがあるものにはガスホルダーの凝縮液の発生を防止する装置を設けなければならない。

b　ガスホルダーには、ガスを送り出し、又は受け入れるために用いられる配管には、ガスが漏えいした場合の災害の発生を防止するため、ガスの流出及び流入を速やかに警報することができる適切な装置を適切な箇所に設けなければならない。

c　液化ガス用貯槽（不活性の液化ガス用のものを除く）及びガスホルダー又はこれらの付近には、その外部から見やすいように液化ガス用貯槽又はガスホルダーである旨の表示をしなければならない。

d　低温貯槽（不活性の液化ガス用のものを除く）には、負圧による破壊を防止するため、適切な措置を講じなければならない。

e　液化ガス用貯槽には、当該貯槽からの液化ガスが漏えいした場合の災害の発生を防止するため適切な防液堤を設置しなければならない。ただし、貯蔵能力が1000 t 未満もの及び埋設された液化ガス用貯槽であって、当該貯槽の内の液化ガスの最高液面が盛土の天端面下にあり、かつ、当該貯槽の液化ガスの最高液面以下の部分と周囲の地盤との間に空隙がないものは、この限りでない。

①　a　　②　a、b　　③　c　　④　c、e　　⑤　d

解答解説　**解答②**

a　ガスホルダーであって、凝縮液により機能の低下又は損傷のおそれがあるものにはガスホルダーの凝縮液を抜く装置を設けなければならない。

b　〜ガスの流出及び流入を速やかに遮断することができる適切な装置を適切な箇所に設けなければならない。

技省令32〜35条、38条を参照

法令　8－2　ガスホルダー・貯槽（2）

技術基準の記述で、誤っているものはいくつあるか。

a　液化ガス用貯槽であって過圧が生ずるおそれのあるものには、その圧力を逃がすために適切な安全弁を設けなければならない。この場合において、当該安全弁は、その作動時に安全弁から吹き出されるガスによる障害が生じないように施設しなければならない。

b　液化ガス用貯槽（埋設された液化ガス用貯槽にあっては、その埋設された部分を除く）又は最高使用圧力が高圧のガスホルダー及びこれらの支持物は、当該設備が受けるおそれのある熱に対して十分に耐えるものとし、又は適切な冷却装置を設置しなければならない。ただし、不活性の液化ガス用貯槽であって、可燃性の液化ガス用貯槽の周辺にないものは、この限りではない。

c　液化ガス用貯槽（不活性の液化ガス用のものを除く）には、当該貯槽からの液化ガスが漏えいした場合の災害の発生を防止するため適切な防液堤を設置しなければならない。

d　cの防液堤の外面から防災作業のために必要な距離の内側には、液化ガスの漏えい又は火災等の拡大を防止する上で支障のない設備以外の設備を設置してはならない。

e　液化ガス用貯槽（不活性の液化ガス用のものを除く）の埋設された部分には、設置された状況により腐食を生ずるおそれがある場合には、当該設備の腐食を防止するための適切な措置を講じなければならない。

① 0　　② 1　　③ 2　　④ 3　　⑤ 4

解答解説　解答①

全て正しい。

技省令35、37～39条を参照

法令 9－1　防食・防護措置

防食措置、防護措置に関する技術基準で、誤っているものはどれか。 *R4

a　導管には、設置された状況により腐食を生ずるおそれのある場合にあっては、当該導管の腐食を防止するための適切な措置を講じなければならない。

b　導管（最高使用圧力が低圧の導管であって、内径が50mm未満のものを除く。）であって、道路の路面に露出しているものは、車両の接触その他の衝撃により損傷のおそれのある部分に衝撃により損傷を防止するための措置を講じなければならない。

c　道路に埋設される本支管（最高使用圧力が2kPa以上のポリエチレン管に限る。）には、掘削等による損傷を防止するための適切な措置を講じなければならない。

d　道路以外の地盤面下に埋設される本支管（最高使用圧力が低圧のもの（ポリエチレン管にあっては、最高使用圧力が2kPaを超えないものに限る。）及び他工事による損傷のおそれのないものを除く。）には、掘削等による損傷を防止するための適切な措置を講じなければならない。

① a、c　② a、b、c　③ b、c　④ b、c、d　⑤ c、d

解答解説　解答④

b、c、dが誤り。b～内径が100mm未満のものを除く。c～最高使用圧力が5kPa以上のポリエチレン管に限る。d～ポリエチレン管にあっては、最高使用圧力が5kPaを超えないものに限る。

技省令47～48条を参照

解説図　導管の防護措置

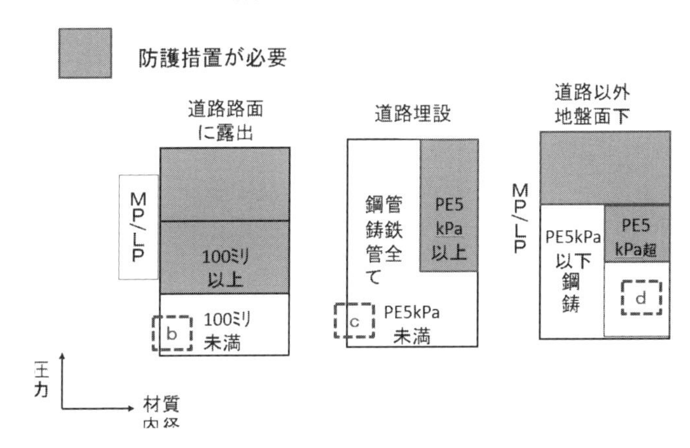

*R4　水のたまるおそれのある導管には、適切な水取器を設けなければならない。技省令46条

法令 9－2　ガス遮断装置（1）

最高使用圧力が高圧又は中圧の本支管には、危急の場合にガスを速やかに遮断できる適切な装置を（　）に設けなければならない。（　）に入るのは何か。

① 適切な場所

② 特定地下街等において災害が発生した場合に、当該災害により妨げられない場所

③ 屋内、屋外から容易に出入りできる箇所等

④ 導管が当該建物の外壁を貫通する箇所の付近

⑤ ガスを速やかに遮断することができる場所

解答解説 解答①

なお、この場合、解釈例では本支管の分岐点付近等とされている。

技省令 49 条を参照

法令 9－3 ガス遮断装置（2）

「低圧の本支管であって特定地下街等へのガスの供給に係るもの」の設置すべき装置等として正しいものはどれか。

① 危急の場合にガスを速やかに遮断することができる適切な装置

② 特定地下街等へのガスの供給を容易に遮断できる適切な措置

③ 危急の場合に当該地下等へのガスの供給を地上から速やかに遮断できる適切な装置

④ 危急の場合に建物へのガスの供給を、当該建物内におけるガス漏れ等の情報を把握できる適切な場所から、直ちに遮断することができる適切な装置

⑤ 特定地下街等へのガスの供給を容易に遮断できる適切な装置

解答解説 解答②

②のみ、「装置」でなく、「措置」である。また、②の設置すべき場所は、

「特定地下街等において災害が発生した場合に当該災害により妨げられない箇所」となっている。

技省令 49 条を参照

法令 9－4　ガス遮断装置（3）

次の導管のうち技術基準でガス遮断装置を設けることが規定されているものはいくつあるか。

a　ガスの使用場所である地下室等にガスを供給する最高使用圧力が低圧の導管

b　特定地下街等にガスを供給する最高使用圧力が低圧の導管

c　ガスの使用場所である高層建物にガスを供給する最高使用圧力が低圧の導管

d　ガスの使用場所である一般集合住宅にガスを供給する最高使用圧力が低圧で内径 100mm の導管

e　ガスの使用場所である一般業務用建物にガスを供給する最高使用圧力が中圧で内径 50mm の導管

①　1　　②　2　　③　3　　④　4　　⑤　5

解答解説　解答⑤

全て該当する。技省令 49 条 4 で a の「地下室等」は、ガスの使用場所である地下室、地下街、その他地下であってガスが充満するおそれのある場所、と定義されている。

技省令 49 条を参照

	対象	場所	装置
	(1) 高中圧本支管	適切な場所	危急遮断
	(2) 低圧本支管で特地下等	災害妨げられない	容易遮断措置
c e d	(3)・超高層等 ・中圧供給建物 ・低圧 70A 以上供給建物	適切な場所	危急遮断
a	(4) 地下室ガス充満「地下街等」	地下室付近	地上遮断
b	(5) 特定地下街等	外壁貫通	情報把握遮断
e	(6) 中圧建物等・工場等例外有	外壁貫通	情報把握遮断

法令 9－5　遮断機能を有するガスメーター

技術基準で規定されているガス遮断機能を有するガスメーターに関する次の記述のうち、(　) の中の (a) ～ (e) に当てはまる組合せとして正しいものはどれか。

ガス事業者がガスの使用者との取引のために使用するガスメーター(最大使用量流量が毎時 (a) m^3 以下、使用最大圧力が (b) kPa 以下及び口径 (c) mm 以下のものに限る。) は、ガスが流入している状態において、災害の発生のおそれのある大きさの地震動、過大なガスの流量又は異常なガス圧力の低下を検知した場合に、ガスを速やかに遮断する機能を有するものでなければならない。ただし、次の各号のいずれかに該当する場合は、この限りでない。

一　当該機能を有するガスメーターを取り付けることにつき、(d) に承諾を得ることができない場合

二　(e) により、当該機能が有効に働き得ない場合

① (a) 160　(b) 5　(c) 250　(d) ガスの使用者

（e）電池の電圧低下

② （a）160　（b）5　（c）500　（d）所有者又は占有者

（e）設置場所の状況

③ （a）16　（b）5　（c）500　（d）ガスの使用者

（e）電池の電圧低下

④ （a）16　（b）4　（c）250　（d）ガスの使用者

（e）設置場所の状況

⑤ （a）16　（b）4　（c）500　（d）所有者又は占有者

（e）電池の電圧低下

解答解説　解答④

技省令50条を参照

法令 9－6　漏えい検査

技術基準で定める下表の漏えい検査で、誤っているものはいくつあるか。なお、特定地下街又は地下室ではなく、検査装置は設置されておらず、検査では導管が設置されている場所に立ち入ることができるものとする。＊1R2 ＊2R3

① 1　② 2　③ 3　④ 4　⑤ 5

	導管の種類	検査頻度
a	道路に埋設されている中圧の鋼管	埋設の日以後4年に1回以上
b	道路に埋設されているポリエチレン管	埋設の日以後4年に1回以上

c	道路に埋設されている導管からガス栓までに埋設されていて、本支管からガス栓までの間に絶縁措置が講じれられており、当該絶縁措置が講じられた部分からガス栓までの間でプラスチックにて被覆された部分	埋設の日以後6年に1回以上
d	道路に埋設されている導管からガス栓までに設置されている屋外の埋設されていない部分	埋設の日以後6年に1回以上
e	道路に埋設されている導管からガス栓までに埋設されているポリエチレン管	埋設の日以後4年に1回以上

解答解説　解答③

b、d、eは漏えい検査は不要。

技省令51条を参照

*1R2　導管が設置されている場所に立ち入ることにつき、その所有者又は占有者の承諾を得ることができない場合、漏えい検査の対象から除外されている。技省令51条3二

*2R3　道路に埋設されている導管で最高使用圧力が高圧のものは、埋設の日以後1年に1回以上、適切な方法により検査を行い、漏えいが認められなかったものでなければならない。技省令51条1

法令 9－7　技術基準全般

基礎の構造、ガスホルダー、ガス栓、漏えい検査に関する技術基準の記述のうち、正しいものはどれか。

① 液化ガスを通ずる配管の基礎の構造は、不等沈下により当該ガス工作物に有害なひずみが生じないようなものでなければならない。

② 最高使用圧力が低圧のホルダーは、受けるおそれのある熱に対し十分耐えるものとし、又は適切な冷却装置を設置しなければならない。

③ 告示で定める着脱が容易なガス栓は、内部に過流出安全機構を有するものが望ましい。

④　漏えい検査を、基準日６月以内の期間に行った場合にあっては、基準日において当該検査を行ったものとみなす。

⑤　ガス事業者の掘削により周囲が露出することとなった導管の露出している部分の両端は、地崩れのおそれのない地中に支持されていなければならない。

解答解説　**解答⑤**

①　配管は例外規定に該当する。

②　最高使用圧力が高圧のホルダーは、受けるおそれのある熱に対し十分耐えるものとし、又は適切な冷却装置を設置しなければならない。

③　告示で定める着脱が容易なガス栓は、内部に過流出安全機構を有するものでなければならない。

④　漏えい検査を、基準日４月以内にの期間に行った場合にあっては、基準日において当該検査を行ったものとみなす。

技省令15条4、37条、45条2，51条4，54条1 を参照

法令　１０－１　導管の設置場所

導管の設置場所等の技術基準の記述のうち、誤っているものはどれか。＊R4

①　高圧の導管は、建物の内部又は基礎面下（当該建物がガスの供給に係るものを除く）に設置してはならない。

②　特定地下街又は特定地下室等にガスを供給する導管は、適切なガス漏れ警報設備の検知区域において、当該特定地下街等又は当該特定地下室等の外壁を貫通するように設置しなければならない。

③　中圧の導管であって、建物にガスを供給するものは、適切な自動ガ

ス遮断装置又は適切なガス漏れ警報器の検知区域において、当該建物の外壁を貫通するように、かつ、当該建物内において特定接合以外の接合を行う場合にあっては、検知区域において接合するように設置しなければならない。ただし、ａ工場、廃棄物処理場、浄水場、下水処理場その他これらに類する場所に設置されるものｂガスが滞留するおそれがない場所に設置されるものを除く。

④　導管を共同溝に設置する場合は、ガス漏れにより当該共同溝及び当該共同溝に設置された他の物件の構造又は管理に支障を及ぼすことがないように導管に適切な措置を講じ、かつ、適切な措置が講じられた共同溝内に設置しなければならない。

解答解説　**解答③**

（誤）当該建物内において特定接合以外の接合を

→（正）当該建物内において溶接以外の接合を

技省令 52 ～ 53 条を参照

＊R4　特定ガス発生設備により発生させたガスを供給するための導管を地盤面上に設置する場合においてその周辺に危害を及ぼすおそれのあるときは、その見やすい個所に供給するガスの種類、異常を認めたときの連絡先その他必要な事項を明瞭に記載した危険標識を設けること。技省令 52 条 2

１０－２　つり受け護

技術基準に定めるつり受け防護が必要な場合について、誤っているものはいくつあるか。

ａ　露出している状況が、鋼管であって接合部がないもの又は接合部の方法が溶接であるもので、堅固な地中に両端が支持されている場合は、5.0m を超える場合。

b　露出している状況が、鋼管であって接合部がないもの又は接合部の方法が溶接であるもので、両端部の状況がその他の場合は、2.5m を超える場合。

c　露出している部分に水取り器、ガス遮断装置、整圧器もしくは不純物を除去する装置がある場合。

d　露出している部分に溶接以外の接合部が２以上がある場合（これらの接合部のすべてが一の管継手により接合されている場合を除く。）

①　0　　②　1　　③　2　　④　3　　⑤　4

解答解説　解答③

a、bが誤り。

両端部の状況露出部分の状況	堅固な地中に両端が支持	その他の場合
鋼管であって、接合部がない、又は接合部が溶接	a 6.0m	b 3.0m
その他	5.0m	2.5m

技省令 54 条の 2 を参照

法令　10－3　補強固定措置

技術基準で定める防護の基準で、補強、固定措置が必要な場合の措置について、正しいものはいくつあるか。

a　印ろう型接合部には、漏えいを防止する適切な措置を講ずる。

b　直管以外の管の接合部であって特定接合又は告示で定める規格に適合する接合以外の方法によって接合されているものには、漏えいを防止する適切な措置を講ずる。

c　特定接合とは、溶接、フランジ、融着接合である。

d　曲り角度が45°を超える曲管部・分岐部・管端部には、導管の固定措置を講ずる。（ただし、露出部分の接合部が全て特定接合又は告示で定める規格に適合する接合である場合は不要）

①　0　　②　1　　③　2　　④　3　　⑤　4

解答解説　**解答②**

b　直管以外の管の接合部であって特定接合又は告示で定める規格に適合する接合以外の方法によって接合されているものには、抜け出しを防止する適切な措置を講ずる。

c　特定接合とは、溶接、フランジ、融着、ねじ接合である。

d　曲り角度が30°を超える曲管部・分岐部・管端部には、導管の固定措置を講ずること。（ただし、露出部分の接合部が全て特定接合又は告示で定める規格に適合する接合である場合は不要）

技省令54条の3を参照

法令　10－4　露出導管の防護検討

下記の周囲が露出した導管について、ガス事業者が講じなければならない防護措置について、正しいものはどれか。

〈露出した導管〉露出した部分の長さ20m　印ろう型接合による口径200mmの低圧導管　直管　地中に支持されている。

①　つり又は受け防護

②　つり又は受け防護　漏えいを防止する措置

③　つり又は受け防護　漏えいを防止する措置　固定措置

④　つり又は受け防護　漏えいを防止する措置　抜け出し防止措置

⑤　つり又は受け防護　漏えいを防止する措置　抜け出し防止措置
固定措置

解答解説　解答②

- つり又は受け防護……露出部分が 2.5 ～ 6.0m を超える場合（材料・接合・両端支持により異なる）等
- 漏えいを防止する措置……印ろう型接合
- 抜け出し防止措置……直管以外の接合部で、特定接合以外
- 固定措置……曲りが 30 度超の曲管部、分岐部、管端部（例外あり）

技省令 54 条を参照

法令　11－1　整圧器

整圧器に関する技術基準で誤っているものはいくつあるか。＊1R3 ＊2R3

a　最高使用圧力が高圧の整圧器には、ガスの漏えいによる火災等の発生を防止するための適切な措置を講じなければならない。

b　一の使用者にガスを供給するためのものには、整圧器の入り口には、不純物を除去する装置を設けること。

c　一の使用者にガスを供給するためのものには、ガスの圧力が異常に上昇することを防止する装置を設けること。

d　浸水のおそれのある地下に設置する整圧器には腐食を防止するための措置を講じること。

e　ガス中の水分の凍結により整圧機能をそこなうおそれのある整圧器には、凍結を防止するための措置を講じること。

① 0　　② 1　　③ 2　　④ 3　　⑤ 4

解答解説　解答③

b　整圧器の入り口には、不純物を除去する装置を設けること。ただし、一の使用者にガスを供給するためのものにあっては不要。

d　浸水のおそれのある地下に設置する整圧器には浸水を防止するための措置を講じること。

整圧器に関する技省令には他に、

- 57条の2　ガス遮断装置の設置
- 58条の3　整圧器の制御用配管、補助整圧器への耐震支持

が定められている。

技省令56～58条を参照

＊1R3　整圧器の入口にはガス遮断装置を設けなければならない。技省令57条2

＊2R3　整圧器の制御用配管、補助整圧器その他の附属装置は、地震に対し耐えるよう支持されていなければならない。技省令58条3

法令　11－2　昇圧供給装置

昇圧供給装置に関する技術基準で、誤っているものはいくつあるか。

a　昇圧供給装置の圧縮できるガスの量は、標準状態において毎時18.5m^{3}未満でなければならない。

b　昇圧供給装置には、適切な遮断装置を設けること。

c　昇圧供給装置には、当該装置の運転異常又は当該装置の取り扱いにより障害を生じないよう、適切な措置を講じなければならない。

d　昇圧供給装置には、容器の腐食及び転倒を防止する適切な措置を講

じること。

e　昇圧供給装置は、設置の日以後25月に1回以上適切な点検を行い、装置の異常が認められなかったものでなければ使用してはならない。

①　1　　②　2　　③　3　　④　4　　⑤　5

解答解説　解答③

b、d、eが誤り。

b　「遮断装置」ではなく、「過充てん防止装置」が正しい。

d　「容器の腐食及び転倒を防止する適切な措置を講じること。」ではなく、「容易に移動し又は転倒しないよう地盤又は建造物に固定すること。」である。問題文は移動式ガス発生設備の一部の条文。

e　昇圧供給装置は、設置の日以後14月に1回以上適切な点検を行い、装置の異常が認められなかったものでなければ使用してはならない。

技省令60～63条を参照

法令　12－1　用語の定義

法令で規定する（　）の用語で、誤っているものはどれか。

消費機器とは、ガスを消費する場合に用いられる①（機械または器具）（附属装置を含む）をいう。

ガス用品とは、主として②（一般消費者等）（液化石油ガス法に規定する一般消費者等をいう）がガスを消費する場合に用いられる③（機械、器具又は材料）（液化石油ガス器具等を除く）であって、政令で定めるものをいう。

特定ガス用品とは、構造、使用条件、使用状況等からみて特にガスによる

④（災害の発生のおそれ）が多いと認められる⑤（消費機器）であって、政令で定めるものをいう。

解答解説　解答⑤

⑤の（　）内は、はガス用品である。

法 137、159 条を参照

法令　12－2　ガス用品の定義

次のうちガス用品に該当するものは、いくつあるか。（全て液化ガス石油用のものを除く。）

a　ガス瞬間湯沸器（ガス消費量 70kW 以下のもの）

b　ガスストーブ（ガス消費量 19kW 以下のもの）

c　ガスバーナー付ふろがま（ガス消費量 21kW（専用の給湯部を有するものにあっては 91kW 以下）以下のもの）

d　ガスふろバーナー（ガス消費量 21kW 以下のものに限り、ふろがまに取り付けられているものを除く）

e　ガスこんろ（ガス消費量の総和が 14kW（ガスオーブンを有するものにあっては、21kW）以下のものであって、こんろバーナー 1 個当たりのガスの消費量が 5.8kW 以下のもの）

①　1　　②　2　　③　3　　④　4　　⑤　5

解答解説　解答⑤

全て正しい。

法 137 条令 13 条別表第 1 を参照

法令 12－3　特定ガス用品の定義

特定ガス用品は、下記のうちいくつあるか。（全て液化石油用ガス用のものを除く）

a　ガス瞬間湯沸器（ガス消費量 70kW 以下のものに限り、密閉燃焼式、屋外式、開放燃焼式のものを除く）

b　ガスストーブ（ガス消費量 19kW 以下のものに限り、密閉燃焼式、屋外式、開放燃焼式のものを除く）

c　ガスバーナー付ふろがま（ガス消費量 21kW（専用の給湯部を有するのものにあっては、91kW）以下のものに限り、密閉燃焼式、屋外式のものを除く）

d　ガスふろバーナー（ガス消費量 21kW 以下のものに限り、ふろがまに取り付けられているものを除く）

e　ガスこんろ（ガス消費量の総和が 14kW（ガスオーブンを有するものにあっては、21kW）以下のものであって、こんろバーナー 1 個当たりのガスの消費量が 5.8kW 以下のもの）

①　0　　②　1　　③　2　　④　3　　⑤　4

解答解説　解答⑤

e は特定ガス用品ではなく、ガス用品である。

法 137 条令 14 条別表第 2 を参照

法令 12－4　ガス用品等の規制（1）

ガス用品の規制に関する記述で、誤っているものはいくつあるか。

a　ガス用品の製造、輸入又は販売の事業を行う者は、基準適合表示が付されているものでなければ、ガス用品を販売し、又は販売の目的で陳列してはならない。

b　ガス用品の製造、輸入又は輸出の事業を行う者以外、何人も基準適合表示又はこれと、紛らわしい表示を付してはならない。

c　ガス用品の製造又は輸入の事業を行う者は、経済産業大臣に届け出ることができる。また、事業を廃止する時は、あらかじめ、その旨を経済産業大臣に届け出なければならない。

d　届出事業者は、製造又は輸入するガス用品が「ガス用品の技術上の基準等に関する省令」で定める技術基準に適合するようにしなければならない。＊1R2 ＊2R2

e　届出事業者は、製造又は輸入したガス用品について検査を行い、その検査記録を作成し、検査の日から３年、これを保存しなければならない。

①　0　　②　1　　③　2　　④　3　　⑤　4

解答解説　**解答③**

b、cが誤り。

b　ガス用品の製造、輸入事業を行う者以外、何人も基準適合表示又はこれと、紛らわしい表示を付してはならない。

c　事業を廃止した時は、遅滞なく、その旨を経済産業大臣に届け出なければならない。

法 138 ～ 140、145 条、用省令 13 条を参照

＊1R2　届出事業者は、届出に係る型式のガス用品を試験用に製造又は輸入する場合においては、経済産業省令で定める技術上の基準に適合することを要しない。法 145 条 1 三

＊2R2　ガス用品が経済産業省令で定める技術上の基準に適合していない場合にお

いて、災害の発生を防止するため特に必要があると認めるとき、経済産業大臣は届出事業者に対して、1年以内の期間を定めて届出に係る型式のガス用品に表示を付することを禁止することができる。法149条一

法令 12－5　ガス用品等の規制（2）

法令で規定されているガス用品等に関する次の記述のうち、正しいものはいくつあるか。

a 「特定ガス用品」とは、構造、使用条件、使用状況等からみて特にガスによる災害の発生のおそれが多いと認められるガス用品であって、政令で定めるものをいう。

b ガスの消費量が70kWの13A用のガス瞬間湯沸器であって密閉燃焼式のものは「特定ガス用品」である。

c ガスの消費量が21kWの13A用のガスストーブは「ガス用品」である。

d ガス用品の販売の事業を行う者は、経済産業省令で定める基準適合命令表示が付されているものでなければ、ガス用品を販売し、又は販売の目的で陳列してはならない。ただし、輸入したガス用品はこの限りでない。

e 届出事業者は、その製造又は輸入に係るガス用品について、当該ガス用品を販売する時までに、適合性検査を受け、かつ、証明書の交付を受け、これを保存しなければならない。

①　1　　②　2　　③　3　　④　4　　⑤　5

解答解説　解答①

b、c、d、eが誤り。

b　密閉燃焼式は特定ガス用品ではなくガス用品

c　ガスストーブは、19kW 以下がガス用品、21kW 以下のガスふろバーナー・ガスバーナー付きふろがまはガス用品

d　輸入も規制の対象である。

e　ガス用品ではなく、特定ガス用品である。

法 137 条令 9 ～ 10 条、法 138 条、146 条を参照

法令　12－6　ガス用品の規制（3）

法令で規定されているガス用品 (特定ガス用品を除く）に関する次の記述について、(　) の語句のうち、正しい組合わせはどれか。

- （a 届出ガス事業者）は、届出に係る型式のガス用品を製造又は輸入する場合においては、当該ガス用品を省令で定める技術上の基準に適合させ、省令で定めるところにより検査を行い、（b その検査記録を作成し)、これを保存しなければならない。それらの義務を履行したときには、当該ガス用品に（c 登録ガス用品検査機関が）定めるところにより、表示を付すことができる。
- ガス用品の製造、輸入又は販売の事業を行う者は、上記の表示が付されているものでなければ、ガス用品を販売し、又は販売の目的で陳列してはならない。
- ただし、ガス用品の製造、輸入又は販売の事業を行う者が次に掲げる場合には、該当しない。

一　輸出用のガス用品を販売し、又は販売の目的で陳列する場合において、（d 経済産業大臣の承認を受けた）とき

二　輸出用以外の特定の用途に供するガス用品を販売し、又は販売の目的で陳列する場合において、（e その旨を経済産業大臣に届け出

た）とき

① a、b　② a、e　③ b、c　④ c、d　⑤ c、e

解答解説　**解答①**

c　省令で　定める　d　経済産業大臣に届け出た　とき

e　経済産業大臣の承認を受けた　とき

法 138 条、145 条、147 条を参照

法令 13－1　消費機器の周知・調査

ガス事業法の消費機器の周知・調査に関する事項で、誤っているものはいくつあるか。

a　ガス小売事業者は、消費機器を使用する者に対し、ガスの使用に伴う危険の発生の防止に関し必要な事項を周知しなければならない。

b　ガス小売事業者は、消費機器の技術上の基準に適合しているか、調査しなければならない。ただし、立ち入りに所有者又は占有者の承諾不可の場合は不要。

c　ガス小売事業者は、技術基準に適合していないときは、遅滞なく、適合するための措置、取らなかった場合に生ずべき結果を、所有者又は占有者に通知する。

d　ガス小売事業者は、託送を行う導管事業者に調査結果を通知する。ただし、所有者又は占有者があらかじめ通知の承諾をしない場合は不要。

e　ガス事業者は、供給するガスによる災害が発生し、又は発生するおそれがある場合において、その供給するガスの使用者からその事実を

通知され、これに対する措置をとることを求められたときは、すみやかにその措置をとらなければならない。自らその事実を知った時も同様である。

① 0　② 1　③ 2　④ 3　⑤ 4

解答解説　解答①

全て正しい。消費機器の周知及び調査からの出題である。

法 159 条を参照

法令 13－2　消費機器の周知（1）

ガス小売事業者が実施する消費機器の周知で、周知頻度が誤っているものはどれか。（ガスの使用を受け付けたときを除く）

① 供給するガスの使用者（②～⑤を除く）……3 年に 1 回以上

② 特定地下街等のガスの使用者……1 年に 1 回以上

③ 屋内に設置されたガス瞬間湯沸器で 12kW 以下（不完全燃焼時ガスの供給を自動的に遮断し、燃焼を停止する機能を有するものに限る）……1 年に 1 回以上

④ 開放燃焼式のガスストーブで燃焼面が金属網製のもの（不完全燃焼時ガスの供給を自動的に遮断し、燃焼を停止する機能を有するものを除く）……1 年に 1 回以上

⑤ 特定地下街等の消費機器は、緊急の場合の連絡先などを記載した表示を付す……4 年に 1 回以上

解答解説　解答①

① ガス小売事業者が、供給するガスの使用に伴う危険の発生を防止するため、周知するのは、2年に1回以上、である。

法159条規197条の2を参照

13－3　消費機器の周知（2）

ガス小売事業者が実施する消費機器の周知方法で、下線部が誤っているものはいくつあるか。

（規則197条三）

前回周知の日から一定期間（1～4年）を経過した日（基準日）から a前6か月以内に調査・周知を行った場合は、「当該調査・周知を基準日に行ったもの」とみなす。

（規則197条四）

小売事業者は、b書面配布の他、c新聞、雑誌その他の刊行物に掲載する広告、d文書の掲出又は頒布もしくはe電子メールその他のガスの使用に伴う危険の発生を防止するための適切な方法で、周知させ、ガスの使用に伴う危険の発生の防止に努めなければならない。

① 0　② 1　③ 2　④ 3　⑤ 4

解答解説　解答③

a前4か月以内に　e巡回訪問　が正しい。

法159条規197条の3、4を参照

法令 13－4　消費機器の周知（3）

ガス小売事業者が実施する消費機器の周知方法で、下線部が誤っているものはいくつあるか。

a　小売事業者は、周知事項を書面に代えて、ガスの使用者の承諾を得て、電磁的方法により提供することができる。この場合当該書面を配布したものとみなす。

b　電磁的方法の一つ目は、電子メールを送信し、電子メールの記録を出力することによって書面を作成することができるものである。

c　電磁的方法の二つ目は、電子計算機に備えられたファイルに記録された周知事項を電気通信回線を通じて使用者の閲覧に供し、使用者のファイルに記録する方法である。

d　電磁的方法の三つ目は、磁気ディスク、シー・ディー・ロムその他の記録媒体に周知事項を記録したものを交付する方法である。

①　0　　②　1　　③　2　　④　3　　⑤　4

解答解説　解答①

全て正しい。

法 159 条規 198 条を参照

法令 13－5　消費機器の調査（1）

ガス小売事業者が実施する消費機器の調査に関して、誤っているものはいくつあるか。

a　ガス小売事業者は、特定地下街等、特定地下室等に設置されている燃焼器は、ガスの申し込みを受け付けたとき及び 2 年に 1 回以上、消費機器の調査を行う。

b　ガス小売事業者が、技術基準に適合しない旨の通知をした場合は、毎年度1回以上、技術基準に適合するためにとるべき措置、とらなかった場合に生ずべき結果を所有者占有者に通知し、通知の日から1月を経過した日以後6月以内に調査を行う。

c　経済産業大臣が消費機器を使用する者の生命又は身体について災害が発生するおそれがあると認める場合に、災害の拡大を防止するため特に必要があると認める時は大臣の定めるところにより調査を行う。

d　調査員は、その身分を示す証明書を携帯し、消費機器の所有者又は占有者の請求があったときは、提示する。

①　0　　②　1　　③　2　　④　3　　⑤　4

解答解説　解答④

a　2年に1回ではなく、4年に1回

b　6月以内ではなく、5月以内。

d　消費機器の所有者又は占有者の請求ではなく、関係人の請求が正しい。

法159条規200条、法161条を参照

法令　13－6　消費機器の調査（2）

ガス小売事業者が実施する消費機器の調査結果の通知などに関して、誤っているものはどれか。

①　ガス小売事業者は、ガス導管事業者に通知を、調査の日以降遅滞なく、調査結果を記載した書面に帳簿情報を添えて行う。

② ガス小売事業者は、書面通知に代えて託送供給を行うガス導管事業者の承諾を得て、電磁的方法により通知できる。

③ ガス小売事業者は、通知しようとするときは、あらかじめガス導管事業者に対し、その用いる電磁的方法の種類と内容を示し、書面又は電磁的方法による承諾を得る。

④ ガス小売事業者は、ガス導管事業者に対し、調査結果の通知に際し、調査結果に加えて、ガス導管事業者が業務を適正かつ円滑に行うため、必要な情報を提供するように努める。

⑤ 帳簿で定める事項は、消費機器の所有者、燃焼器の製造者、調査年月日、調査員の氏名など８項目あり、帳簿は、３年間保存する。

解答解説　解答⑤

⑤ 帳簿で定める事項は、消費機器の所有者、燃焼器の製造者、調査年月日、調査員の氏名など８項目あり、帳簿は、次に調査が実施されるまで保存する。

法 159 条規 204 ～ 205 条を参照

１４－１　保安業務規程・基準適合命令等

ガス事業法の保安業務規程・基準適合命令等に関する事項で、誤っているものはいくつあるか。

a　ガス小売事業者は、保安業務規程を定め、その事業の開始前に、経済産業大臣に届け出なければならない。また、保安業務規程を変更したときは、遅滞なく、変更した事項を経済産業大臣に届け出なければならない。

b　経済産業大臣は、保安業務の適正な実施を確保するため必要があると認めるときは、ガス小売事業者に対し、保安業務規程を変更すべきことを命ずることができる。

c　経済産業大臣は、消費機器が技術上の基準に適合していない場合、ガス小売事業者に対し、技術上の基準に適合するよう消費機器の修理、改造又は、移転を命ずることができる。

d　消費機器設置又は変更の工事は、その消費機器が技術上の基準に適合するようにしなければならない。

e　ガス事業者は、公共の安全の維持に関し、相互に連携を図りながら、協力しなければならない。ただし、災害の発生の防止に関しては、この限りではない。

①　0　　②　1　　③　2　　④　3　　⑤　4

解答解説　解答③

c　経済産業大臣は、消費機器が技術上の基準に適合していない場合、所有者又は占有者に対し技術上の基準に適合するよう消費機器の修理、改造又は、移転を命ずることができる。

e　ガス事業者は、公共の安全の維持又は災害の発生の防止に関し、相互に連携を図りながら、協力しなければならない。ただし書きはない。

法 160 ～ 163 条を参照

法令　１４－２　保安業務規程

ガス小売事業者の保安業務規程に定める事項で、誤っているものはどれか。＊1R3 ＊2R4

a　保安業務を管理する者の職務及び組織に関すること。

b　保安業務に従事する者に対する保安に係る教育及び訓練に関すること。

c　事故内容の審査に関すること。

d　災害その他非常の場合における関係者との連絡体制の確保、必要な情報の提供その他小売事業者が取るべき措置に関すること。

e　導管の工事の方法に関すること。

①　a、b　　②　a、d　　③　b、e　　④　c、d　　⑤　c、e

解答解説　解答⑤

cは、ガス主任技術者の職務（法令上は記載なし）

eは、保安規程に定めるべき事項（規則31条から）

法16条規207条を参照

*1R3　ガス小売事業者は、保安業務規程に保安業務を管理する事業場ごとの保安業務監督者の選任に関することを定めなければらない。規則207条二

*2R4　ガス小売事業者及びその従業者は、保安業務規程を守らなければならない。法160条4

法令　１５－１　密閉燃焼式以外の消費機器

屋内設置の密閉燃焼式以外の消費機器で、

A：当該機器に接続して排気筒を設ける必要のあるもの

B：排気扇または有効な給気のための開口部が設けられている室で設置される必要があるもの

とすると、誤っているものはどれか。*R3

①　ガスふろがま：A

②　消費量が12kWを超える調理機器、瞬間湯沸器：A

③　消費量が 12kW のガス衣類乾燥機：A

④　消費量が 7kW を超える貯湯湯沸器、常圧貯湯湯沸器：A

⑤　消費量が 7kW のガスストーブ：B

解答解説　**解答③**

調理機器、瞬間湯沸器、衣類乾燥機は、消費量が 12kW を超える場合は A（排気筒）、12kW 以下の場合は B（開口部）となる。

規 202 条消費機器の技術上の基準を参照

*R3　屋内設置の密閉燃焼式ガスふろがまの給排気部の先端は、障害物又は外気の流れによって給排気が妨げられない位置になければならない。規則 202 条6ホ

法令　15－2　排気筒（自然排気式）

自然排気の排気筒（排気扇接続を除く）の消費機器の技術上の基準で、誤っているものはいくつあるか。

a　逆風止めが、機器と同一の室内で機器と近接した箇所に取り付けられていること。（機器自体に逆風止めが取り付けられている場合を除く）*1R1

b　有効断面積は、機器の排気部との接合部の有効断面積より大きくないこと。

c　先端は、鳥、落葉、雨水その他の異物の侵入又は風雨等の圧力により排気が妨げられるおそれのない構造であること。

d　自重、風圧、振動等に十分耐え、かつ、各部の接続部及び排気筒と燃焼器の排気部との接続部が容易に外れないよう堅固に取り付けられていること。 *2R3

e　凝縮水がたまりにくい構造であること。

① 0　　② 1　　③ 2　　④ 3　　⑤ 4

解答解説　解答②

b　有効断面積は、機器の排気部との接合部の有効断面積より小さくないこと。

規 202 条　消費機器の技術上の基準を参照

*1R1　屋内に設置する自然排気式の燃焼器の排気筒の材料は、告示で定める規格に適合するもの又はこれと同等以上のものであること。

*2R3　自然排気式の燃焼器の排気筒の天井裏、床裏等にある部分は、燃焼器出口の排気ガスの温度が 100℃を超える場合は、金属以外の不燃性の材料で覆わなければならない。規則 202 条二イ (8)

法令　15－3　排気筒（強制排気式）

強制排気式排気筒の消費機器の技術上の基準で、誤っているものはいくつあるか。 *R2

a　材料は、告示で定める規格に適合するもの又はこれと同等以上のものであること。

b　逆風止めが、機器と同一室内で機器と近接した箇所に取り付けられていること。

c　先端は、障害物又は外気の流れにより排気が妨げられない位置にあること。

d　高さは一定の算式により算出した値以上であること。

e　天井裏、床裏等にある部分は、金属製の材料で覆われていること（排気ガスの温度が 100℃以下の場合を除く）

① 0　　② 1　　③ 2　　④ 3　　⑤ 4

解答解説　**解答⑤**

bの記述は強制排気式では規定されていない。

c　先端は、障害物の流れにより排気が妨げられない位置にあること、であり、外気は入っていない。

d　強制排気式には、高さ制限はない。

e　天井裏、床裏等にある部分は、金属以外の不燃性の材料で覆われていること。(排気ガスの温度が 100℃以下の場合を除く)

規 202 条消費機器の技術上の基準を参照

*R2　強制排気式の燃焼器の排気筒が外壁を貫通する箇所には、当該排気筒と外壁との間に排気ガスが屋内に流れ込む隙間がないこと。規則 202 条 1 の二のロ (2)

法令　15－4　排気扇・地下街の燃焼器

排気筒に接続する排気扇、特定地下街等に設置されている燃焼器の技術上の基準に関して誤っているものはいくつあるか。

排気筒に接続する排気扇について

a　排気ガスに触れる部分の材料は、難燃性のものであること。

b　機器と直接接続する排気扇は、燃焼器の排気部との接続部が容易に外れないよう堅固に取り付けること。

c　排気扇は停止した場合に、機器へのガスの供給を自動的に遮断する装置を設けること。

特定地下街等又は特定地下室等に設置されている燃焼器について

d　低圧の燃焼器（屋外設置は除くには）ガス漏れ警報設備を設けるこ

と。

e　金属管・金属可とう管・両端に迅速継手のついたゴム管又は強化ガスホースを用いてガス栓と接続すること。（過流出安全機構を内蔵するガス栓に接続するものを除く）

①　0　　②　1　　③　2　　④　3　　⑤　4

解答解説　解答②

a　難燃性ではなく、不燃性が正しい。

規202条　消費機器の技術上の基準を参照

法令　15-5　超高層等の燃焼器

超高層建物（住居の用に供される部分は調理室に限る）又は特定大規模建物に設置されている燃焼器、中圧以上のガスが供給されている燃焼器は、告示で定める自動ガス遮断装置又はガス漏れ警報器が設けられていることが必要であるが、設置が除外されているものはいくつあるか。

a　屋外に設置されている燃焼器

b　工場・事務所

c　廃棄物処理場、浄水場、下水処理場その他これらに類する場所

d　ガスが滞留するおそれがない場所

①　0　　②　1　　③　2　　④　3　　⑤　4

解答解説　解答④

b　工場は除外されているが、事務所は除外されていない。

規 202 条　消費機器の技術上の基準を参照

 16－1　用語の定義（1）

特定ガス用品で、かつ、特監法の特定ガス消費機器の可能性のある消費機器はいくつあるか。

a　ガス瞬間湯沸器

b　ガスバーナー付きふろがま

c　ガスこんろ

d　ガスファンヒーター

① 1　② 2　③ 3　④ 4

解答解説　**解答②**

a、b

- 特定ガス用品とは、構造、使用条件、使用状況からガスによる災害の発生のおそれが多く、販売の制限や製造事業者に技術基準適合維持義務を課しているもので、一定のガス消費量以下の、ガス瞬間湯沸かし器、ガスストーブ、ガスバーナー付きふろがま、ガスふろバーナーが指定されている。
- 一方、特定ガス消費機器とは、ガス機器の設置工事の欠陥によりガスによる災害の発生を防止するため工事の監督に関する義務を定めているが、その工事の対象となる機器のこと。ガスバーナー付きふろがま、ガスバーナーを使用できる構造のふろがま、一定のガス消費量以下のガス湯沸かし器とその排気筒・排気扇が指定されている。

法 137 条令 10 条、特監法 2 条を参照

法令 16－2　用語の定義（2）

特監法に関する記述で、誤っているものはいくつあるか。

a　特監法の目的は、「特定ガス消費機器の設置又は変更の工事の欠陥に係るガスによる災害の発生を防止するため、これらの工事の監督に関する義務等を定めることを目的とする。」である。

b　ガスバーナー付ふろがま、ガスバーナーを使用できる構造のふろがまは、特定ガス消費機器である。

c　ガス湯沸器で、ガス消費量が 12kW を超えるガス瞬間湯沸器、その他のもので 7kW を超えるものは特定ガス消費機器である。

d　b、c の排気筒・排気筒に接続される排気扇は、特定ガス消費機器である。

e　特定工事とは、特定ガス消費機器の設置又は変更の工事（軽微な工事を除く）であり、撤去工事は該当しない。

①　0　　②　1　　③　2　　④　3　　⑤　4

解答解説　解答①

全て正しい。

特監法 1 ～ 2 条を参照

法令 16－3　特定工事の監督

特監法に定める特定工事の監督について、誤っているものはどれか。

a　特定工事事業者は、特定工事を施工するときは、技術上の基準に適合することを確保するため、「ガス消費機器設置工事監督者」の資格を有する者に実地の監督をさせ、又は「その資格を有する特定工事事業者」が自ら実地に監督しなければならない。ただし、監督者が指名した者に実地の監督を委任することができる。

b　監督は、特定工事の施工場所において、特定ガス消費機器の設置場所、排気筒等の形状及び能力並びに安全装置の機能を喪失させてはならないことを指示すること。

c　監督は、特定工事の施工場所において、特定工事の作業を監督すること。

d　監督は、特定工事の施工場所において、技術上の基準に適合していることを確認すること。

e　ガス主任技術者はガス消費機器設置工事の監督者の資格を有する。

①　a、b　②　b、c　③　c、d　④　c、d、e　⑤　a、e

解答解説　**解答⑤**

a、eが誤り。

a　特定工事事業者は～中略～実地に監督しなければならない。ただし、これらの者が自ら特定工事を行う場合は、この限りでない。

e　ガス消費機器設置工事の監督者の資格は、1）経済産業大臣又はその指定する者が行う知識・技能に関する講習の課程を修了した者、2）液化石油ガス設備士、3）経済産業大臣の認定を受けた者のいずれかになる。

特監法３～４条を参照

法令 16-4　資格、義務、表示

特監法に関する説明で誤っているものはいくつあるか。

a　経済産業大臣またはその指定する者が行う知識・技能に関する講習の課程を修了した者、大臣の認定を受けた者は、3年以内に再講習を受けなければ、資格を失う。

b　監督者は誠実に監督の職務を行うこと。また、特定工事に従事する者は、監督者の職務上の指示に従うこと。

c　監督者は、職務を行うとき及び自ら特定工事を行うときは資格証を提示すること。

d　特定工事事業者は、特定工事をしたときは特定ガス消費機器の見やすい場所に、特定工事事業者の氏名又は名称・連絡先、監督者の氏名・資格証の番号、施工内容・施工年月日を記載した表示を付すこと。

e　経済産業大臣は、特定工事に係るガスによる災害の発生の防止のため必要があると認めるときは、特定工事事業者に対し、特定工事の施工方法の変更を命じることができる。

①　0　　②　1　　③　2　　④　3　　⑤　4

解答解説　解答③

c、eが誤り。

c　監督者は、職務を行うとき及び自ら特定工事を行うときは資格証を携帯していること。

e　経済産業大臣は～中略～特定工事の施工に関し、報告をさせることができる。

特監法4～7条を参照

16－5　特監法全般

ガス事業法及び特監法に関する次の記述のうち、正しいものはどれか。

消費機器の設置又は変更の工事は、①（ガス工作物の技術上の基準）に適合するようにしなければならない。

「特定ガス消費機器」とは、②（製造年月日）、使用状況等からみて設置又は変更の工事の欠陥に係るガスによる災害の発生のおそれが多いと認められる消費機器であって、政令で定めるものをいう。

特定工事事業者は、特定工事を施工するときには、技術上の基準に適合することを確保するため、③（保安業務監督）者に④（実地に監督）させなければならない。

特定工事事業者は、特定工事を施工したときは、当該特定工事に係る特定ガス消費機器の見やすい場所に、氏名又は名称、⑤（検査済証）その他の経済産業省令で定める事項を記載した表示を付さなければならない。

解答解説　解答④

①消費機器の技術上の基準、②構造、③ガス消費機器設置工事監督者の資格を有する、⑤施工年月日

ガス事業法 162 条規則 202 条、特監法 2 条の 1、3 条、6 条を参照

第7章

論述科目

論述試験　法令演習問題

問題1－1

ガス工作物に関するガス事業者の保安責務について述べよ。

問題1－2

ガス主任技術者制度について述べよ。

問題1－3

保安規程について述べよ。

問題1－4

消費機器の周知調査に関するガス事業者の保安責務について述べよ。

問題1－5

保安業務規程についてガス小売事業者の観点で述べよ。

問題1－6

ガス事業法においてガス工作物の維持及び運用について記載されている内容を述べよ。

問題1－7

ガス事業法に定める経済産業大臣が保安に関してガス事業者に対して命令できる内容を述べよ。

問題1－8

一般ガス導管事業者の託送供給の責務、託送供給約款における事業者の責務を述べよ。

問題１－１　ガス工作物に関するガス事業者の保安責務について述べよ。

解答例

(1) ガス工作物の技術基準適合維持義務（各事業者共通）

- ガス工作物を技術上の基準に適合するように維持しなければならない。

(2) ガスの成分検査義務（小売・一般導管事業者）

- 供給する一定のガスについて、人体への危害、物件への損害を与える恐れがあるもの（硫黄全量、硫化水素、アンモニアの一定量）を検査し、記録を保存する。（天然ガス等を原料とする場合を除く）

(3) 保安規程の作成・届出（各事業者共通）

- 保安の業務を管理する者の職務、組織など、規則で定めるべき事項を盛り込んだ保安規程を定め、事業の開始前に経済産業大臣に届け出る。変更時も遅滞なく届け出る。

(4) ガス主任技術者の選任（各事業者共通）

- ガス主任技術者免状の交付を受けている者であって、実務経験を有する者から一定の選任基準によって、ガス主任技術者を選任し、ガス工作物の工事・維持・運用に関する保安の監督をさせなければならない。

(5) 工事計画、使用前、定期自主検査（各事業者共通）

- 一定のガス工作物について、工事計画を届け出する。
- 使用前検査工事計画を届け出た工事は、自主検査を行い、その結果について登録ガス工作物検査機関の検査を受ける。自主検査結果を記録し保存する。
- 定期自主検査一定の設備は、一定の時期に定期自主検査を行い、記録を保存する。

問題１－２　ガス主任技術者制度について述べよ。

解答例

(1) 選任と保安監督

- ガス事業者は、ガス主任技術者免状の交付を受けている者であって、実務経験を有する者から一定の選任基準によって、ガス主任技術者を選任し、ガス工作物の工事・維持・運用に関する保安の監督をさせねばならない。
- 製造所、ガスホルダーを有する供給所、導管を管理する事業場に選任をする。

（2）保安監督できる免状の範囲

- 特定ガス工作物の工事・維持・運用は丙種、特定ガス工作物を含む最高使用圧力が中圧低圧のガス工作物の工事・維持・運用は乙種、すべてのガス工作物の工事・維持・運用は甲種の免状で、保安監督をすることができる。

（3）免状の交付

- 免状の交付を受けることができる者は、試験の合格者、同等の知識技能を有していると認める者である。
- 交付を行わないことができる場合は、免状の返納を命ぜられ1年を経過しない者、この法律に基づく命令等に違反し、罰金以上の刑に処せられ、2年を経過しない者である。

（4）ガス主任技術者の義務

- ガス主任技術者は誠実にその職務を行わなければならない。ガス工作物の工事維持運用に従事する者は、ガス主任技術者が保安のためにする指示に従わなければならない。

（5）免状返納命令と解任命令

- 経済産業大臣は、ガス主任技術者の免状返納命令、解任命令をすることができる。

問題1－3　保安規程について述べよ。

解答例

（1）保安規程の作成・届出（各事業者共通）

- ガス事業者は、保安の確保のため、規則で定めるべき事項を盛り込んだ保安規程を定め、事業の開始前に経済産業大臣に届け出なければならない。
- 変更時も遅滞なく届け出る。
- ガス事業者とその従業員は、保安規程を遵守しなければならない。

（2）保安規程に盛り込むべき事項（規則より）

①保安の業務を管理する者の職務・組織　②ガス主任技術者の代行者
③保安教育　④保安のための巡視・点検・検査
⑤ガス工作物の運転と操作　⑥導管の工事方法
⑦導管工事現場の保安監督体制
⑧ガス工作物の工事以外の工事に伴う導管の管理
⑨災害などの非常時の措置　⑩保安に関する記録
⑪保安規程違反者に対する措置　⑫その他保安に関し必要な事項
⑬サイバーセキュリティ対策の確保

問題1－4　消費機器の周知調査に関するガス事業者の保安責務について述べよ。

解答例

①消費機器の周知

- ガス小売事業者は、（最終保障供給を行う一般ガス導管事業者も含む、以下同様）消費機器を使用する者に対し、ガスの使用に伴う危険の発生の防止の必要な事項を周知しなければならない。

②消費機器の調査

- ガス小売事業者は、消費機器の技術上の基準に適合しているか、規則で定める調査事項を規則で定める頻度で調査しなければならない。また毎年度経過後、周知状況を産業保安監督部長に届け出なければならない。

③調査結果の通知

- ガス小売事業者は、技術基準に適合していないときは、遅滞なく、適合するための措置、取らなかった場合に生ずべき結果を、所有者又は占有者に通知する。
- ガス小売事業者は、託送を行うガス導管事業者に調査結果を通知する。

④身分証明書の携帯と帳簿の保存

- 調査員は、身分証明書の携帯、請求による提示が必要。
- ガス小売事業者は、帳簿を備え、調査の結果を記載し、調査が次に実施されるまで保存する。

⑤災害発生時の措置

- ガス小売事業者・ガス導管事業者は、使用者からガスによる災害が発生し、又は発生する恐れのある場合において、その事実を通知され、これに対する措置をとることを求められたときは、すみやかにその措置をとらなければならない。

⑥保安業務規程の作成・届け出

- ガス小売事業者・ガス導管事業者は、周知・調査の実施方法などを定めた、保安業務規程を作成し、その事業の開始前に、経済産業大臣に届け出なければならない。
- 変更したときは、遅滞なく、変更した事項を経済産業大臣に届け出なければならない。
- ガス小売事業者・ガス導管事業者及びその従業者は、保安業務規程を守らなければならない。

⑦基準適合義務

- 消費機器の設置又は変更の工事は、その消費機器が技術上の基準に適合するようにしなければならない。

問題1－5　ガス小売事業者の保安業務規程について小売事業者の観点で述べよ。

解答例

(1) 保安業務規程の届け出（法160条）

- ガス小売事業者は、保安業務規程を定め、その事業の開始前に、経済産業大臣に届け出なければならない。
- ガス小売事業者は、保安業務規程を変更したときは、遅滞なく、変更した事項を経済産業大臣に届け出なければならない。
- ガス小売事業者及びその従業者は、保安業務規程を守らなければならない。

(2) 保安業務規程に定める事項（省令11条）

- 保安業務を管理する者に関すること
- 保安業務を管理する事業場ごとの保安業務管理者の選任に関すること
- 保安業務管理者が旅行、疾病その他事故により職務を行うことができない場合に、その職務を代行する者に関すること
- 保安業務に従事する者に対する教育及び訓練に関すること
- 周知・調査、通知、保存に関する業務の実施方法に関すること
- 災害その他非常の場合における関係者との連絡体制の確保、必要な情報の提供

その他小売事業者が取るべき事項

- 保安業務についての記録に関すること
- 保安業務規程に違反した者に対する措置に関すること
- その他保安に関し必要な事項

問題1－6　ガス事業法においてガス工作物の維持及び運用について記載されている内容を述べよ。

解答例

①ガス事業法は、ガス工作物の維持及び運用を規制し、公共の安全を確保し、公害の防止を図ることが目的。

②ガス事業者は、ガス工作物を技術上の基準に適合するように維持。

③ガス事業者以外の者が所有し又は占有するガス工作物について、ガス事業者がその維持のため必要な措置を講じるときは、当該工作物の所有者または占有者はその措置の実施に協力するように努める。

④ガス事業者は、保安の確保のために保安規程を定め、事業開始前に経済産業大臣に届け出る。

⑤経済産業大臣は、保安を確保するため必要があると認めるときは、ガス事業者に対し、保安規程を変更すべきことを命ずることができる。

⑥ガス事業者は、免状の交付を受けている者で一定の実務経験を有する者のうちからガス主任技術者を選任し、保安の監督をさせなければならない。

⑦免状の種類により、保安の監督ができる範囲を省令で定めている。

⑧ガス工作物の工事維持運用に従事する者は、ガス主任技術者が保安のためにする指示に従わなければならない。

⑨経済産業大臣は、保安に支障がある場合、ガス事業者にガス主任技術者の解任を命ずることができる。

⑩ガス主任技術者試験は、ガス工作物の工事維持運用に関する保安に関し必要な知識及び技能について行う。

問題1－7　ガス事業法に定める経済産業大臣が保安に関してガス事業者に対して命令できる内容を述べよ。

解答例

①技術基準への適合

ガス工作物の技術基準に適合していないと認めるときは、ガス事業者に対し、基準に適合するよう、ガス工作物を修理し、改造し、若しくは移転

し、若しくは使用を一時停止すべきことを命じ、又は使用を制限することができる。(21 条の 2 ほか)

②公共の安全維持、災害発生の防止

公共の安全の維持又は災害の発生の防止のため緊急の必要があると認めるときは、ガス事業者に対し、そのガス作物を移転し、若しくは使用を一時停止すべきことを命じ、若しくはその使用を制限し、又はそのガス工作物内のガスを廃棄すべきことを命ずることができる。(21 条の 3 ほか)

③保安規程の変更

ガス工作物の工事、維持及び運用に関する保安を確保するため必要があると認めるときは、ガス事業者に対し、保安規程を変更すべきことを命ずることができる。(24 条の 3 ほか)

④ガス主任技術者の解任

ガス主任技術者にその職務を行わせることがガス事業の用に供するガス工作物の工事、維持及び運用に関する保安に支障を及ぼすと認めるときは、ガス事業者に対し、ガス主任技術者の解任を命することができる。(31 条ほか)

⑤工事計画の変更

ガス事業者が届け出たガス工作物の設置又は変更の工事計画が、技術基準に適合していない場合、その工事の計画を変更し、又は廃止すべきことを命ずることができる。(32 条の 5 ほか)

⑥届出工事の技術基準への適合検査

ガス事業者が届け出たガス工作物の設置又は変更の工事計画が、工事の工程における検査を行わなければ技術基準に適合しているかどうかを判定できないと認められる場合において、必要があるときは工事の工程における検査を受けるべきことを命ずることができる。(68 条の 6 ほか)

⑦保安業務規程の変更

保安業務の適正な実施を確保するため必要があると認めるときは、ガス

事業者（ガス製造事業者を除く）に対し、保安業務規程を変更すべきことを命ずることができる。（160条3ほか）

問題1－8　一般ガス導管事業者の託送供給の責務、託送供給約款における事業者の責務を述べよ。

解答例

① 一般ガス導管事業者は、正当な理由がなければ、その供給区域における託送供給を拒んではならない。（法47条）

② 営業所、事務所に添え置くとともに、インターネットを利用する。（インターネットを利用することが困難な場合を除く）ことにより行う。（法48条13項、規則72条）

③ 託送供給条件の遵守義務　託送供給約款以外の供給条件による託送供給の禁止（法48条3項）

論述試験　ガス技術演習問題（製造）

問題2－1

ガスの製造における設備保全の特徴と保全方式について述べよ。

問題2－2

ガス製造所の設備の経年劣化の事象、発生設備及びその要因を述べよ。

問題2－3

製造所における防災の基本的考え方と、地震時の緊急復旧対策について述べよ。

問題2－4

製造所における防災の平常時より講じておくべき対策について述べよ。（ただし、保安設備、耐震対策など設備上の対策は除く）

問題２－５

ガスの製造設備における品質管理のポイントを述べよ。

問題２－６

ガスの付臭の必要性と付臭剤が備える条件、臭気濃度の測定方法について述べよ。

問題２－７

ガスの製造設備における台風対策について述べよ。

問題２－１　ガスの製造における設備保全の特徴と保全方式について述べよ。

解答例

１．設備保全の特徴

(1) 事業の公共性

- プラントの大型化、複雑化に伴い万一故障や火災が発生すれば、一次的な被害に止まらず広範囲の二次災害をもたらす恐れがある。

(2) 需要の季節変動

- ガスの需要は、冬季にピーク、夏季は減少するため夏季に十分な整備を行う機会がある。また夏季は設備の停止により要員の余裕が出る場合もあり、保全上の技術教育などを充実できる。

２．保全方式の分類

(1) 予防保全

- 設備の使用中での故障を未然に予防し、設備を使用可能な状態に維持するために行う保全をいう。

① 時間計画　保全時間を決めて行う保全であり、一定の期間をおいて行う定期保全と、累積運転時間に達したときに行う経時保全がある。ガス事業法上の自主検査は定期保全を使っている。

② 状態監視保全　設備の状態に応じて行う保全で、故障が予定できる

ような診断技術が確立されている場合に適用できる。

(2) 事後保全

- 故障が起こった後、設備を運用可能な状態に回復する保全をいう。故障しても影響の少ない設備や代替設備がある場合、経済性を考慮して取られる手法。

問題2－2

ガス製造所の設備の経年劣化の事象、発生設備及びその要因を述べよ。

解答例

(1) 腐食減肉

- 炭素鋼鋼管，LNG・LPG 貯槽、ガスホルダー、気化器、熱交換器で発生
- 要因は、雨水の滞留、水分・塩化物等、すきま腐食、炭酸腐食

(2) 応力腐食割れ

- ステンレス配管・容器に発生
- 要因は、残留応力と海塩による腐食環境

(3) 疲労割れ

- エアフィン式気化器、ガスホルダー、LPG 貯槽で発生
- 要因は、温度変動による熱応力の繰り返し、圧力変動による応力の繰り返し

(4) 摩耗

- ポンプ・圧縮機で発生
- 要因は、キャビテーション、摺動（しょうどう・ろうどう、くじく、たたむ）

(5) コンクリート劣化

- 全般、気化器で発生
- 要因は、酸性雨、大気中の二酸化炭素による中性化、海水による塩害、

冷熱に起因する低温環境による凍害

（6）電気・計装設備劣化

- 電動機、受配電設備、計測・制御装置で発生
- 要因は、摺動、水分、熱、塵埃、振動、摩耗等、電磁力、酸化

問題2－3　製造所における防災の基本的考え方と、耐震設計、地震時の緊急復旧対策について述べよ。

解答例

(1) 防災の基本的考え方

- 防災の基本は、①事故の未然防止、②事故の極小化、③早期復旧　である。また、災害対策の基本的目標は以下の通り。
  ①災害による被害の予防、②二次災害の防止、③従業員・家族の安否の確認及び安全の確保、④ガス製造設備被害の早期復旧

(2) 耐震設計

- 供用期間中に一二度発生する確率を持つ一般的な地震動と発生確率は低いが更に高いレベルの地震動の二段階のレベルの地震動を想定した耐震設計となっている。

(3) 地震時の緊急対策

- 発災時に予想される二次災害を防止し、保安を確保することを基本とし、発災時に直ちに安全確認を行い、速やかに製造・停止の判断を行うなどの対策を講ずる。
- 緊急対策設備の整備、緊急措置要綱の整備、緊急対策体制の整備、地震直後の設備点検、緊急時の行動基準、避難及び救護

(4) 地震時の復旧対策

- 緊急措置を講じた後、速やかに製造設備の復旧を図ることを目的とする。
- 復旧計画と体制、復旧資機材の確保、原燃料・用役の確保、教育・訓練

問題2－4　製造所における防災の平常時より講じておくべき対策について述べよ。（ただし、保安設備、耐震対策など設備上の対策は除く）

解答例

平常時から講ずべき対策

① 災害毎の防災マニュアルを定め、定期的な見直しと、関係者への周知

② 防災マニュアルにより定期的な訓練等の実施により、意識の高揚、予防、復旧活動の充実

③ 復旧資材、工具等の備蓄を行い、協力会社との協力体制、資材の輸送ルート、外部関係先との相互連携、原燃料の手配先との連絡体制の確認など

問題2－5　ガスの製造設備における品質管理のポイントを述べよ。

解答例

（1）熱量と燃焼性

- 需要家との供給約款を遵守し、消費機器で良好な燃焼が行われるようにする。
- ガス事業法で定められた、測定頻度、測定方法に従って行う。
- 燃焼性の指標は、ウオッベ指数 WI と燃焼速度 MCP で、ガス組成により変動するため、注意が必要。

（2）特殊成分

- ガス事業法では不純物として、硫黄全量、硫化水素、アンモニアが定められている。測定が義務付けられており、省令で定める数量を超えないように管理する。
- 数量は、硫黄全量が $0.5g/m^3$, 硫化水素 $0.02g/m^3$, アンモニア 0.2g

／m^3となっている。（天然ガス等を原料とする場合は除く）

（3）付臭

- ガス漏えい時に、早期に発見し事故防止を図るため、付臭が義務付けられている。
- 技省令・解釈例では、空気中の混合容積の1／1000で臭いが確認できること、とされている。
- 付臭剤は、生活臭とは明確に区分でき、インパクトのある警告臭であることなどの一定の要件が必要である。

（4）ガス中の水分

- 現象凝縮水による導管の閉塞、メーターなどの凍結などが発生する。
- 対策抽水作業で費用が発生したり、トラブル対応が必要となるため、あらかじめ、導管中で結露しない露点まで脱水しておく。

問題2－6　ガスの付臭の必要性と付臭剤が備える条件、臭気濃度の測定方法について述べよ。

解答例

（1）付臭の必要性

- 供給ガスが漏えいした場合、早期に発見し、事故防止を図り、供給ガスであることが容易に感知できる臭気を有することが必要。

（2）付臭剤が備える条件

①生活臭と明瞭に区分　②極めて低い濃度でも特有の臭気
③嗅覚疲労を起こさない　④人間に害や毒性がない
⑤化学的に安定　⑥完全に燃焼し、無害無臭
⑦物性上の取り扱いが容易　⑧土壌透過性が高い⑨安価で入手が容易
⑩嗅覚以外で簡易測定法がある

（3）臭気濃度の測定方法

- パネル法：人の嗅覚により臭気濃度を求める方法

- 試験ガスを空気を用いて希釈し、臭気の判定者4名以上により、においの有無を判定する。
- 付臭剤濃度測定：分析機器により臭気濃度を求める方法
- 有機硫黄化合物を含む付臭剤に適用、FPD付ガスクロマトグラフ法／THT測定機法／検知管法から適切な測定法を選択し、測定した濃度から換算式を用いてガスの付臭濃度を求める。

問題2－7　ガスの製造設備における台風対策について述べよ。

解答例

(1) 台風接近前の準備

①台風の影響と対策

- 台風は、直接製造設備に被害を与える可能性があるだけでなく、停電などにより二次災害を引き起こす可能性がある。また、LNG，LPGなどの保安備蓄を確保しておく等の準備が必要

②情報収集・勤務情報の確認

- 台風の情報収集、要員確保のため勤務情報の確認・必要により呼び出し

③現場処置・機器点検

- 現場点検を行い、移動・固定・施錠の実施、排水路の詰まりがないことの確認
- 停電時に備え、保安用の自家発電装置の運転に支障のないよう点検を実施

④非常用品の確保、LNG貯槽の圧力確認、LNGローリーの運行見直し

- 雨具、懐中電灯など非常品が緊急時に使用できるかを確認
- 台風接近時は、気圧が低下し、LNG貯槽の圧力が上昇するため、事前にタンク圧を下げる
- LNGローリー車の出荷、輸送が困難となる場合があり、事前に調整

し、運行計画を見直す

(2) 台風通過時の対応

① LNG 貯槽の圧力確認

- BOG 圧縮機を運転して、LNG 貯槽圧力が設計圧力以下となるよう調節

②海水量、圧力確認

- 海が荒れ、取水口のスクリーンにごみが付着し、海水取水量の低下が懸念され、前後の水位差や ORV の海水量、圧力に注意

(3) 台風通過後の対応

①構内の点検

- 現場点検により機器運転に問題のないことを確認、飛散・倒壊の有無、排水路の詰まり確認

②復旧

- 移動・固定か所の復旧、高潮による海水をかぶった施設は、錆を防ぐため洗浄

論述試験　ガス技術演習問題（供給）

問題３－１

低圧本支管で発生する供給支障の原因を４点上げ、(地震、他工事損傷を除く) 各々の原因と防止策を述べよ。

問題３－２

ガス導管の地震対策について、設備予防対策、緊急対策、復旧対策に分けて述べよ。

問題３－３

低圧内管の経年劣化によるガスの漏えい対策について、(1) ガス漏えいを予防する対策、(2) 人身事故を防止する対策について述べよ。

問題３－４

ガスの供給段階における自社工事の事故防止について述べよ。

問題３－５

ガス導管の腐食原因と対策について述べよ。

問題３－６

道路上の他工事による導管の損傷防止対策について述べよ。

問題３－１　低圧本支管で発生する供給支障の原因を４点上げ、（地震、他工事損傷を除く）各々の原因と防止策を述べよ。

解答例

（1）地下水の浸水による水たまり

- 地下水の圧力が管内の圧力より高い場合、導管の継手の不良個所、腐食孔、亀裂孔等から浸水する。
- ガス漏えい個所を早期に発見し、適切な修理を行う。施工不良のないように確実な品質管理を行う。

（2）サンドブラスト

- 水道管とガス管とが接近して埋設されているとき、サンドブラストが発生すると、土砂混じりの噴流がガス管の管壁を貫通し、管内へ水が浸入する。
- 埋設工事においては、他埋設物との離隔距離を十分確保する。確保できない場合はゴムシートをガス管に巻く。流動化埋戻しや砕石による埋戻しを行う。

（3）ダスト詰まりによる供給支障

- 新たな需要家にガスを流す際、ガス流速の急激な変化があると、鉄さび、スラグ、砂等のダストが堆積していると、ガスメーターや整圧器のフィルターに付着し、供給支障となる。
- 整圧器等のフィルターを定期的な分解点検により除去する。

(4) 連絡工事による供給支障

- バイパス管の能力不足や、片ガスを両ガスと誤った思い込みにより発生する。
- 圧力解析を行う。また適正な口径のバイパス管を使用する。適切な施工時間帯を考慮する。

問題3－2　ガス導管の地震対策について、設備予防対策、緊急対策、復旧対策に分けて述べよ。

解答例

1．設備・予防対策

(1) 目的　ガスが漏えいしないように、ガス管の耐震性を向上させる。このため、施設の重要度を考慮し、耐震設計等合理的で効果的な対策を講じる。

(2) 新設管　高圧は、応答変位法で算出したひずみと許容ひずみを比較、中低圧は地盤変位吸収能力と設計地盤変位を比較し、耐震性を評価する。

(3) 既設管　非裏波溶接鋼管とねじ継手鋼管が対象、長期を要するため緊急・復旧対策とのバランスと併せる。

2．緊急対策

(1) 目的　二次災害の防止、供給停止地区の極小化を図る。

(2) 体制　動員を行い、対策本部を設置する。

(3) 設備　遮断装置、停止装置、ブロック化、減圧設備、地震計、通信機器などを平常時から整備する。

(4) 作業　迅速な情報収集と、供給停止判断、供給停止措置を行う。また供給継続地区の保安管理を行う。

3．復旧対策・支援対策

(1) 目的　供給停止地区を速やかに供給再開する。

（2）事前対策　復旧計画や資機材、前進基地、復旧ブロック図等の事前整備を図る。

（3）救援要請　救援隊の支援対策、移動式ガス発生設備の設置・代替熱源の提供などを行う。

問題３－３　低圧内管の経年劣化によるガスの漏えい対策について、(1) ガス漏えいを予防する対策、(2) 人身事故を防止する対策について述べよ。

解答例

（1）ガス漏えいを予防する対策

- 漏えいの予防対策として、圧力・管種・故障形態を考慮して、対象設備を絞り込み、対策の優先順位付けを行う。さらに効果的・効率的に行うため、故障の発生頻度と影響を考慮したリスクマネジメント手法を用いると有効である。
- 対策工法は、入替又は導管内面に成形材、液状樹脂を貼り付ける更生修理工法による。

（2）人身事故を防止する対策

- ガス漏えい通報に対して、迅速かつ確実な受付・連絡を行い、その内容に応じた出動により、適切な処理を行う。
- 常時受付できる体制を整える→通報の内容に応じた出動→状況に応じては応援､需要家数等の規模に応じた体制→作業マニュアルを整備し、集合教育やOJT、事例研究などの教育・訓練を実施する。

問題３－４　ガスの供給段階における自社工事の事故防止について述べよ。

解答例

（1）工事着手前

- 安全確保のための資機材の準備　ガス検知器、酸素濃度計、消火器等
- 許可条件の確認　道路管理者・警察許可の確認、施工計画書・施工体

制の確認

(2) 土木工事

- 土砂崩壊による災害の防止を図るため、確実な土留め支保工の施工
- 建設機械、車両などに起因する災害を防止
- 道路上の工事の場合、工事に起因する交通災害を防止

(3) 火災爆発防止

- 通風・換気を行い、ガス漏えいのおそれのある場所では、着火源を使用しない
- ガス濃度の測定と爆発の恐れのないことを確認
- せん孔、ガスバック挿入などの際には噴出ガスを最小限に
- やむをえず溶接などの火気を使用する時は、不活性ガス等による置換
- 整備した消火器を適切な場所に設置

(4) 酸欠防止

- 酸素欠乏危険場所において作業を行う場合、酸素欠乏危険作業主任者を選任
- 作業開始前に、酸素濃度を測定、18%以上であることを確認
- 万一に備え、空気呼吸器安全帯、はしごなどの備え付け

(5) 耐圧・気密試験

- 一気に試験圧力まで上げず、段階的に昇圧
- 耐圧試験中に圧入箇所には関係者以外は近づくことのないよう保安柵などで囲い、監視人が巡回

問題3－5　ガス導管の腐食原因と対策について述べよ。

解答例

1．腐食原因の分類

腐食は、埋設部（土壌中）と露出部（大気中）に区分され、埋設部には電食と自然腐食に区分される。

（1）電食

- 電気鉄道や電気防食設備等からの迷走電流により、電気設備と金属的な電気の連続性がない導管において腐食が発生する。
- 電気鉄道のレールからの漏れ電流によるものと、他埋設物の電気防食設備からの干渉によるものがある。

（2）自然腐食

- マクロセル腐食　アノード部とカソード部が区分されるもので、通気差腐食やコンクリート・土壌腐食、異種金属腐食などがある。
- ミクロセル腐食　アノード部とカソード部が明確に区分されず、無数の腐食電池が形成され、ほぼ均一に腐食する。一般土壌・特殊土壌腐食やバクテリア腐食がある。
- 大気腐食地上配管部で水分に炭酸ガス等が溶け込む腐食がある。

2．防食の分類

防食とは、導管において腐食の原因である電気化学的反応を防止することであり、3つに大別される。導管の材質、設置環境、経済性等により組合せて選択する。

（1）塗覆装　導管表面が電解質（土壌、水等）と接触することを防止する。

（2）電気防食　アノード（陽極）反応の進行を阻止する。

（3）絶縁　アノード部とカソード部を切り離し、腐食電流の経路を遮断する。

問題3－6　道路上の他工事による導管の損傷防止対策について述べよ。

解答例

1．日頃から実施すべき事項

- 他工事企業者と連絡を密に　道路調整会議などを通じて工事情報を照会するように申し合わせする。
- 巡回立会業務の従事者に対し、防護基準類等の教育訓練を実施、他工事企業者へも講習会などを実施する。

- 他工事企業者との保安に関する協定書を締結する。

2．照会後から着手前まで

- 導管の調査・確認　導管図による調査のみならず、パイプロケーター等による調査、必要により試掘の実施、くい打ち等はガス管を露出させて、目視による確認を要請する。
- 他工事企業者との事前協議により、保安措置を決定する。

3．他工事中に実施すべき事項

- 移設や管種変更、使用の一時停止、防護措置等の必要な保安措置を実施する。
- 工事中は、その工事方法、離隔距離、防護状況等の確認のため立会をするのが望ましい。
- あらかじめ定めた適切な時期、頻度で巡回を行い、漏えいの有無・防護措置の異常有無等を点検する。

論述試験　ガス技術演習問題（消費機器）

問題４－１

家庭用開放式ガス機器の一酸化炭素中毒に関して、２つのガス機器についてその原因を述べ、また事故防止のためのガス事業者の留意点について述べよ。

問題４－２

一般家庭に設置されるガスグリル付きコンロ使用により想定される事故と原因について述べ、ガス事業者として留意すべき事項を述べよ。

問題４－３

屋外式（RF 式）ガス瞬間湯沸器の給排気について保安上の留意点を述べよ。また潜熱回収型に固有な給排気の保安上の留意点を述べよ。

問題４－４

家庭用開放型ガス機器とガス栓の接続に係るガス漏えい着火事故の原因と、事故を防止するためのガス事業者の留意すべき事項について述べよ。

問題４－５

業務用厨房の一酸化炭素中毒の原因とガス事業者の留意事項について述べよ。

問題４－６

業務用厨房の爆発・火災事故の原因とガス事業者の留意事項について述べよ。

問題４－１　家庭用開放式ガス機器の一酸化炭素中毒に関して、２つのガス機器についてその原因を述べ、また事故防止のためのガス事業者の留意点について述べよ。

解答例

(1) 開放型小型湯沸器

経年劣化、排気フィンの汚れ・ホコリ・目詰まりによる燃焼不良、換気扇の不使用、換気不良、長時間使用による酸素量の低下により不完全燃焼が発生する。

(2) 開放型金網ストーブ（不燃防なし）

スケルトンを燃焼し赤外線で温めるが、金網の経年劣化や、外力により変形すると、炎温度が低下するなどの理由で、不完全燃焼を起こすことがある。

(3) ガス事業者の留意点

ガス事業法による周知・調査機会等で、使用上の注意・換気の必要性の説明を行う。

該当機器の残数管理、ダイレクトメール等による特別周知、現在の小型湯沸器は不完全燃焼防止機能等安全対策が取られているため、不完全燃焼防止装置付きや屋外型への取替を促進、開放型ストーブは安全機器への取替を促進する。

不完全燃焼警報機能を兼ね備えた、複合型警報器の設置提案・普及促進を図る。

問題4－2　一般家庭に設置されるガスグリル付きコンロ使用により想定される事故と原因について述べ、ガス事業者として留意すべき事項を述べよ。

解答例

(1) 想定される事故と原因

- 天ぷら火災

  調理油過熱防止装置がなく、油が自然発火し、火災に至る

- 立ち消え

  立ち消え安全装置がなく、吹きこぼれにより立ち消えした場合、炎口からガス漏出

- グリル異常過熱・グリル排気からの炎あふれ

  グリル過熱防止センサーや排気口遮炎装置がなく、異常過熱・発火により火災

- 消し忘れ

  消し忘れ消火機能がない場合、異常過熱により火災に至る

- 接続具不良

  不適合な接続具や経年劣化した接続具で、ガス漏れの可能性、着火で火災・爆発

(2) ガス事業者として留意すべき事項

- 開栓、定期保安巡回等、あらゆる業務機会を通じて、コンロ使用の注意事項を周知、コンロの安全機能の周知、適切な接続具の使用の周知安全装置の不良や接続具不良を発見したら、改善依頼や使用禁止を通

知する

- SIセンサーコンロ等安全装置付きコンロを推奨
- 台所へのガス漏れ検知機能、火災検知機能を有する複合型警報器の普及促進に努める

問題4－3　屋外式（RF式）ガス瞬間湯沸器の給排気について保安上の留意点を述べよ。また潜熱回収型に固有な給排気の保安上の留意点を述べよ。

解答例

（1）屋外式ガス機器の周囲条件

- ガス機器は十分に開放された屋外空間に設置する。
- 排気吹き出し口の周辺は、建築物の突起物のないことが基本、障害物のある場合は、燃焼排ガスが給気側に流入しない位置とする。

（2）排気吹き出し口周囲の防火、建物開口部との離隔距離

- 不燃材以外の材料による仕上げをした部分との離隔距離は法定の距離を有すること
- 排気吹き出し口周囲の離隔距離を壁面に投影した範囲内に、燃焼排ガスが室内に流入するおそれのある開口部を設けない。

（3）潜熱回収型固有の留意点

- 排気温度は100℃以下と低いため、結露発生のおそれがあり、排気ガスは排気の滞留するおそれのない開放空間に向けて排気する。
- 排気吹き出し口は、結露や変色、腐食を起こす金物などがない位置に設置
- 排気筒トップは、ドレンが滴下しても支障のない場所に設ける。
- 排気筒が梁や壁を貫通する際は、躯体と接触しないようにし、隙間はロックウールを詰めるなど排気筒を冷やさない。
- 排気筒の溶接部やリベットはドレンの流れる排気筒下部にならないように。

問題４－４　家庭用開放型ガス機器とガス栓の接続に係るガス漏えい着火事故の原因と事故を防止するためのガス事業者の留意すべき事項について述べよ。

解答例

①　着火事故の想定される原因

- ガス栓では、不使用ガス栓の誤解放、不適切な使用、接続不良、故意、劣化による故障、製品不良、設備の不備・調整の不備等が上げられる。
- 接続具では、接続具の劣化、異物の噛み込み、不適切な使用、接続の不完全、設備の不備、製品不良などが上げられる。

②　ガス事業者の留意すべき事項

- ガス栓、ガス機器の正しい接続方法の周知
- 業務機会時の未使用ガス栓へのゴムキャップ取付やプラグ止め
- ガスの臭気を感じる等、異常時の事業者への迅速な連絡等の周知
- ヒューズ機構付きガス栓の取替促進
- 接続具の定期的な取替促進
- 都市ガス警報器の普及促進

問題４－５　業務用厨房の一酸化炭素中毒の原因とガス事業者の留意事項について述べよ。

解答例

(1)　想定される原因

- 業務用厨房のガス機器は、一般家庭用と異なり、ガス消費量が大きな機器を長時間使用し、機器の数も多いため、多くの新鮮な空気が必要である。そのため十分な換気を行わないと不完全燃焼が起こり、一酸化炭素中毒を起こす。
- 換気設備の作動忘れ。稼働させたが、油汚れやほこりにより給気口が

塞がれている。

- 排気設備が詰まり、油汚れやほこりに詰まって、正常に働いていない。
- ガス設備の増設で、換気設備の能力の不足
- 排気筒の劣化、不良による排気漏れ

(2) 事故防止のためのガス小売事業者の留意事項

- ガス事業法に基づく、消費機器の周知・調査
- 各種の業務機会を通じて、使用上の注意事項・換気の必要性について説明を実施
- お客様への特別周知やダイレクトメールの利用、新聞雑誌・インターネットなどによる周知
- CO センサーの取り付け、換気設備の更新のお薦め

問題4－6　業務用厨房の爆発・火災事故の原因とガス事業者の留意事項について述べよ。

解答例

(1) 想定される原因

業務用厨房のガス機器は、一般家庭用と異なり、安全装置が装備されていない機器が多い。また水漏れ、高温など設置環境が悪く、劣化からガス漏えいに繋がる可能性がある。また使用者がガス機器に精通しているとは限らず、誤操作の可能性もある。夜間休日にガス漏えいが発生し、滞留する可能性もある。

・消費機器の手入れ不足　・消費機器、接続具の劣化
・消費機器の周囲に可燃物を置く　・使用者の誤操作

(2) 事故防止のためのガス事業者の留意事項

①消費機器調査時の留意事項

・消費機器に不具合がない

・消費機器が供給するガス種に適合している

・周囲に可燃物が置いていない

②ガス消費機器の使用者に周知すべき事項

・消費機器の正しい利用　・定期的なメンテナンスの実施

・点火前、消費機器や接続具に異常がないか

・周囲に可燃物がないか　　　・使用中は火元を離れない

・使用後は、消火を確認し、ガス栓を閉止

・異常を感じた場合、元バルブ閉止とガス事業者への連絡

・都市ガス警報器が未設置なら設置のお願い　など

参考文献

- 都市ガス工業概要（基礎理論編）　日本ガス協会　2012年11月
- 都市ガス工業概要（製造編）　日本ガス協会　2018年10月
- 都市ガス工業概要（供給編）　日本ガス協会　2020年6月
- 都市ガス工業概要（消費機器編）　日本ガス協会　2018年4月
- ガス事業法関係法令テキスト　日本ガス協会　2021年6月
- ガス主任技術者試験問題解説集　日本ガス協会　2023年4月

- 甲種ガス主任技術者試験模擬問題集改訂十版　三恵社　2023年3月

著者略歴

上井光裕（かみいみつひろ）

アップウエルサポート合同会社代表　中小企業診断士
エネルギー管理士

- 昭和 30 年石川県生まれ　国立石川工業高専土木工学科卒業　産業能率大学情報マネジメント学部卒業
- 昭和 51 年東京ガス㈱入社　都市ガスの維持管理、製造供給計画、ＩＴ化、地震対策、緊急保安等を担務、緊急保安はガス主任技術者
- 平成 23 年同社退職後　中小企業診断士事務所アップウエルサポートを設立
- 企業時代から自己啓発で各種資格を取得　取得資格数 495 個（2023 年 12 月現在）
- 主要資格　中小企業診断士、甲種ガス主任技術者、エネルギー管理士、1 級土木施工管理技士、1 級管工事施工管理技士、第 1 種情報処理技術者、1 級販売士、ＡＦＰ、行政書士、エグゼクティブコーチ、衛生工学衛生管理者、労働安全コンサルタント、防災士、技術士 1 次、唎酒師、山の知識検定ゴールドクラス、温泉ソムリエマスター、自然観察指導員ほか

資格の達人ブログ　https://blog.goo.ne.jp/kamii05

ポケット版

甲種ガス主任技術者試験 模擬問題集　2024 年度受験用

2013 年 3 月 6 日　初版発行
2014 年 2 月 20 日　改訂版発行
2015 年 3 月 2 日　改訂二版発行
2016 年 3 月 20 日　改訂三版発行
2017 年 3 月 13 日　改訂四版発行
2017 年 6 月 27 日　改訂四版二刷発行
2018 年 4 月 27 日　改訂五版発行
2019 年 3 月 31 日　改訂六版発行
2020 年 2 月 22 日　改訂七版発行
2021 年 2 月 26 日　改訂八版発行
2021 年 12 月 10 日　改訂九版発行
2023 年 3 月 1 日　改訂十版発行
2024 年 2 月 14 日　改訂十一版発行

著　者　上井光裕
定　価　本体価格 2,409円＋税
発行所　株式会社　三恵社
〒462-0056 愛知県名古屋市北区中丸町 2-24-1
TEL 052-915-5211　FAX 052-915-5019
URL http://www.sankeisha.com

ISBN 978-4-86693-887-5 C1058 ¥2409E